无师自通

分布式光伏发电系统设计、安装与维护

刘继茂　丁永强　编著

中国电力出版社
CHINA ELECTRIC POWER PRESS

内 容 提 要

分布式光伏在我国发展很快。为了提高专业技术人员的水平，从而提高分布式光伏发电系统的安全、稳定性，保障光伏系统的投资收益，作者结合十年的一线工作经验，编写了此书。

本书主要介绍分布式光伏相关技术，解决光伏系统在设计、选型、安装、运维中出现的问题。

本书从光伏系统的分类开始，逐一介绍组件、逆变器、支架、电缆、电气开关、变压器、储能蓄电池等光伏系统部件相关知识，设计和选型的理论计算方法，光伏安装者必备电工知识，分布式光伏系统典型设计方案，光伏电站调试检查及维护等。书中所列举的案例，都是来自实际应用的。此外，还收录了分布式光伏发电项目常用的一些资料作为附录，非常实用。

本书可供光伏安装、设计、运维等工程技术人员和投资商等阅读。

图书在版编目（CIP）数据

无师自通：分布式光伏发电系统设计、安装与维护 / 刘继茂，丁永强编著 .—北京：中国电力出版社，2019.3（2025.5 重印）

ISBN 978-7-5198-2980-3

Ⅰ.①无… Ⅱ.①刘…②丁… Ⅲ.①太阳能光伏发电–电力系统–系统设计②太阳能光伏发电–电力系统–设备安装③太阳能光伏发电–电力系统–维修 Ⅳ.① TM615

中国版本图书馆 CIP 数据核字（2019）第 052551 号

出版发行：中国电力出版社
地　　址：北京市东城区北京站西街 19 号（邮政编码 100005）
网　　址：http://www.cepp.sgcc.com.cn
责任编辑：韩世韬（010-63412373）
责任校对：黄　蓓　闫秀英
装帧设计：张俊霞
责任印制：吴　迪

印　刷：固安县铭成印刷有限公司
版　次：2019 年 8 月第一版
印　次：2025 年 5 月北京第十三次印刷
开　本：787 毫米 ×1092 毫米　16 开本
印　张：16.75
字　数：334 千字
印　数：13501—14500册
定　价：59.00 元

序

欣闻本书即将付梓之际，收到邀请为本书作序，不胜荣幸。

中国光伏产业的制造早已领先全球，但在应用层面上，很遗憾仍然落后，如大型电站中的1500V电压等级、72片大组件等设计都没有得到广泛应用，甚至不如印度、越南等国家。造成这种巨大反差的原因很多，如光伏系统没有数据化，限电，电站开发者与最终持有者往往不是同一个主体等，但最核心的原因仍然是我们缺乏完整而坚实的光伏应用技术基础和数量庞大到足以支撑快速发展的光伏市场。这种情况在分布式光伏市场也很普遍，用户最终能够获得一座质量如何的电站，相当程度上还要依赖运气。

随着大型光伏电站的智能化与数据化的逐渐发展，上述情况也得以好转，但在一些中小规模的分布式光伏项目中，行业标准难以完全规范实行，因此从业人员的技能水平仍然是最为关键的决定性因素。

近年来光伏产业技术呈现百花齐放的趋势，产业技术进步令人欣喜的同时，也给从业人员带来选择的困扰。同时光伏行业进步飞速，产业不断升级，推出更优秀的解决方案，也要求从业者具备很强的学习能力。

本书第一作者刘继茂先生专注光伏逆变器领域十余年，一直以秉笔直言著称，多年前就一直为我们提供技术稿件，深受业内好评与广泛关注。

此次刘先生发下宏愿：希望能够让从业者通过本书，从零基础起，也能够做出合格的光伏电站。同时他也几易其稿，为的就是读者能够紧跟最新的光伏产业和技术潮流。

这是一本求真之书，求真务实，与时俱进。我希望，通过本书的问世，进一步夯实光伏产业最根本的技术基础。

如此，作者功莫大焉。

Solarbe索比光伏网总编、智新研究院院长

曹宇

2019年8月11日于北京

前言

光伏行业这几年发展很快，从 2007 年开始，笔者从研发转到售前、售后和市场，一直都在光伏行业一线工作，逐渐积累了一些经验。工作之余，笔者将点滴经验通过互联网分享给了广大读者。2012 年，国内逆变器的价格开始直线式下降，笔者于 7 月在网上发表《光伏逆变器降成本之殇》，第一次系统讲述了如何降低集中式逆变器的成本，得到了意想不到的关注。当时国内主要的光伏专业网站都转载了，浏览量超过 50 万，从此笔者开始写一些技术类文章。2014 年，有些公司开始推组串式逆变器和集中式逆变器，当时业内对这两种技术方案缺乏基本的认识，笔者写了《组串式逆变器和集中式逆变器选型之比较》，解答了大多数人的困惑，成为经典之作。2015 年，国内分布式光伏市场大爆发，由于很多新进来的厂家技术条件有限，出了问题不知道如何解决，笔者总结了多年的售后经验，写成《分布式光伏电站常见故障原因及解决方案》。这篇文章转载最多，直到现在，每几个月就会有网站和微信公众号重新编辑发布一次。在广大读者的关心和支持下，笔者陆续编写了很多文章，自己深深感到有必要把多年来发表的文章、收集的资料编辑、整理成册，为光伏行业发展略尽绵薄之力。于是，便有了本书。

本书具有以下几个特点：

（1）定位准确，详略得当。本书的定位针对家庭光伏和中小型工商业光伏，目的是让一个没有装过光伏但有电工技术背景的人，通过本书的阅读可以掌握分布式光伏发电系统基础知识，能顺利地安装、维护常见分布式光伏系统。出于这样的考虑，本书从光伏系统的分类开始，逐一介绍组件、逆变器基本知识、支架方案、电缆设计与施工等必备知识技能，对分布式光伏每一个部件、设计施工运维过程等，都有详细陈述。

（2）贴近实际，解决实际问题。本书没有复杂的公式，也没有深奥的理论，力求以通俗易懂的语言，解决在系统设计、安装、运维中遇到的问题。书中所列举的案例，都是来自实际应用的。

（3）与时俱进，紧跟技术发展步伐。本书于 2017 年 4 月完成初稿，不少内容在微信公众号、网站上发表过，很多热心的读者提出中肯的建议。根据组件、支架、逆变器发生的变化，结合技术发展趋势，笔者对以前写的文章做了相应修改。例如，修改了光伏组件的部分内容，在光伏并网和离网的基础上，加入了并离网系统、并网储能系统、微网系统，书中对这些系统都做了详细介绍并给出具体的方案。此外，还收录了分布式光伏发电项目常用的一些资料作为附录，非常实用。

本书付梓之际，要特别感谢阳光工匠学社（光伏电站建设岗位培训中心），以及光伏行业技术专家王志民先生、张正学先生，在百忙之中抽出时间，对内容进行了精心审阅和修改。由于作者水平有限，时间仓促，不足之处在所难免，恳请广大读者批评指正。

编者

2019 年 7 月

目录

第 1 章　光伏发电概述

分布式光伏发电是一种新型的具有广阔发展前景的发电和能源综合利用方式，它倡导就近发电、就近并网、就近转换、就近使用的原则，不仅能够有效提高同等规模光伏电站的发电量，同时还有效解决了电力在升压及长途运输中的损耗问题。

分布式光伏发电对如何最大限度利用太阳能、如何保证电网安全也提出了严格要求，这一过程中光伏逆变器的功能性和稳定性显得异常关键。分布式发电遵循因地制宜、清洁高效、分散布局、就近利用的原则，充分利用当地的太阳能资源，替代和减少化石能源消费。

1.1　分布式光伏发电系统

1.1.1　光伏电池发电原理

光伏电池是一种具有光、电转换特性的半导体器件，它直接将太阳辐射能转换成直流电，是光伏发电系统的最基本单元。光伏电池是借助于在晶体硅中掺入某些元素（如磷或硼等），从而在材料的分子电荷里造成永久的不平衡，形成具有特殊电性能的半导体材料。

在阳光照射下，具有特殊电性能的半导体内可以产生自由电荷，这些自由电荷定向移动并积累，从而在其两端闭合时便产生电能，这种现象被称为光生伏打效应，简称光伏效应。

1.1.2　光伏发电系统的构成

光伏发电系统由光伏方阵（光伏方阵由光伏组件串并联而成）、逆变器等部分组成。光伏发电系统的核心部件是光伏组件，而光伏组件又是由光伏电池串、并联并封装而成的，它将太阳的光能直接转化为电能。光伏组件产生的电为直流电，可以直接利用，也可以用逆变器将其转换成为交流电加以利用。从另一个角度来看，对于光伏系统产生的电能可以即发即用，也可以用蓄电池等储能装置将电能存放起来，根据需要随时释放出来使用。

1.1.3 光伏发电的先进性

光伏发电具有显著的能源、环保和经济效益，是最优质的绿色能源之一。在我国平均日照条件下安装1kW光伏发电系统，1年可发出1200kWh电，可减少煤炭（标准煤）使用量约400kg，减少二氧化碳排放约1t。

根据世界自然基金会（WWF）研究结果：从减少二氧化碳效果而言，安装1m^{2}光伏发电系统相当于植树造林100m^2。目前发展光伏发电等可再生能源是根本上解决雾霾、酸雨等环境问题的有效手段之一。

1.1.4 光伏发电的潜力

地球表面接受的太阳能辐射能够满足全球能源需求的1万倍，地表面每平方米平均每年接收到的辐射随地域不同在1000~2000kWh，国际能源署数据显示，在全球4%的沙漠上安装太阳能光伏系统就足以满足全球能源需求。太阳能光伏享有广阔的发展空间，其潜力十分巨大。

1.1.5 分布式光伏发电的应用形式

分布式光伏发电包括并网型、离网型及微网等应用形式，并网型分布式发电多应用于用户附近，一般与中、低压配电网并网运行，自发自用，不能发电或电力不足时从电网上购电，电力多余时向网上售电。

离网型分布式光伏发电多应用于边远地区和海岛地区，它不与大电网连接，利用自身的发电系统和储能系统直接向负载供电。分布式光伏系统还可以与其他发电方式（如水电、风电）组成多能互补微电网系统，既可以作为微电网独立运行，也可以并入电网联网运行。

1.1.6 分布式光伏发电应用场合

分布式光伏发电系统的适用场合可分为两大类：

（1）可在全国各类建筑物和公共设施上推广，形成分布式建筑光伏发电系统，满足电力用户的部分用电需求，为高耗能企业提供生产用电。

（2）可在偏远地区海岛等少电无电地区推广，形成离网发电系统或微电网。

以往的农网工程大多依靠大电网的延伸，小水电、小火电等供电，电网延伸困难极大且供电半径过长，导致电能质量较差。发展离网型分布式发电不仅可以解决处于无电少电地区居民基本用电问题，还可以高效地利用当地的清洁可再生能源，有效解决能源和环境之间的矛盾。

1.1.7　分布式光伏发电系统适用地点

（1）工业园区：特别是在用电量比较大、电费比较贵的工厂，通常厂房屋顶面积很大，屋顶开阔平整，适合安装光伏阵列。而且由于用电负荷较大，分布式光伏并网系统可以就地消纳，抵消一部分电量，从而节省用户的电费。

（2）商业建筑：与工业园区的作用效果类似，不同之处在于商业建筑多为水泥屋顶，更有利于安装光伏阵列，但是往往对建筑美观性有要求。根据商厦、写字楼、酒店、会议中心、度假村等服务业的特点，用户负荷特性一般表现为白天较高，夜间较低，能够较好地匹配光伏发电特性。

（3）农业设施：农村有大量的可用屋顶，包括自有住宅、蔬菜大棚、鱼塘等，农村往往处在公共电网的末端，电能质量较差。在农村建设分布式光伏系统可提高用电保障和电能质量。

（4）市政等公共建筑物：由于管理规范统一，用户负荷和商业行为相对可靠，安装积极性高，市政等公共建筑物也适合分布式光伏的集中连片建设。

（5）边远农牧区及海岛：由于距离电网遥远，我国西藏、青海、新疆、内蒙古、甘肃、四川等省区的边远农牧区及沿海岛屿还有数百万无电人口，离网型光伏系统或与其他能源互补微网发电系统非常适合在这些地区应用。

1.1.8　与建筑结合的分布式光伏发电系统

与建筑物结合的光伏并网发电是当前分布式光伏发电重要的应用形式，技术发展很快，主要表现在与建筑结合的安装方式和建筑光伏的电气设计方面。按照与建筑结合的安装方式的不同，可以分为光伏建筑集成和光伏建筑附加。

1.1.9　光伏阵列在建筑物立面安装和屋顶安装的差异

光伏阵列与建筑物相结合的方式可分为屋顶安装和侧立面安装两种方式，这两种安装方式适合大多数建筑物。

屋顶安装形式主要有水平屋顶、倾斜屋顶和光伏采光顶。其中，水平屋顶上光列阵可以按最佳角度安装，从而获得最大发电量，并且可采用常规晶体硅光伏组件，减少组件投资成本，经济性相对效好。但是这种安装方式的美观性一般。

在北半球向正南、东南、西南、正东或正西的倾斜屋顶均可以用于安装光伏阵列，在正南向的倾斜屋顶上可以按照最佳朝向或接近最佳朝向安装。

光伏采光顶是指以透明光伏电池作为采光顶的建筑构件，美观性很好，并且满足透光的需要。但是光伏采光顶需要透明组件，组件效率较低。除发电组件透明外，采光顶构件要满足一定的力学、美学、结构连接等建筑方面的要求，组件成本和发电成本高。

侧立面安装主要是指在建筑物南墙、西墙、东墙上安装光伏组件的方式，对于高层建筑来说墙体是与太阳光接触面积最大的外表面，光伏幕墙是使用得较为普遍的一种应用方式。

1.1.10　农业大棚、鱼塘中分布式光伏并网系统的适用性

大棚的升温、保温一直都是个困扰农户的重点问题，光伏农业大棚有望解决这一难题。由于夏季的高温，6~9月众多品类的蔬菜无法正常成长，而光伏农业大棚如同在农业大棚外添加了一个分光计，可隔绝红外线， 阻止过多的热量进入大棚。在冬季和黑夜的时候光伏农业大棚又能阻止大棚内的红外波段的光向外辐射，起到保温效果。光伏农业大棚能供给大棚内照明等所需电力，剩余电力还能并网。

离网形式的光伏大棚可与LED系统相互调配，白天阻光保障植物生长，同时发电，黑夜LED 系统可应用白天电力提供照明。

在鱼塘中也可以架设光伏阵列，池塘可以继续养鱼，光伏阵列还可以为养鱼提供良好的遮挡作用，较好地解决了发展新能源和大量占地的矛盾。

1.2　光伏发电的优缺点

1.2.1　光伏发电的优点

太阳能光伏发电过程简单，没有机械转动部件，不消耗燃料，不排放包括温室气体在内的任何物质，无噪声无污染。太阳能资源分布广泛且取之不尽、用之不竭。因此，与风力发电、生物质能发电和核电等相比，光伏发电是一种最具可持续发展理想特征（最丰富的资源和最洁净的发电过程）的可再生能源发电技术，具有以下主要优点：

（1）太阳能资源取之不尽，用之不竭，而且太阳能在地球上分布广泛，只要有光照的地方就可以使用光伏发电系统，不受地域、海拔等因素的限制。

（2）太阳能资源随处可得，可就近供电，不必长距离输送，避免了长距离输电中线路所造成的电能损失。

（3）光伏发电的能量转换过程简单，是直接从光能到电能的转换，没有中间过程（如热能转换为机械能、机械能转换为电磁能等）和机械运动，不存在机械磨损。根据热力学分析，光伏发电具有很高的理论发电效率，可达80%以上，技术开发潜力巨大。

（4）光伏发电本身不使用燃料，不排放包括温室气体和其他废气在内的任何物质，不污染空气，不产生噪声，对环境友好，不会遭受能源危机或燃料市场不稳定而造成的冲击，是真正绿色环保的新型可再生能源。

（5）光伏发电过程不需要冷却水，可以安装在没有水的荒漠戈壁上。光伏发电还可以很方便地与建筑物结合，构成光伏建筑一体化发电系统，不需要单独占地，可节省宝贵的土地资源。

（6）光伏发电无机械传动部件，操作、维护简单，运行稳定可靠。一套光伏发电系统只要有太阳能电池组件就能发电，加之自动控制技术的广泛采用，基本上可实现无人值守，维护成本低。

（7）光伏发电系统工作性能稳定可靠，使用寿命长（25年以上）。晶体硅太阳能电池寿命可长达20～35年。

（8）太阳能电池组件结构简单，体积小，重量轻，便于运输和安装。光伏发电系统建设周期短，而且根据用电负荷容量可大可小，方便灵活，极易组合、扩容。

太阳能光伏发电是一种大有前途的新型电源，具有永久性、清洁性和灵活性三大优点。太阳能光伏发电与火力发电、核能发电相比，不会引起环境污染；太阳能电池可以大、中、小并举，大到百万千瓦的中型电站，小到只供一户用电的独立太阳能发电系统。这些特点是其他电源无法比拟的。

1.2.2 光伏发电的缺点

当然，太阳能光伏发电也有它的不足和缺点，有以下几点：

（1）能量密度低。尽管太阳投向地球的能量总和极其巨大，但由于地球表面积也很大，而且地球表面大部分被海洋覆盖，真正能够到达陆地表面的太阳能只有到达地球范围太阳辐射能量的10%左右，致使在陆地单位面积上能够直接获得的太阳能量较少。通常以太阳辐照度来表示，地球表面辐照度最高值约为1.2kW / m^2，且绝大多数地区和大多数日照时间内都低于1kW / m^2。太阳能的利用实际上是低密度能量的收集、利用。

（2）占地面积大。由于太阳能能量密度低，这就使得光伏发电系统的占地面积会很大，每10kW光伏发电功率占地约需100m^2，平均每平方米面积发电功率为100W。随着光伏建筑一体化发电技术的成熟和发展，越来越多的光伏发电系统可以利用建筑物、构筑物的屋顶和立面，将逐渐克服光伏发电占地面积大的不足。

（3）转换效率低。光伏发电的最基本单元是太阳能电池组件。光伏发电的转换效率指光能转换为电能的比率。目前晶体硅光伏电池转换效率为17%～21%，非晶硅光伏电池只有8%～15%。由于光电转换效率太低，从而使光伏发电功率密度低，难以形成高功率发电系统。因此，太阳能电池的转换效率低是阻碍光伏发电大面积推广的瓶颈。

（4）间歇性工作。在地球表面，光伏发电系统只能在白天发电，晚上不能发电，除非在太空中没有昼夜之分的情况下太阳能电池才可以连续发电。

（5）受气候环境因素影响大。太阳能光伏发电的能源直接来源于太阳光的照射，而地球表面上的太阳照射受气候的影响很大，长期的雨雪天、阴天、雾天甚至云层的变化都会严重影响系统的发电状态。另外，环境因素的影响也很大，比较突出的一点是空气中的颗粒物（如灰尘）等沉落在太阳能电池组件的表面，阻挡了部分光线的照射，这样会使电池组件转换效率降低，从而造成发电量减少甚至电池板的损坏。

（6）地域依赖性强。地理位置不同，气候不同，使各地区日照资源相差很大。光伏发电系统只有应用在太阳能资源丰富的地区，其效果才会好。

1.2.3 光伏电站的辐射性

随着国家政策不断向分布式光伏倾斜，光伏技术水平提高，度电成本下降，投资分布式光伏发电站非常划算。但是很多人还是有些担忧：屋顶装那么多光伏组件，逆变器输出那么大电流，有没有电磁辐射，对人体和家用电器有没有影响？

1. 电磁辐射

辐射究竟是什么？它是指物体以波或粒子的形式向周围空间发射能量的过程。自然界中的一切物体只要其温度在绝对零度以上，都会以电磁波或粒子的形式不停向外界传送能量。换句话说，世间万物都有辐射，包括人体自身，都在时时刻刻向外辐射。但是，并非所有的辐射都是有害的，有些甚至是人体必需的，比如太阳的辐射——阳光，晒太阳，其实就是接受太阳的辐射。

电磁辐射虽然不会改变生物体的分子性质，造成直接伤害，但如果能量较大，也会对生物体造成一定的影响，体现在两个方面：热效应和感应电流。电磁辐射对家用设备也会造成干扰，如干扰手机、收音机和电视机的信号。

2. 电磁辐射的原理

根据电磁学基本理论，带电粒子周围会有相应的电场分布，随时间变化的带电粒子会产生变化的电场；由于带电粒子周围电位不同的两点之间存在电位差，因此在两点间形成了电压；当大量的带电粒子定向移动时便形成了电流，电流周围产生磁场，随时间变化的电流则会产生变化的磁场。同样，随时间变化的磁场也能产生电场，这样变化的电场和磁场交替的产生，互相垂直并不断向空间传播，就产生了电磁辐射。电磁辐射所携带的能量大小取决于其频率的高低，频率越高，能量就越大。

3. 光伏系统的电磁辐射

光伏系统由光伏组件、支架、直流电缆、逆变器、交流电缆、配电柜、变压器等组成，其中支架不带电，自然不会产生电磁干扰。光伏组件和直流电缆，里面是直流电流，方向没有变化，只能产生电场，不能产生磁场。输出变压器虽然是交流电，但频率很低，只有50Hz，产生的磁场很低。逆变器是把直流电转为交流电的设备，里面有电力电子变换，频率一般为5~20kHz，因此会产生交变电场，所以也会产生电磁辐射。国家对光伏逆变器电磁兼容性有严格的标准。

辐射发射：家用或直接连接到住宅的低压供电网设施中使用的逆变器应满足GB 4824—2013《工业、科学和医疗（ISM）射频设备 骚扰特性 限值和测量方法》中1组B类限值，见表1-1。

表1-1 逆变器EMC电磁辐射值

频率（MHz）	骚扰限值［dB（μV/m）］		
	试验场		现场
	1组A类设备，测量距离10m	1组B类设备，测量距离10m	1组A类设备，测量距离30m（指距设备所在建筑物外墙的距离）*
30~230	40	30	30
230~1000	47	37	37

* 考虑到现场测试环境的本底噪声状况，允许距离10m处测量，相应限值增加10dB。

4. 光伏逆变器EMC电磁干扰解决方法

光伏逆变器作为一个电力电子设备，开关频率较高，组串式逆变器通常达20kHz左右，电流也比较大，如果不采取措施，就会有很大的电磁干扰。通常的方法有屏蔽、滤波和接地3种方法。屏蔽能够有效地抑制通过空间传播的电磁干扰。采用屏蔽的目的有两个，一个是限制内部的辐射电磁能量外泄出控制区域，另一个就是防止外来的辐射电磁能量进入内部控制区，逆变器采用铝或者铁等导体全金属封装。滤波是控制EMI传导干扰，通常采用三种器件来实现：去耦电容、EMI滤波器和磁性元件。逆变器输入端和输出端有X电容和Y电容、共模电感和磁珠、磁环等磁性元件。不论采用何种方法抑制EMI干扰，最终都要通过接地把静电泄放，因此逆变器的接地非常重要。除了抑制EMI干扰，接地还有提供零电位参考点和安全保护等作用。

5. 光伏逆变器传导发射要求

家用或直接连接到住宅的低压供电网设施中使用的逆变器应满足GB 4824—2013中1组B类限值，见表1-2。

表1-2 逆变器EMC电磁传导值

频率（MHz）	1组B类设备限值［dB（μV/m）］	
	准峰值	平均值
0.15~0.50	66~56 随频率的对数线性减少	59~46 随频率的对数线性减少
0.5~5	56	46
5~30	60	50

光伏系统有电磁辐射，但比较少。采用合格的设备，不会对人体造成伤害和对家用电器造成干扰。光伏组件是直流电，不会产生辐射，逆变器的辐射严格控制在安全范围内，安装时要注意以下几点：逆变器不要安装在卧室和客厅内，尽量安装在室外；地线（PE）必须接，相应的接地系统装置必须完整且符合规范。

1.3 光伏发电系统概述

根据不同的应用场合，太阳能光伏发电系统一般分为并网发电系统、离网发电系统、并离网储能系统、并网储能系统和多种能源混合微网系统等五种。

1.3.1 并网发电系统

光伏并网系统由太阳能电池组件组成的光伏方阵、并网逆变器、光伏电能表、负载、双向电能表、并网柜和电网组成（见图1–1）。组件发出的直流电，经逆变器转换成交流电送入电网。目前主要有大型地面电站、中型工商业电站、小型家用电站三种形式。

由于并网光伏发电系统不需要使用蓄电池，节省了成本。国家发布的并网新政策已经明确表示，家庭光伏电站免费入网，分布式发电光伏发电，2013年国家出台的补贴政策为0.42元/kWh（到2018年1月降为0.37元/kWh，2019年1月降为0.18元/kWh，2020年 1 月降为0.08元/kWh，以后不定期下降）。自己用电不花钱，多余的电还可以卖给电力公司。从投资的长远角度，按家庭光伏电站25年的使用寿命计算，6~10年可以回收成本，剩下的十几年就是纯收益。

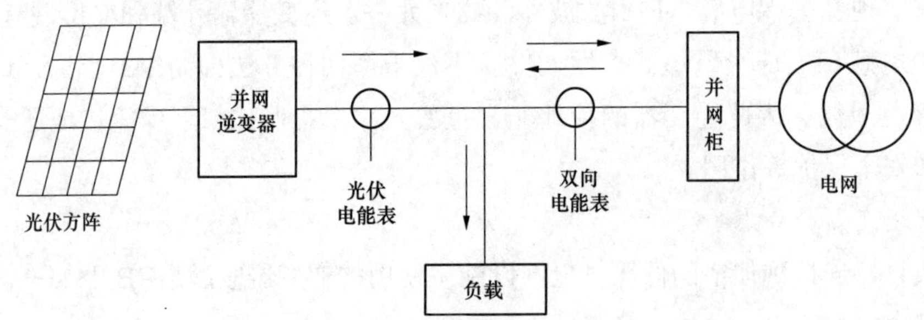

图1–1 并网发电系统示意图

分布式光伏并网系统，负载优先使用太阳能，当负载用不完后，多余的电送入电网。当光伏电量不足时，电网和光伏可以同时给负载供电。并网逆变器依赖于电网，当电网断电时，逆变器就会启动孤岛保护功能，逆变器停止运行，太阳能不能发电，负载也不能工作。

1.3.2 离网发电系统

离网型光伏发电系统，不依赖电网而独立运行，广泛应用于偏僻山区、无电区、海岛、通信基站和路灯等应用场所。系统一般由太阳能电池组件组成的光伏方阵、太阳能控制器、逆变器、蓄电池组、负载等构成（见图1-2）。光伏方阵在有光照的情况下将太阳能转换为电能，通过太阳能控制逆变一体机给负载供电，同时给蓄电池组充电。在无光照时，由蓄电池通过逆变器给交流负载供电。

这种系统由于必须配备蓄电池（占据了发电系统30%~50%的成本），而且铅酸蓄电池的使用寿命一般都在3~5年，过后又得更换，这更是增加了使用成本。从经济性来说，很难得到大范围的推广使用，因此不适合用电方便的地方使用。

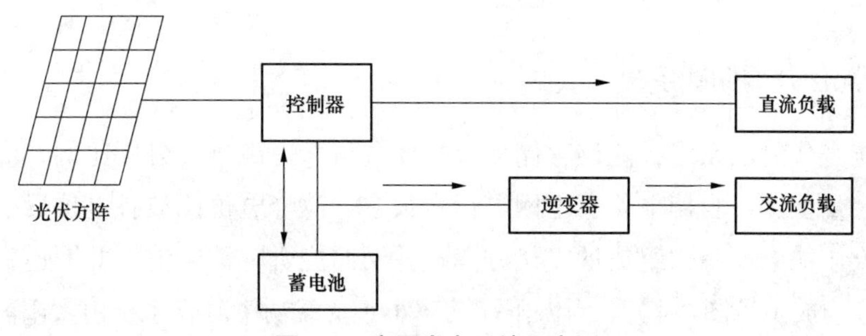

图1-2　离网发电系统示意图

对于无电网地区或经常停电地区家庭来说，离网系统具有很强的实用性。特别是单纯为了解决停电时的照明问题，可以采用直流节能灯，非常实用。因此，离网发电系统是专门针对无电网地区或经常停电地区使用的。

1.3.3　并离网储能系统

并离网型储能系统广泛应用于经常停电，或者光伏自发自用不能余量上网、自用电价比上网电价贵很多、波峰电价比波谷电价贵很多的应用场所。

系统由太阳能电池组件组成的光伏方阵、太阳能并离网一体机、蓄电池、负载（不停电负载和一般负载）等构成（见图1-3）。光伏方阵在有光照的情况下将太阳能转换为电能，通过太阳能控制逆变一体机给负载供电，同时给蓄电池组充电。在无光照时，由蓄电池给太阳能控制逆变一体机供电，再给交流负载供电。

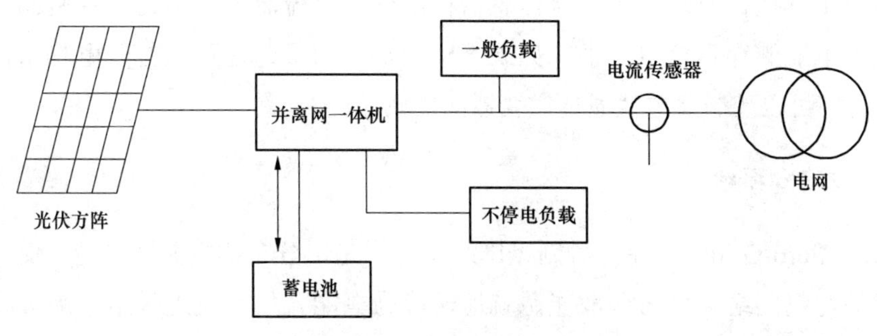

图1-3　并离网储能系统示意图

相对于并网发电系统，并离网系统增加了充放电控制器和蓄电池，系统成本增加了30%左右，但是应用范围更广。当电网停电时，光伏系统还可以继续工作，逆变器可以切换为离网工作模式，光伏和蓄电池可以通过逆变器给负载供电。

并离网一体机有两个接口，一个接口是接入电网，逆变器可以通过这个接口向电网送电，电网也可以通过这个接口向蓄电池充电，当电网停电时，这个接口也同时停电。还有一个输出接口接重要负载，只要蓄电池有电，这个接口就一直有电，可以作为应急电源使用。

1.3.4 光伏并网储能系统

并网储能光伏发电系统，能够存储多余的发电量，提高自发自用比例，应用于光伏自发自用不能余量上网、自用电价比上网电价贵很多、波峰电价比波谷电价贵很多的应用场所。系统由太阳能电池组件组成的光伏方阵、并网储能机、蓄电池、并网逆变器、电流传感器、负载等构成（见图1–4）。当太阳能功率小于负载功率时，系统由太阳能和电网一起供电，当太阳能功率大于负载功率时，太阳能发出的电一部分给负载供电，一部分通过控制器储存起来。

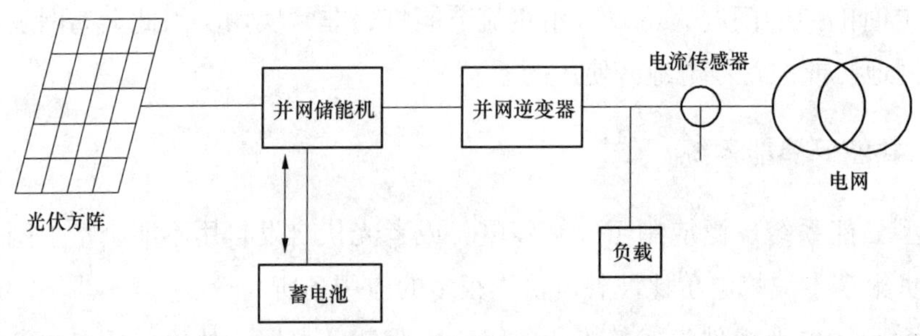

图1–4　并网储能系统示意图

在一些国家和地区，以前装了一套光伏系统，后来取消了光伏补贴，就可以安装一套并网储能系统，让光伏发电完全自发自用。并网储能机可以兼容各个厂家的逆变器，原来的系统可以不做任何改动。当电流传感器检测到有电流流向电网时，并网储能机开始工作，把多余的电能储存到蓄电池中，如果蓄电池也充满了，还可以打开电热水器。晚上家庭负载增加时，可以控制蓄电池通过逆变器向负载送电。

1.3.5 微电网系统

微电网（Micro-Grid），是一种新型网络结构，是由分布式电源、负荷、储能系统和控制装置构成的配电网络。可将分散能源就地转换为电能，然后就近供给本地负载。微电网是一个能够实现自我控制、保护和管理的自治系统，既可以与外部电网并网运行，也可以孤立运行。微电网是相对传统大电网的一个概念，是指多个分布式电源及其相关负载按照一定的拓扑结构组成的网络，并通过静态开关关联至常规电网。微电网对于可再生能源分布式发展具有关键作用。微电网将多种类型的分布式电源有效组合在一起，实现多种能源互补，提高能源利用率，能够充分促进分布式电源与可再生能源的大规模接入，实现对负荷多种能源形式的高可靠供给，是实现主动式配电网的一种有效方式，是传统电网向智能电网的过渡形式。

通过微电网可充分有效地发挥分布式清洁能源潜力，减少容量小、发电功率不稳定、独立供电可靠性低等不利因素，确保电网安全运行，是对大电网的有益补充。微电网可以促进传统产业的升级换代，从经济环保的角度可以发挥巨大作用。专家表示，微电网应用灵活，规模可以从数千瓦直至几十兆瓦，大到厂矿企业、医院学校，小到一座建筑都可以发展微电网。微电网作为分布式电源优化集成的一种方式，成为全世界关注的焦点。在中国智能电网的发展中，微电网将占有重要的地位。

微电网系统由太阳能电池方阵、并网逆变器、PCS双向变流器、智能切换开关、蓄电池组、发电机、负载等构成（见图1–5）。光伏方阵在有光照的情况下将太阳能转换为电能，通过逆变器给负载供电，同时通过PCS双向变流器给蓄电池组充电。在无光照时，由蓄电池通过PCS双向变流器给负载供电。

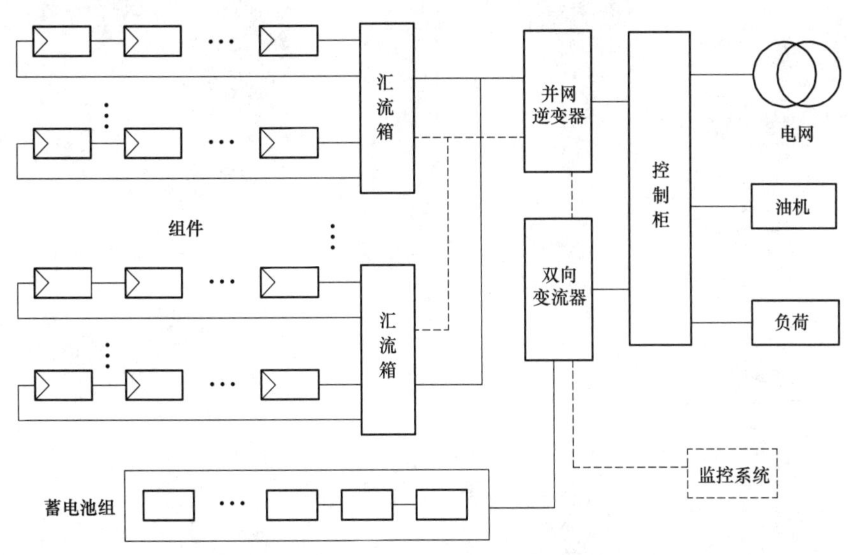

图1–5 光伏微电网储能系统示意图

微电网系统和纯离网系统相比的主要优势如下：

（1）应用范围更宽。离网系统只能脱离大电网而使用，而微网系统则包括离网系统和并网系统所有的应用，有多种工作模式。

（2）系统配置灵活。并网逆变器可以根据客户的实际情况选择单台或者多台自由组合，可以选择组串式逆变器或者集中式逆变器，甚至可以选择不同厂家的逆变器。并网逆变器和PCS变流器功率可以相等，也可以不相等。

（3）系统效率高。微网系统光伏发电经过并网逆变器，可以就近直接给负荷使用，实际效率高达96%，双向变流器主要起稳压作用。

（4）带载能力强。微网系统并网逆变器和双向变流器可以同时给负载供电，当光照条件好时，带载能力可以增加很多。

第 2 章　光伏组件

太阳能电池是通过光电物理效应或者光电化学效应直接把光能转化成电能的装置，它是利用光电转换原理使太阳的辐射光通过半导体物质转变为电能的一种器件，又被称为光伏电池。目前已实现产业化生产的太阳能电池主要包括晶硅太阳电池和薄膜太阳电池。其中，晶硅太阳能电池又包括单晶硅太阳能电池和多晶太阳能电池；薄膜太阳能电池主要有非晶硅薄膜太阳能电池、碲化镉（CdTe）薄膜太阳能电池、铜铟镓硒（CIGS）薄膜太阳能电池和砷化镓（GaAs）等太阳能电池，如图2–1所示。

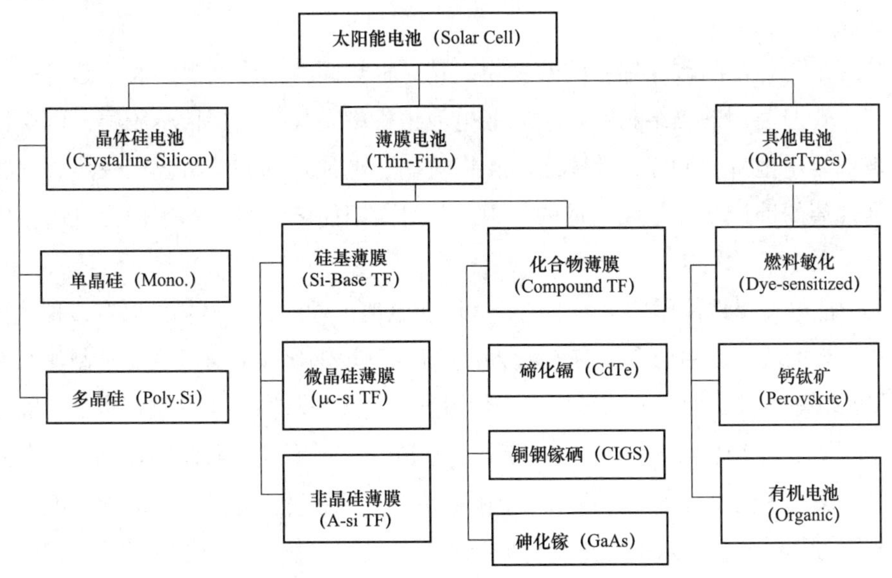

图2–1　主要太阳能电池的分类

2.1　晶硅组件的构成

分布式光伏发电系统所用的晶硅组件，一般都是采用钢化玻璃层压组件，主要由面板玻璃、硅电池片、两层EVA胶膜、TPT背板膜及铝合金框和接线盒等组成。面板玻璃覆盖在太阳能电池组件的正面，构成组件的最外层，既要透光率高，又要坚固耐用，起到长期保护电池片的作用。两层EVA胶膜夹在面板玻璃、电池片和TPT背板膜之间，通过熔融和凝固的工艺过程将玻璃与电池片及背板膜结合成一体。TPT背板膜具有良好的耐气候性能，并能与EVA胶膜牢固结合。镶嵌在电池组件四周的铝合金边框既对组件起保护作用，又方便组件的安装固定及电池组件方阵间的组合连接。接线盒用黏结硅胶固定在背板上，作为电池组件引出线与外引线之间的连接部件。

2.1.1 晶硅组件主要材料

1. 光伏玻璃

电池组件采用的面板玻璃是低铁超白绒面钢化玻璃。一般厚度为3.2mm和4.0mm，建材型太阳能电池组件有时要用到5~10mm的钢化玻璃，但无论厚薄都要求透光率在90%以上。低铁超白就是说这种玻璃的含铁量比普通玻璃要低，从而增加了玻璃的透光率。同时从玻璃边缘看，这种玻璃也比普通玻璃白，普通玻璃从边缘看是偏绿色的。钢化处理是为了增加玻璃的强度，抵御风沙冰雹的冲击，起到长期保护太阳能电池的作用。对面板玻璃进行钢化处理后，玻璃的强度可比普通玻璃提高3 ~ 4倍。

2. EVA胶膜

EVA胶膜是乙烯与醋酸乙烯脂的共聚物，是一种热固性的膜状热熔胶，是目前太阳能电池组件封装中普遍使用的黏结材料。太阳能电池组件中要加入两层EVA胶膜，两层EVA胶膜夹在面板玻璃、电池片和TPT背板膜之间，将玻璃、电池片和TPT黏合在一起。它和玻璃黏合后能提高玻璃的透光率，起到增透的作用，并对太阳能电池组件功率输出有增益作用。

3. 背板材料

根据太阳能电池组件使用要求的不同，太阳能电池组件的背板材料可以有多种选择，一般有钢化玻璃、有机玻璃、铝合金、TPT复合胶膜等几种。钢化玻璃背板主要是制作双面透光建材型的太阳能电池组件，用于光伏幕墙、光伏屋顶等，价格较高，组件重量也大。除此以外目前使用最广的就是TPT复合膜。TPT复合膜具有不透气、强度好、耐候性好、使用寿命长、层压温度下不起任何变化、与黏结材料结合牢固等特点。这些特点正适合封装太阳能电池组件，作为电池组件的背板材料有效地防止了各种介质尤其是水、氧和腐蚀性气体等对EVA和太阳能电池片的侵蚀与影响。常见复合材料除TPT以外，还有TAT（Tedlar薄膜与铝膜的复合膜）和TIT（Tedlar薄膜与铁膜的复合膜）等中间带有金属膜夹层结构的复合膜。这些复合膜还具有高强、阻燃、耐久、自洁等特性，白色的复合膜还可对阳光起反射作用，能提高电池组件的转换效率，且对红外线也有较强的反射作用，可降低电池组件在强阳光下的工作温度。

4. 接线盒与旁路二极管

太阳能电池组件专用接线盒是电池组件内部输出线路与外部线路连接的部件，从电池板内引出的正负极汇流条进入接线盒内，插接或用焊锡焊接到接线盒中的相应位置，外引线也通过插接、焊接和螺钉压接等方法与接线盒连接。接线盒内还留有旁路二极管安装的位置或直接安装有旁路二极管。

当有较多的太阳能电池组件串联组成电池方阵或电池方阵的一个支路时，需要在每块电池板的正负极输出端反向并联二极管。这个并联在组件两端的二极管就叫旁路二极管，如图2-2所示。

旁路二极管的作用是防止方阵串中的某个组件或组件中的某一部分被阴影遮挡或出现故障停止发电时，在该组件旁路二极管两端会形成正向偏压使二极管导通。组件串工作电流绕过故障组件，经二极管旁路流过，不影响其他正常组件的发电，同时也保护其他正常组件免受较高的正向偏压而损坏。

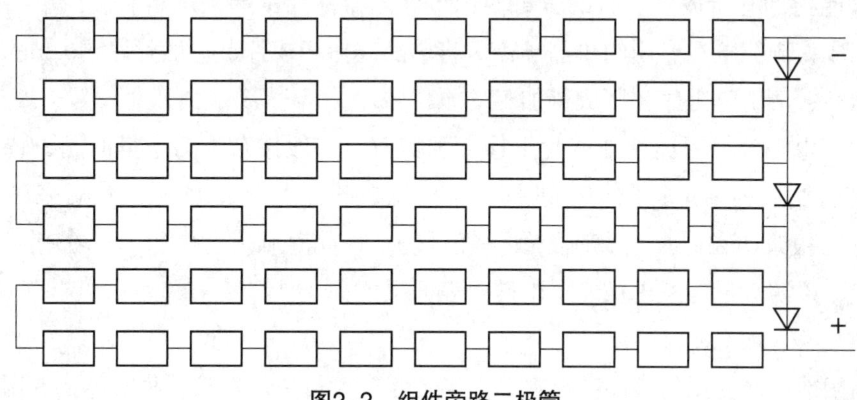

图2-2　组件旁路二极管

5. 电池片

晶体硅太阳能电池片分为单晶硅电池片和多晶硅电池片（见图2-3），每块电池片电压约0.5V，电流约8~12A，功率约4~8W，厚度一般为150 ~ 220μm。硅片尺寸在不断变化，经历了三次主要的变革：第一阶段为1981~2011年，硅片尺寸以100mm、125mm为主；第二阶段为2012~2018年，硅片尺寸以156mm（M0）、156.75mm(M2)为主；第三阶段为2019年至今，出现了158.75mm（G1）、161.7mm（M4）、163mm、166mm（M6）、182mm（M10）、210mm（G12）等更大尺寸的硅片。硅片尺寸不统一，导致光伏产业链包括硅片、电池到组件以及玻璃等辅材的制造成本上升，从发展趋势看，硅片尺寸有望统一到182mm（M10）。电池片表面有一层蓝色的减反射膜，还有银白色的电极栅线，其中很多条细的栅线，是电池片表面电极向主栅线汇总的引线，两条宽一点的银白线就是主栅线，也叫电极线或

单晶硅太阳能电池片

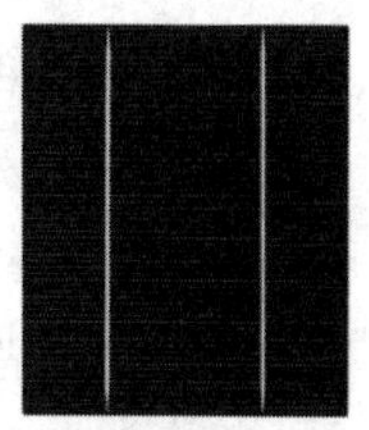

多晶硅太阳能电池片

图2-3　电池片

上电极。电池片的背面也有两条银白色的主栅线，叫下电极或背电极。电池片与电池片之间的连接，就是用互连条焊到主栅线上实现的。一般正面的电极线是电池片的负极线，背面的电极线是电池片的正极线。而电池片的面积大小与输出电流和发电功率成正比，面积越大，输出电流和发电功率越大。

2.1.2 单晶硅与多晶硅电池片的区别

1. 单晶硅太阳能电池

单晶硅太阳能电池是当前开发得最快的一种太阳能电池，它的构成和生产工艺已定型，产品广泛用于宇宙空间和地面设施。这种太阳能电池以高纯的单晶硅棒为原料，纯度要求99.9999%。为了降低生产成本，现在地面应用的太阳能电池等采用太阳能级的单晶硅棒，材料性能指标有所放宽。有的也可使用半导体器件加工的头尾料和废次单晶硅材料，经过复拉制成太阳能电池专用的单晶硅棒。将单晶硅棒切成片，一般片厚约0.3mm。硅片经过成形、抛磨、清洗等工序，制成待加工的原料硅片。

加工太阳电池片，首先要在硅片上掺杂和扩散，一般掺杂物为微量的硼、磷、锑等，扩散在石英管制成的高温扩散炉中进行，这样就在硅片上形成PN结。然后采用丝网印刷法，将配好的银浆印在硅片上做成栅线，经过烧结，同时制成背电极，并在有栅线的面涂覆减反射膜，以防大量的光子被光滑的硅片表面反射掉。

2. 多晶硅太阳能电池

目前太阳能电池使用的多晶硅材料，多半是含有大量单晶颗粒的集合体，或用废次单晶硅料和冶金级硅材料熔化浇铸而成。其工艺过程是选择电阻率为100～300Ω·cm的多晶块料或单晶硅头尾料，经破碎，用1∶5的氢氟酸和硝酸混合液进行适当的腐蚀，然后用去离子水冲洗呈中性并烘干。用石英坩埚装好多晶硅料，加入适量硼硅，放入浇铸炉，在真空状态中加热熔化。熔化后应保温约20min，然后注入石墨铸模中，待慢慢凝固冷却后即得多晶硅锭。这种硅锭可铸成立方体，以便切片加工成方形太阳电池片，可提高材质利用率和方便组装。

多晶硅太阳能电池的制作工艺与单晶硅太阳电池差不多，其光电转换效率稍低于单晶硅太阳电池，但是材料制造简便，节约电耗，总的生产成本较低，因此得到大量发展。随着技术的提高，目前多晶硅的转换效率也可以达到18%左右。

由于单晶硅电池片和多晶硅电池片前期生产工艺的不同，使它们从外观到电性能都有一些区别。从外观上看：单晶硅电池片四个角呈圆弧状，表面没有花纹；多晶硅电池片四个角为方角，表面有类似冰花一样的花纹。

对于使用者来说，单晶硅电池和多晶硅电池没有太大区别。单晶硅电池和多晶硅电池的寿命和稳定性都很好。同等功率的情况下，两者的发电量相差不大。近几年由于技术进步发展，以及金刚线切割技术的导入和规模化，单晶硅的成本大幅降低，尤其是以隆基绿能为龙头的单晶硅企业近几年在硅片切割及单晶硅电池研发技术上的突破，使单晶硅电池效率高于多晶硅电池，市场上多数厂家已开始进入和布局单晶硅产能。由于单晶硅电池的平均转换效率比多晶硅电池的平均转换效率高，在同等面积的情况下，单晶硅组件的装机容量要比多晶硅组件高。目前单晶硅组件的价格要比多晶硅组件贵一点，在同等价格的前提下，多晶硅组件装机容量要比单晶硅组件高。

2.2 薄膜太阳能电池的界定及分类

薄膜太阳能电池（薄膜电池）是根据光吸收层材料的厚度来界定的，与封装而成的组件厚度无关。薄膜太阳电池是指用硅、硫化镉、砷化镓等制备成的厚度在微米量级的薄膜为基体材料，通过光电物理效应或者光电化学效应直接把光能转化成电能的器件。其特点是该种材料对太阳光的吸收系数很高，可以在较薄的厚度吸收大部分太阳能量。太阳能薄膜电池的光吸收层非常薄（介于几百纳米至几微米之间），仅是太阳能晶硅电池光吸收层厚度的1/100，减少了光伏材料的使用，从而大大降低了制造成本。太阳能薄膜电池除了可制作在刚性玻璃衬底上外，还可以制作在不锈钢、聚酯膜等多种柔性衬底上。因此，薄膜太阳能电池应用领域十分广泛，如图2–4所示。

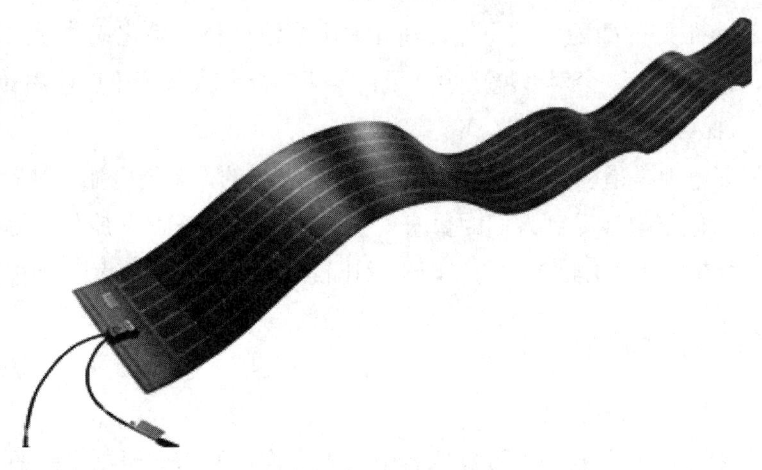

图2–4　柔性薄膜太阳能电池

从技术方面看，目前研究领域开发出的太阳能薄膜电池可分成以下几类：①硅基薄膜电池，包括非晶硅薄膜电池、微晶硅薄膜电池；②化合物半导体电池，包括铜铟镓锡（CIGS）系列薄膜电池、碲化镉（CdTe）系列薄膜电池和砷化镓（GaAs）系列薄膜电池；③新技术新材料电池，包括染料敏化（DSSC）有机薄膜太阳能电池、纳米染料二氧化钛薄膜太阳能电池和球状硅薄膜电池。

2.2.1 硅基薄膜太阳能电池

硅基薄膜太阳能电池是对所有以硅为主要光吸收材料的薄膜类太阳能电池的总称。硅基薄膜太阳能电池在材料结构上可分为非晶硅薄膜和微晶硅薄膜。硅基薄膜太阳能电池在电池结构上可分为非晶硅单结、非晶硅/非晶硅双结叠层、非晶硅/微晶硅双结叠层薄膜太阳能电池，也包括以硅为基础的各种合金材料薄膜太阳能电池，如非晶硅锗薄膜太阳能电池。

2.2.2 化合物薄膜太阳能电池

1. 铜铟镓硒（CIGS）

铜铟镓硒（CIGS）太阳能电池属于Ⅰ-Ⅲ-Ⅵ族化合物太阳能电池，该电池的核心部分是由P型的CIGS吸收层与N型的CdS、ZnO形成的异质结结构，它的吸收层可通过调节Ga的含量，使禁带宽度在1.02~1.67eV之间变化。该电池可吸收光谱波长范围较广，不仅可以吸收可见光，还可以对波长780 ~ 120nm的红外光进行吸收。铜铟镓硒薄膜太阳能电池的实验室最高效率已经达到21.7%，产业化组件转化效率已达到16%。

2. 碲化镉（CdTe）

碲化镉薄膜太阳能电池是一种以碲化镉（CdTe）和硫化镉（CdS）的异质结为基础的太阳能电池。碲化镉是直接带隙半导体，光吸收强，禁带宽度一般为1.45eV，其禁带宽度与地面太阳光谱有很好的匹配，是一种良好的太阳电池材料。碲化镉薄膜太阳能电池易于大规模生产，但镉有剧毒，会对环境产生严重污染，因此其大规模推广应用受到限制。

3. 砷化镓（GaAs）

砷化镓太阳能电池是指以砷化镓薄膜为光吸收层材料的太阳能电池，具有较高的转换效率，砷化镓薄膜太阳能电池受到人们的普遍重视。砷化镓属于Ⅲ-Ⅴ族化合物半导体材料，为直接带隙，其禁带宽度为1.42eV，与太阳光谱比较匹配，是理想的太阳能电池材料。

2.2.3 新兴薄膜太阳能电池

1. 染料敏化（Dye-sensitized）

染料敏化太阳能电池主要是模拟自然界中的光合作用原理，研制出来的一种新型太阳电池。染料敏化薄膜太阳电池是基于导电玻璃、纳米半导体氧化薄膜、敏化材料、电解质和对电极构成的半导体。采用吸附染料的纳米多孔二氧化钛半导体膜作为光阳极，并选用适当的电解质，用镀铂的导电玻璃作为光阴极，只要太阳光照射到电池上，光生电子被收集到外电路，产生电流，它就可以源源不断地发电。电池结构主要是由纳米多孔二氧化钛薄膜、染料敏化剂、电解质、光阴极灯几个主要部分组成。染料敏化太阳电池的主要优势是原材料丰富、成本低，工艺技术相对简单，在大面积工业化生产中具有较大的优势，同时所有原材料和生产工艺都是无毒、无污染的，部分材料可以得到充分回收，对保护环境具有重要意义。然而，染料敏化太阳能电池还需要提高效率，解决性能稳定、密封可靠、使用方面等问题，要实现大规模实际应用还需等待时日。

2. 钙钛矿（Perovskite）

钙钛矿型太阳能电池是利用具有钙钛矿晶体空间结构的材料作为光电转换功能层的一类新型电池，这种结构的材料由于在载流子扩散长度（长1/4左右）、光电转换等方面的本征特性优势，其电池理论效率高达31%，光谱响应范围宽至200~900nm，且可实现彩色透明（0~40%可调），原材料易制备，规模成本约为晶硅电池的40%~50%，具有转换效率进步快、制作工艺简单、发电成本低等优点。但有毒、不稳定和寿命短成为制约其发展的瓶颈。钙钛矿型太阳能电池（perovskitesolarcells）是利用钙钛矿型的有机金属卤化物半导体作为吸光材料的，不仅可以实现对可见光和部分近红外光的吸收，而且所产生的光生载流子不易复合，能量损失小。这是钙钛矿型太阳能电池能够实现高效率的根本原因。

3. 有机薄膜（Organic）

有机薄膜太阳能电池是指光吸收材料全部或部分为有机物（聚合物或小分子）半导体材料制成的太阳能电池，利用具有半导体性质的有机材料（如聚对苯乙炔、聚苯胺等）进行掺杂后可制成PN结太阳能电池。向离子掺杂也能使一些塑料薄膜变成半导体。导电聚合物或小分子的作用为光的吸收和电荷转移。有机薄膜太阳电池可通过改变聚合物分子链的长度和官能团改变有机分子的禁带宽度。有机薄膜太阳能电池的光吸收系数很高，非常薄的有机物薄膜就可以吸收大量的太阳光。虽然这种电池成本较低，但转换效率较低，抗光老化的能力不理想，稳定性差，目前依然处于研究阶段，还未能进入实际应用。

2.2.4 实用薄膜发电优势小结

目前国内拥有包括非晶硅和铜铟镓硒（CIGS）两种太阳能电池的七种技术路线。

最近几年，基于黄铜矿类化合物薄膜太阳能电池的性能得到显著改进。世界上最先进的铜铟镓硒（CIGS）太阳能技术，最高电池转换率可达15.5%，且还在不断提升，光电转换效率目前是各种薄膜太阳能电池之首，接近于目前市场主流产品多晶硅太阳能电池转换效率。铜铟镓硒（CIGS）太阳能电池具有质量轻、弱光性好、耐受高温、稳定性好等特点，被国际上称为“下一时代非常有前途的新型薄膜太阳能电池”。

此外，铜铟镓硒太阳能电池采用柔性材料作为衬底，可以进行柔性封装，弯曲度好，具有可挠性，可折叠，可卷曲，可以更好地应用到曲面和异形的结构中，应用范围和领域更广。具体优点如下：

（1）综合发电率高。薄膜太阳电池是半导体材料当中光吸收系数高的，1 μm的厚度即可吸收99%的光子。具有很好的弱光性，在弱光及散射光条件如多云天、阴雨天依然能够产生电流，此外还具有耐高温性能，在相同功率下CIGS电池的年发电量比多晶硅高出10%。

（2）具有柔性。薄膜电池采用柔性不锈钢作为衬底，柔性非常好，不仅可以采用柔性的聚合物背板封装成柔性光伏组件，同时也可以应用到弯曲面，如带有弧度的刚性玻璃上面，适合车身表面有弧度的安装应用。

（3）重量轻。柔性封装的薄膜太阳能组件仅为2kg/m^2，比传统晶体硅组件轻80%，能满足所有屋顶建筑以及车辆的承重要求。

（4）耐受高温性能好。太阳能光伏组件的一般工作温度在40~60℃，尤其是在夏季高温季节，光伏组件温度可达70℃，受高温影响，光伏组件的最佳输出功率会有所下降。但薄膜太阳能电池的温度系数较低，其受温度的影响较小。

（5）弱光响应好，太阳辐射通过大气时遇到空气分子、沙粒、水滴等介质时，都要发生散射。在多云、风沙的天气及清晨、傍晚的时段，太阳辐射主要以散射形式存在。与晶体硅相比，薄膜太阳能电池更容易吸收散射光，其弱光的光谱响应较好。

（6）阴影或遮挡影响小，如果单晶硅组件的遮挡面积达到50%，整个组件的输出功率将减少75%。 而薄膜太阳能组件内部的子电池之间都有旁路二极管，在某一部分被遮挡时，电流可以绕过被遮挡区域继续高效能供电，其耐遮挡性能较好。随着产品结构的创新和设计优化，新的半片、叠片等新型组件问世，减少了阴影遮挡对组件输出功率的影响，减少了组件的阴影损失。

2.3 晶硅组件和薄膜组件对比

21世纪初，太阳能电池主要以硅系太阳能电池为主，超过89%的光伏市场由硅系列太阳能电池占领。但自2003年以来，晶体硅太阳能电池的主要原料多晶硅价格快速上涨，业内人士自然而然将目光转向了成本较低的薄膜电池。薄膜太阳能电池可以使用价格低廉的玻璃、塑料、陶瓷、石墨、金属片等不同材料当基板来制造，形成可产生电压的薄膜厚度仅需数微米。薄膜电池太阳能电池除了平面之外，也因为具有可挠性可以制作成非平面构造。其应用范围大，可与建筑物结合或是变成建筑体的一部分，应用非常广泛。晶硅与薄膜太阳能电池及对应光伏组件主要对比见表2–1。

表2–1 晶硅与薄膜太阳能电池及对应光伏组件主要对比

电池种类		技术难度	理论效率	目前最高效率	量产组件平均效率	组件成本
晶硅电池		一般	33.2%	单晶 25.3%	单晶 17%	较低
				多晶 21.9%	多晶 16.2%	
薄膜电池	硅基薄膜	一般	28.9%	13.6%	8% ~ 10%	较低
	铜铟镓硒	较难	33.4%	22.6%	14% ~ 16%	较高
	碲化镉	较难	32.8%	27.5%	13% ~ 15.4%	较高

续表

<table>
<tr><th colspan="2">电池种类</th><th>技术难度</th><th>理论效率</th><th>目前最高效率</th><th>量产组件平均效率</th><th>组件成本</th></tr>
<tr><td rowspan="4">薄膜电池</td><td rowspan="2">砷化镓</td><td rowspan="2">难</td><td>单结 33.2%</td><td>单结 28.8%</td><td>单结< 25%</td><td rowspan="2">高</td></tr>
<tr><td>多结> 50%</td><td>四结 46%</td><td>三结> 30%</td></tr>
<tr><td>有机薄膜</td><td>较难</td><td>—</td><td>12%</td><td>6%</td><td>低</td></tr>
<tr><td>染料敏化</td><td>较难</td><td>—</td><td>11.9%</td><td>无</td><td>低</td></tr>
</table>

晶硅与薄膜历来存在争议，前几年随着晶硅电池成本的下降，薄膜电池在业内的发展比较缓慢。然而，近两年欧美对中国光伏“双反”的提出，以及光电绿色建筑和光伏应用产品的发展，一方面打击了国内晶硅组件制造商的歧视，另一方面为薄膜电池组件的发展创造了很大机会。

2.3.1 晶硅组件的优点

（1）单位面积输出功率更高。1m^{2}的双结硅基薄膜组件输出功率（峰值）约为78W，而相同面积的多晶硅组件的输出功率约为147W，单晶硅更是达到了182W。

（2）除组件外，其他配套产品的成本更低。因晶硅组件的单位面积输出功率约为双结硅基薄膜组件的2倍，建设同样大小的太阳能光伏电站，晶硅组件使用的数量约为双结硅基薄膜组件的一半，所需要的电气设备和电缆的耗量，在使用晶硅组件的电站中比使用双结硅基薄膜组件的要小很多。硅基薄膜组件需要负极接地，逆变器必须要用隔离变压器，组串式逆变器如果再配上隔离变压器，价格会增加30%，效率会降低2%。

（3）占地面积更小。建设同样容量的电站，因所需要的晶硅组件的数量要远少于双结硅基薄膜组件，相应的使用晶硅组件的光伏电站的占地面积比双结硅基薄膜组件要小很多，系统成本更低。

（4）晶硅组件的结构使其比双结硅基薄膜组件更易运输。因大型地面电站大都建于偏远地区，需经海运、陆运等多种途径才能到达项目现场，在运输过程中，双结硅基薄膜组件（尤其是无边框型的产品）因其自身的玻璃结构，在相同的包装情况下更易出现碎裂，而晶硅组件很少出现这种情况。

（5）便于安装。晶硅组件重量较双结硅基薄膜组件更轻，在安装现场更容易安装到支架上。

2.3.2 硅基薄膜组件优点

（1）与晶硅组件相比，双结硅基薄膜组件在相同的遮蔽面积下功率损失较小（弱光情况下发电性能更好）。

（2）有更好的功率温度系数。

（3）只需要少量的硅原料。

（4）没有内部电路短路问题（联机已经在串联电池制造时内建）。

（5）原材料供应不会出现短缺问题。

（6）可在建筑材料整合性运用即光伏建筑一体化（BIPV），更为美观。

薄膜技术提升也很快，CIGS薄膜电池转化率达到22.6%，砷化镓产品达到28.8%，CdTe薄膜电池达到27.5%，而且随着技术不断进步，薄膜组件还有巨大潜力可挖，未来有可能超过晶硅的效率。薄膜组件有弱光性好、IGS薄膜电池可弯曲、CdTe薄膜电池可透光等优点，在建筑一体化、阳光房、农业大棚等应用场合具有优势。

2.4 光伏组件技术参数

光伏组件是光伏电站最重要的设备之一，成本占了并网系统的50%左右，组件的技术参数对系统设计非常重要。下面以多晶硅光伏组件为例，解释光伏组件的关键参数，在逆变器选型时要注意组件的最大输出功率，单晶组件和薄膜组件可以参考。

2.4.1 光伏组件技术规格书中的关键参数

1. 功率

一般所说300Wp光伏组件中的“p”为peak（峰值）的缩写，300Wp代表峰值功率为300W。所有的技术规格书中都会标注“标准测试条件”。“0~+5”代表是正公差，300W的组件功率范围在300~315W之间为合格品。表2-2为某厂的单晶光伏组件技术规格书。

表2-2 标准条件下某厂单晶硅组件的电气参数

最大功率 P_{MAX}（W）	280	285	290	295	300	305
功率公差 P（W）	0~+5					
最大功率点的工作电压 U_{MPP}（V）	31.7	31.8	32.2	32.5	32.6	32.9
最大功率点的工作电流 L_{MPP}（A）	8.84	8.97	9.01	9.08	9.19	9.28
开路电压 U_{OC}（V）	39.0	39.3	39.5	39.7	39.9	40.2
短路电流 I_{SC}（A）	9.35	9.45	9.50	9.55	9.64	9.72
组件效率 η_m（%）	17.1	17.4	17.7	18.0	18.3	18.6

注 表中为标准测试条件（大气质量AM1.5，辐照度1000W/m^2，电池温度25℃）下的测试值。

只有在标准测试条件（辐照度为1000W/m^2，电池温度25℃）时，光伏组件的输出功率才是标称功率（300W），辐照度和温度变化时功率肯定会变化。在非标准条件下，光伏组件的输出功率一般不是标称功率，见表2-3。

表2-3　非标准条件下单晶硅电气参数

最大功率 P_{MAX}（W）	209	212	216	220	223	227
最大功率点的工作电压 V_{MPP}（V）	29.4	29.6	29.9	30.2	30.4	30.6
最大功率点的工作电流 L_{MPP}（A）	7.10	7.17	7.23	7.28	7.35	7.42
开路电压 U_{OC}（V）	36.3	36.6	36.7	36.9	37.1	37.3
短路电流 I_{SC}（A）	7.55	7.63	7.67	7.71	7.78	7.84

注　电池额定工作温度条件：辐照度 800W/m^2，环境温度 20℃，风速 1m/s。

2. 效率

理论上，尺寸、标称功率相同的组件，效率肯定是相同的。光伏组件是由电池片组成，一块光伏组件通常由60（6×10）片或72（6×12）片电池片组成，面积分别为1.638m^2（0.992m×1.65m）和1.94m^2（0.992m×1.956m）。表2-4为1.638m^{2}组件的机械参数。

表2-4　组件机械参数

机械参数	数值
电池片类型	165.75mm×156.75mm 多晶硅
电池片数量	一组 60（6×10）片
组件尺寸	1650mm×992mm×35mm
质量	18.6kg
玻璃	3.2mm，高透、减反射镀膜钢化玻璃
背板	白色
边框	银色、阳极氧化铝
接线盒	防护等级 IP67/ IP68
电缆	4.0mm^2、1000mm 光伏专用电缆
连接器	MC4、QC4

组件效率的计算：辐照度为1000W/m^{2}时，1.638m^{2}组件上接收的功率为1638W，当输出为280W时效率为17.1%，300W时效率为18.3%。

3. 电压与温度系数

电压分开路电压和MPPT电压，温度系数分为电压温度系数和功率温度系数。在进行串并联方案设计时，要用开路电压、工作电压、温度系数、当地极端温度（最好是昼间）进行最大开路电压和MPPT电压范围的计算，与逆变器进行匹配。组件温度系数见表2-5。

表2-5　组件温度系数

NOCT（额定电池工作温度）	44℃（±2℃）
最大功率（P_{MAX}）温度系数	-0.39%/℃
开路电压（U_{OC}）温度系数	-0.29%/℃
短路电流（I_{SC}）温度系数	0.5%/℃

在配置逆变器时，要注意两个方面：

（1）多个组件串联后的电压，是每块组件的电压之和。工作电压在逆变器的额定工作电压左右，效率最高。单相220V逆变器，逆变器输入额定电压为360V；三相380V逆变器，逆变器输入额定电压为630V。

（2）组串后最高极限开路电压不超过逆变器的最高电压，如300W组件开路电压是39.9V，开路电压温度系数是-0.29%/℃，如果在-25℃，24块串联，最后的开路电压会超过1000V，实际计算公式为$U=39.9[1+(-25-25)\times(-0.0029)]\times 24\approx 1096$（V）。

2.4.2　影响光伏组件的两个效应

1. 热斑效应

串联支路中被遮蔽的太阳能电池组件，将被当作负载消耗其他有光照的太阳能电池组件所产生的能量，被遮蔽的太阳能电池组件此时会发热，这就是热斑效应。这种效应会严重地破坏太阳能电池，而造成热斑效应的，可能仅仅是一块鸟粪。

为了防止太阳能电池由于热斑效应而遭受破坏，最好在太阳能电池组件的正负极间并联一个旁路二极管，以避免光照组件所产生的能量被受遮蔽的组件所消耗。当热斑效应严重时，旁路二极管可能会被击穿，令组件烧毁。

2. PID效应

电势诱导衰减（Potential Induced Degradation， PID）是电池组件长期在高电压作用下，使玻璃、封装材料之间存在漏电流，直接危害就是大量电荷聚集在电池片表面，造成电池片表面钝化，使得组件功率衰减，发电量减少，太阳能发电站的电站收益降低。PID现象严重时，会引起一块组件功率衰减50%以上，从而影响整个组串的功率输出。高温、高湿、高盐碱的沿海地区最易发生PID现象。

造成组件PID现象的原因主要有以下三个方面：

（1）系统设计原因。光伏电站的防雷接地是通过将方阵边缘的组件边框接地实现的，这就造成在单个组件和边框之间形成偏压，组件所处偏压越高则发生PID现象越严重。通过逆变器正极接地，消除组件边框相对于电池片的正向偏压，会有效预防PID现象的发生，但逆变器负极接地会增加相应的系统建设成本。

（2）光伏组件原因。高温、高湿的外界环境使得电池片和接地边框之间形成漏电流，封装材料、背板、玻璃和边框之间形成了漏电流通道。通过使用改变绝缘胶膜的乙烯–醋酸乙烯共聚物（EVA）是实现组件抗PID的方式之一，在使用不同EVA封装胶膜条件下，组件的抗PID性能会存在差异。另外，光伏组件中的玻璃主要为钙钠玻璃，玻璃对光伏组件的PID现象的影响至今尚不明确。

（3）电池片原因。电池片方块电阻的均匀性、减反射层的厚度和折射率等对PID性能都有着不同的影响。

上述引起PID现象的三方面中，由在光伏系统中的组件边框与组件内部的电势差而引起的组件PID现象被行业所公认，但在组件和电池片两个方面，组件产生PID现象的机理尚不明确，尚无相应的进一步提升组件抗PID性能的措施。

双玻组件不需要铝框，即使在玻璃表面有大量露珠的情况下，没有铝框导致PID发生的电场无法建立，透水率也非常低，降低了发生PID衰减的可能性。

2.4.3 组件的输出功率

不考虑逆变器等设备因素，组件的输出功率和太阳辐射度和温度有关。影响辐射度的因素有以下几种：

（1）太阳高度角或纬度：太阳高度角越大，穿越大气的路径就越短，大气对太阳辐射的削弱作用越小，则到达地面的太阳辐射越强；太阳高度角越大，等量太阳辐射散布的面积越小，太阳辐射越强。例如，中午的太阳辐射强度比早晚的强。

（2）海拔：海拔越高，空气越稀薄，大气对太阳辐射的削弱作用越小，则到达地面的太阳辐射越强。青藏高原是我国太阳辐射最强的地区。

（3）天气状况：晴天少云，对太阳辐射的削弱作用小，到达地面的太阳辐射强。四川盆地多云雾、阴雨天气，太阳辐射削弱，为太阳辐射我国最低值地区。

（4）大气透明度：大气透明度高则对太阳辐射的削弱作用小，使到达地面的太阳辐射强。

（5）大气污染的程度：污染重则对太阳辐射削弱强，到达地面的太阳辐射少。雾霾天气对光伏组件影响非常大，在河北保定等雾霾天气严重的地区，全年发电量要比理论少10%左右。

不考虑逆变器等设备因素，影响组件最大输出功率的就是太阳辐照度和温度了。太阳辐射度极限值是太阳常数，值是1368W/ m^2，到达地球表面后受到天气等各方面影响，最高值约1200 W/m^2，组件的功率温度系数约为–0.39%/℃，组件温度下降，组件的功率会升高。一块250W的组件，在不考虑设备损耗的情况下，如果在地球的赤道地区没有云层的天气情况下，组件最大输出功率也可能超过250W。

2.5 晶硅组件发展情况

光伏产业发展至今，“效率”与“成本”始终是产业发展的关键词。太阳能能量密度低，收集成本高，这一特点决定了降低光伏发电成本的最主要方式就是提高组件转换效率。组件转换效率每提高1个百分点，光伏发电成本就能降低6%以上。

正因为如此，光伏制造技术发展的核心就是提高光电转换效率。过去几年，无论单晶电池还是多晶电池，都保持了每年约0.3%～0.4%的效率提升。随着“领跑者”计划的推出，中国光伏行业制造水平、应用水平、测试标准等均大幅提升，在组件产品转换效率提升方面促进作用更是明显。

目前，我国光伏设备行业已经全面进入拼质量、拼效率的时代。按照国家能源局提出的发展目标，到“十三五”末，太阳能发电规模要比2015年翻两番，成本下降30%。光伏先进技术之争，将直接决定整个产业发展目标能否顺利实现。

2.5.1 PERC 电池技术

PERC（Passivated Emitter and Rear Cell）电池通过在电池背面实行钝化技术，增强光线的内背反射，降低了背面复合，从而使电池的效率能够有效提高。PERC电池技术拥有广泛的应用前景。

相比一般电池技术，PERC电池增加了两道额外的工序：背面钝化层的沉积和激光开槽。因为需增加两套设备的投资，按目前的生产情况，传递到组件端单瓦成本略高。但随着生产规模的扩大及专用原材料费用的降低，PERC组件的成本将低于常规组件。而且在电站端的实际测试中，PERC组件比常规组件每瓦发电量高出3%左右。

PERC组件比一般组件多发电的原理，在于其优秀的低辐照性能、更好的功率温度系数及对首年光衰问题的解决。

1. 低辐照

与AM1.5同样光谱分布的低辐照测试中，PERC组件具有更高的相对转换效率，因小于标准光强下的相对效率主要由开路电压的变化来决定，常规电池的相对开路电压低于PERC电池，且光强越弱，两电池的暗饱和电流密度相差越大，短路电流相差越大，相对效率相差越多。

更重要的是，PERC电池红外波段的量子效率显著提高，尤其在1100~1200nm波段增加的发电不计入标称功率当中。因此PERC组件在正常辐照下由于低辐照特性可以多发电，而在阴雨天以及早晚，相对常规组件的多发电优势更加明显。

2. 功率温度系数

一方面，PERC电池的红外波段量子效率高，其电流温度系数略高。另一方面，PERC

电池的开路电压更高，电压温度系数（绝对值）更低。综合来看，PERC电池的功率温度系数（绝对值）低于多晶和常规单晶。

3. 初始光衰

晶硅组件都存在光致衰减（LID）问题（从组件厂家的质保承诺来看，首年功率衰减一般不高于2.5%或3%），主要原因是P型硅片中的硼与氧在室外光照后产生的"B-O对"导致组件功率降低。

采用了PERC技术后，光生空穴需要运行更远的距离才能被背电极收集，"B-O对"与杂质、缺陷会产生更明显影响，导致5%以上的LID。通过降低硅片氧含量、改变掺杂剂、对电池进行退火处理等措施，可以将PERC电池的光衰显著降低，例如单晶PERC组件可以达到2%以下的首年功率衰减。

目前，在PERC电池技术方面比较领先的公司有天合光能等。在"领跑者"计划中，国家对电池组件的效率提出了多晶不低于16.5%，单晶不低于17.5%的目标要求，现在天合光能量产的PERC单、多晶电池的效率已经分别达到21.1%和20.16%，远远超过这一要求，走到了行业前列。天合光能已经在"黄金线"（量产示范生产线）上实现22.61%电池效率和300W组件功率的稳定生产，并即将全面投入量产。

2.5.2 黑硅技术

黑硅对光伏行业来讲，不是一个新技术。不过，黑硅技术近期的发展热潮可能归结于两个主要因素：第一，金刚线切割能够大幅度地降低多晶硅片成本，但传统的酸制绒导致电池效率降低，而黑硅制绒可以很大幅度上解决金刚线切割带来的制绒工艺上的困难。第二，黑硅技术的设备成本降低，电池和组件端的进步也促进了该技术的发展。

黑硅除了能解决外观问题之外，还能形成纳米级的凹坑，增加入射光的捕捉量，降低多晶电池片的光反射率以提高转换效率。故金刚线切割搭配黑硅技术的工艺，能同时兼顾硅片端降低成本与电池片端提高效率两方面的要求。

目前黑硅技术主要分成干法制绒的离子反应法（Reactive Ion Etching，RIE），以及湿法制绒的金属催化化学腐蚀法（Metal Catalyzed Chemical Etching，MCCE）。

以现有设备来看，RIE技术因效率提升较高、已有量产实绩等因素较为市场接受，然而其机台价格昂贵，让不少欲进入者踌躇不前。湿法MCCE方面，虽然机台价格远低于干法制绒，但现有技术尚未成熟，容易导致外观颜色不均、转换效率较低、废液难以回收等问题，目前仍无法解决。

因此，近两年黑硅的产能扩充将不如PERC当年迅速。不过，为抵御单晶产品步步进逼，多晶电池片厂商也会开始采用黑硅技术以提高电池效率。随着金刚线切割多晶硅片品质趋于稳定，黑硅产品也将引燃另一波产业界的热烈讨论。

目前，在PERC电池技术方面比较领先的公司有隆基绿能等。在“领跑者”计划中，国家对电池组件的效率提出了多晶组件不低于16.5%，单晶组件不低于17.5%的目标要求。现在隆基绿能量产的PERC单晶电池的效率已经达到22%以上，并且电池效率多次打破世界纪录，走到了行业前列。目前，隆基绿能已经实现了310W组件功率的规模化量产。

2.5.3　MWT 组件技术

金属穿透（Metal Wrap Through， MWT）技术是在硅片上利用激光穿孔技术结合金属浆料穿透工艺将电池片正面的电极引到背面，从而实现降低正面遮光提高电池转换效率的目的。同时由于该技术的组件封装特点，组件的串联电阻低，转换效率高，并且可以适用于更薄的硅片，使得进一步较大幅度降低成本成为可能。

若考虑系统安装总量相同的情况（假设均为1MW），则采用更高功率的组件在节约安装面积的同时，也能够节约单瓦成本。

针对常规电池和组件的不足，MWT电池组件采用了全新的电池和组件结构设计，大幅提高了电池和组件的光电转化效率及可靠性，60片电池的单、多晶硅电池组件标准输出功率分别达到310W和300W，较市场常规产品提高8%左右，达到行业领先水平。

MWT电池组件已被列入国家光伏组件“领跑者”计划，得到了广泛认可。MWT组件不仅输出功率远高于常规产品，而且比常规产品美观大方，性能更稳定可靠。电池片背面的平面金属箔还可起到隔绝水汽和增强散热的作用，在高温高辐照度区实际发电量优势更为明显。

2.5.4　双玻组件

双玻是一个平台型的技术理念，所有电池（PERC、黑硅、IBC、HIT）、组件（单晶、多晶、智能）、系统（1500V、跟踪支架、农光、渔光）的降本增效技术都可以叠加在双玻技术平台上面。也就是说，结合高可靠性高发电量的特征来看，双玻是“领跑者”先进技术的可扩展承载平台，能够跟“领跑者”计划的需求较好地贴合起来。

双玻组件并不是一个新生事物，早在2005年双玻组件就已经被用在光伏幕墙中了，但当时组件价格还比较贵，用的玻璃也比较厚。2014年，双玻在全国甚至全球范围内已经得到很广泛的应用，包括山坡、山地、荒地在内的众多大型地面电站都在使用双玻组件。现在，1500V系统也会用到双玻组件。

双玻组件具有高可靠性、抗酸碱、抗盐雾、抗水汽、抗UV及抗PID等性能，同时还能抗隐裂，并且做到了零水透、不积灰、不积雪，抗载荷能力非常好，达到了A级防火标准。因为这些特性，其发电量要比普通组件高3%以上，与“领跑者”项目基地的两淮水面地域、张家口景观廊道、煤矿沉降地形等都有很好的环境匹配性。

2.5.5 IBC电池

IBC电池（全背电极接触晶硅光伏电池）是将正负两极金属接触均移到电池片背面的技术，使面朝太阳的电池片正面呈全黑色，完全看不到多数光伏电池正面呈现的金属线。这不仅带来更多有效发电面积，有利于提升发电效率，外观上也更加美观。

这种背电极的设计实现了电池正面“零遮挡”，增加了光的吸收和利用。但制作流程也更复杂，工艺中的难点包括P+扩散、金属电极下重扩散及激光烧结等。

IBC电池的工艺流程大致如下：清洗→制绒→扩散N+→丝印刻蚀光阻→刻蚀P扩散区→扩散P+→减反射镀膜→热氧化→丝印电极→烧结→激光烧结。

2016年4月26日，天合光能光伏科学与技术国家重点实验室宣布：经第三方权威机构JET独立测试，以23.5%的光电转换效率创造了156mm×156mm大面积N型单晶硅IBC电池的世界纪录。这一数值突破天合光能在2014年5月创造的22.94%的同项世界纪录，也是天合光能光伏科学与技术国家重点实验室第13次打破世界纪录。

2.5.6 HIT太阳能电池组件

HIT（Heterojunction with Intrinsic Thinlayer）硅太阳能电池，是在晶体硅片上沉积一层非掺杂（本征）氢化非晶硅薄膜和一层与晶体硅掺杂种类相反的掺杂氢化非晶硅薄膜。采取该工艺措施后，改善了PN结的性能。与常规晶体硅太阳能电池组件相比，HIT太阳能电池组件的单位面积发电量更高，高温时能发更多的电，制成双面组件能够利用反射光，发电量进一步提升。

HIT电池具有发电量高、度电成本低的优势，具体特点如下：

（1）低温工艺：HIT电池结合了薄膜太阳能电池低温（<250℃）制造的优点，从而避免采用传统的高温（>900℃）扩散工艺来获得PN结。这种技术不仅节约了能源，而且低温环境使得硅基薄膜掺杂、禁带宽度和厚度等可以较精确控制，工艺上也易于优化器件特性。低温沉积过程中，单晶硅片弯曲变形小，因而其厚度可采用本底光吸收材料所要求的最低值（约80μm）。同时低温过程消除了硅衬底在高温处理中的性能退化，从而允许采用“低品质”的晶体硅甚至多晶硅来做衬底。高温环境下发电量高，在一天的中午时分，HIT电池的发电量比一般晶体硅太阳能电池高出8%~10%，双玻HIT组件的发电量高出20%以上，具有更高的用户附加值。

（2）双面电池：HIT是非常好的双面电池，正面和背面基本无颜色差异，且双面率（指电池背面效率与正面效率之比）可达到90%以上，最高可达96%，背面发电的优势明显。

（3）高效率：HIT电池独有的带本征薄层的异质结结构，在PN结成结的同时完成了单晶硅的表面钝化，大大降低了表面、界面漏电流，提高了电池效率。目前HIT电池的实验室效率已达到23%，市售200W组件的电池效率达到19.5%。

（4）高稳定性：HIT电池的光照稳定性好，理论研究表明非晶硅薄膜/晶态硅异质结中的非晶硅薄膜没有发现Staebler-Wronski效应，从而不会出现类似非晶硅太阳能电池转换效率因光照而衰退的现象。HIT电池的温度稳定性好，与单晶硅电池-0.5%/℃的温度系数相比，HIT电池的温度系数可达到-0.25%/℃，使得电池即使在光照升温情况下仍有好的输出。

（5）无光致衰减：困扰晶硅太阳能电池最重要的问题之一就是光致衰减，而HIT电池天然无衰减，甚至在光照下效率有一定程度的增加。上海微系统与信息技术研究所（简称上海微系统所）在做HIT光致衰减实验时发现，光照后HIT电池转换效率增加了2.7%，在持续光照后同样没有出现衰减现象。日本CIC、瑞士EPFL、CSEM在APL上的联合发表也证实了HIT电池的光致增强特性。

（6）对称结构适于薄片化：HIT电池完美的对称结构和低温度工艺使其非常适于薄片化。上海微系统所经过大量实验发现，硅片厚度在100~180 μm范围内，平均效率几乎不变，100 μm厚度硅片已经实现了23%以上的转换效率，目前正在进行90 μm硅片批量制备。电池薄片化不仅可以降低硅片成本，其应用也可以更加多样化。

1991年日本三洋公司首次将本征非晶硅薄膜用于非晶硅/晶体硅异质结太阳能电池（HIT），电池效率达18.1%，并在1997年实现HIT电池的批量生产。其在异质结电池的研发和生产领域一直处于领先地位，其研发的面积为100cm^{2}左右的HIT电池转换效率连续突破20%、21%、22%、23%等重要窗口。2013年2月，转换效率最高已达24.7%。2018年，三洋公司结合IBC结构，制备出了实验室转换效率为25.7%的HIT电池。日本三洋公司现有产能1GW，量产效率达23%。除此之外，具有较成熟HIT技术的还有Keneka、Sunpreme、Solarcity、福建均石、晋能、新奥、汉能等企业。

2.5.7 叠瓦组件

组件封装方面，常规的封装仍会是市场的主流，而双玻组件随着BIPV和光伏大棚的应用也会占有一定比例。组件的转换效率也可维持在16%~18%，但最值得一提的是切片叠瓦的封装技术，可以将组件的转换效率提升至18%以上，相信将凭借其惊艳的外观和超高的性价比，在未来民用及中小工商业屋顶系统中占据主流地位。图2-5为叠瓦组件结构示意图。

传统组件电池片之间采用汇流条连接结构，大量汇流条的使用增加了组件内部的损耗，降低了组件转换效率，由于单片电池片有差异，在串联结构下反向电流对组件影响会增加，从而产生热斑效应而损坏组件，甚至影响整个光伏系统的运转。切片技术将电池片栅线重新设计成可合理切割成小片的图形，使切割后每个小片的正负极符合叠瓦的设计工艺。再将每小片焊接制作成串，并且摒弃了传统的焊带串接电池结构，将串经过串并联排版后层压成组件。这样充分利用组件内的间隙，在相同的面积下，可以放置多于常规组件13%以上的电池片。并且由于此组件结构的优化，采用无焊带设计，大大减少了组件的线损，大幅度提高了组件的输出功率。

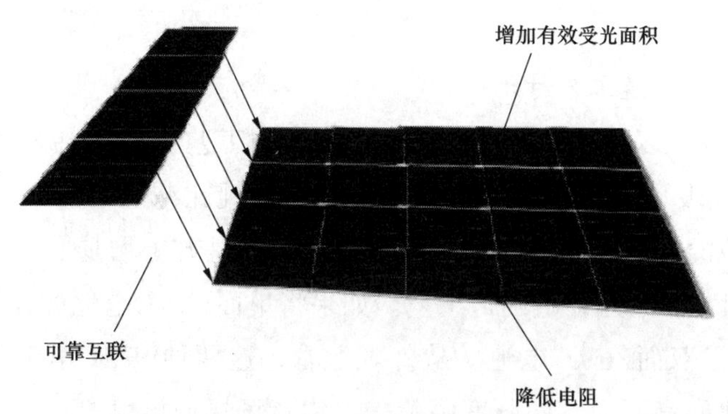

图2-5　叠瓦组件结构示意图

叠瓦技术可与多种电池技术叠加，如PERC、黑硅、HIT等。当前主流叠瓦产品是应用在PERC电池片上，单、多晶组件（PERC+叠瓦）转化效率高达19.4%和17.9%，多晶60片版型功率可达295~310W，单晶可达320~335W，良率可以做到与常规组件差不多。叠瓦组件优秀的封装方式使得叠瓦组件的发电功率可以比常规组件高8%~9%，而且叠瓦技术是一种典型的“按比例提升功率的技术”，即应用在越优秀的电池片上带来的功率提升越大。因此叠瓦组件应用在HIT电池片上能发挥更大的效益，而且HIT电池片的柔韧性也更适合叠瓦的封装形式。目前HIT+叠瓦的60片版型组件功率可以达到360W。但HIT+叠瓦技术的难点有很多，如HIT电池的焊接温度很低。这也是目前HIT量产电池效率比PERC高不了多少的原因之一，因为激光切割的时候是高温。

叠瓦组件目前的应用市场主要在一些高效应用场景中，如第三批“领跑者”中应用领跑基地和技术领跑基地中各有一个项目中标。日本一直是高效产品的市场，叠瓦组件在日本也有不错的应用市场。此外，叠瓦组件漂亮的外观非常适用于户用分布式，可以充分利用有限的安装面积，提高装机量，适用于屋顶复杂或不规则的分布式电站项目及住宅屋顶电站。

尽管叠瓦技术目前已有一些量产实绩，但尚未得到大规模发展，国内现有产能约1.4GW。专利问题是阻碍叠瓦技术发展的一个原因，此外成本也是目前的问题之一。当叠瓦的市场发展起来后，相应的设备、辅材等成本也会降低。此外就是薄片化和高效化，薄片化可以节省更多的硅料，更高的效率可以使各种辅材分摊的成本更低，未来成本甚至有望比常规组件更低。

2.5.8 双面组件

两面受光均可发电的晶体硅太阳能电池就是双面晶体硅太阳能电池，俗称双面电池。而采用不同于常规组件制备技术将双面电池封装而成的组件，则称为双面组件。双面电池可采用N型和P型晶体硅材料制成，包括N型PERT电池、HJT电池、IBC电池，以及P型PERC双面电池等。

1. 双面组件的不同制造工艺对比

常见的晶硅电池（以P型单晶单面电池为例）的工艺主要包括六步：制绒与清洗、$POCl_3$扩散、去磷硅玻璃（PSG）与边绝隔离、正面钝化减反射膜、丝网印刷和测试分选。单面PERC电池的工艺，仅在常规单晶电池工艺的基础上增加了背面叠层钝化膜（一般为Al_2O_3/SiN_x）和背面激光开空两道工艺。如果将单面PERC电池的背面全铝背场改为背铝栅线印刷，就成了双面PERC电池。从外观上看，这两种PERC电池的正面并无差异，只是双面PERC电池的背面为不同厚度膜覆盖，铝背场局域接触，从而也能受光发电。而N型双面电池的工艺相对复杂一些，需要在制绒和清洗后进行多增加一次掺杂过程（BBr_3扩散）。

2. 双面组件的特点

与常规光伏组件背面不透光不同，双面组件背面是用透明材料（玻璃或者透明背板）封装而成，除了正面正常发电外，其背面也能够接收来自环境的散射光和反射光进行发电，因此有着更高的综合发电效率。背面的光电转换效率是正面的60%~90%，系统集成后系统发电功率相对于传统单面组件电站的增益约为4%~30%。

正面和背面都可采用钢化玻璃作为保护材料，其采光性、耐候性佳，可靠性高，应用场景更多样化，更富有创意。安装方式多样化，可垂直可倾斜，由此产生许多新的利用方式，如温室、高速公路围栏、阳光房等。相对于常规单面组件，由于双面发电，雪天时组件表面不易积雪，且地面的雪地带来的高反射使得组件的发电增益更高。

3. 使用双面组件的注意事项

（1）在支架结构设计时，支架构件不能横穿组件电池片区域，只能在组件边沿设置斜梁、檩条及连接辅件，同时逆变器安装位置也不能在组串背后，而应该安装在组串侧面，避免影响到组件背面的反射光。

（2）场景环境的差异，会导致场景反射率的不同，双面组件系统的发电性能也随之发生变化。对比白漆、混凝土、铝箔、草地五种场景，通过全年的发电量数据分析，发现相对于常规组件系统，双面组件结合白漆背景发电量增益最大，然后依次是铝箔、水泥、黄沙和草地，各场景的反射系数见表2–6。

表2-6　光伏电站各场景的反射系数

类型	反射系数	类型	反射系数
草地	0.15~0.25	混凝土	0.25~0.35
干草地	0.26	铝箔	0.85
干雪地	0.82	白漆	0.90
潮湿雪地	0.55~0.75	新镀锌钢	0.35
干沥青地面	0.09~0.15	脏镀锌钢	0.08
潮湿沥青地面	0.18	水面	0.30

（3）双面组件的安装倾角、离地高度、朝向也会对系统发电量产生很大影响，在满足载荷要求的情况下，双面组件系统可以考虑抬高组件离地高度，如提升到1m以上，可充分吸收来自背面的散射光和反射光，获得较多的发电量和收益。

在鱼塘、水库上建设的光伏电站，利用水面将阳光反射到双面组件背面，可以提高双面组件系统的发电量。同时水作为天然的蓄热体，对组件有自然冷却的作用，进而提升组件的发电效率。再通过适当抬高组件离水面的高度，改变安装倾角，增加组件接收到的光辐照，也可以提高双面组件系统的整体发电量。

（4）需要特别关注双面组件安装方式、二极管的选择、逆变器的选择，以及由于失配导致的热斑等可靠性问题。双面组件直流侧输出电流高于常规组件，根据双面组件厂家提供的Ⅰ类资源光照区格尔木的仿真和测试结果，背面增益30%的情况下，输出电流峰值为11.75A。这就要求逆变器直流侧输入电流提高，综合现有部分组件厂家实际测试数据，逆变器直流侧每串输入电流要达到12.5A，以满足双面组件电流增加的需求。

2.5.9　半片组件

半片电池技术是将标准规格电池片（156mm × 156mm）激光均割成为两片（156mm × 78mm），对切后连接起来的技术。整个组件的电池片随之被分为两组，每组包含串联连接的60个半片电池片，组成一个完整的120片组件，从而可将通过每根主栅的电流降低为原来的1/2，内部损耗降低为整片电池的1/4，进而提升组件功率。

1. 半片组件技术特点

（1）相同效率的半片光伏组件比常规整片组件输出功率有明显的提升。这主要得益于半片组件串联电阻的降低，填充因子FF的提高。同时组件因内部电阻降低，使其发电工作时的温度比常规组件低，从而进一步提高组件发电能力。

（2）半片组件能降低由于遮挡造成的发电功率损失，能显著提高组件在早晚及组件下沿积灰、积雪时的发电量，提升电站的经济效益。

（3）与其他新技术相比，半片技术最成熟，最容易实现快速规模化量产，增加的额外成本也不多。

2. 半片组件的技术原理

半片电池片为标准电池片对半均割后得到的，因此，其内部的电流减小一半。随着电流的减小，电池内部的功率损耗降低。而功率损耗通常与电流的平方成比例，因此整个组件的功率损耗减小为1/4（$P=I^2R$，其中R是电阻，I是电流）。降低半片电池片功率损耗，可使其具有更大的填充因数、更高的转化效率，也就能获得更大发电量，尤其是在高辐射的环境中。组件具有较大的填充因数，意味着其内部串联电阻较小，其内部的电流损耗也较小。

此外，与标准组件相比，新设计改善了电池片在遮挡或早晚条件下的电学性能。如果标准组件以纵向方向安装而底部被遮挡，则会因为旁路二极管关闭整串电池片组，从而导致整个组件输出功率为零。而半片组件得益于两部分电池片串组的布局，可确保在相同条件下其输出功率至少仍能保持原先的50%。

3. 半片电池组件特点

（1）电池片一分为二，主栅电流减半，整个组件的电流损失减小到原来的1/4，输出功率比同版型整片电池组件高约5~10W。

（2）半片电池组件的热斑温度比同版型整片电池组件的温度低约25℃，可有效降低组件的热斑效应。

（3）半片电池组件满足1500V系统电压设计要求，可降低系统端成本约10%。

（4）遇遮挡及下沿有积灰、积雪时，有效减少因遮挡造成的发电量损失。

（5）降低首年及平均光致衰减。

（6）可完全避免组件PID衰减（100%PID Free）。

多晶半片组件可与常规单晶组件比肩，而单晶半片组件与常规单晶PERC组件在转化效率、综合性能两方面可以匹敌。这就意味着，在确保组件功率的前提下，客户有了更具成本效益的新选择。

2.6 晶硅组件常见问题及检测方法

光伏组件常见的质量问题有热斑、隐裂和功率衰减。由于这些质量问题隐藏在电池板内部，或在光伏电站运营一段时间后才发生，在电池板进场验收时难以识别，需借助专业设备进行检测。

2.6.1 热斑形成原因及检测方法

光伏组件热斑是指组件在阳光照射下，由于部分电池片受到遮挡无法工作，使得被遮盖的部分升温远远大于未被遮盖部分，致使温度过高出现烧坏的暗斑。

光伏组件热斑的形成主要由两个内在因素构成：内阻和电池片自身暗电流。

热斑耐久试验是为确定太阳电池组件承受热斑加热效应能力的检测试验。通过合理的时间和过程，对太阳电池组件进行检测，用以表明太阳电池能够在规定的条件下长期使用。

热斑检测采用红外线热像仪进行检测。红外线热像仪可利用热成像技术，以可见热图显示被测目标温度及其分布。

2.6.2 隐裂形成原因及检测方法

隐裂是指电池片中出现细小裂纹，电池片的隐裂会加速电池片功率衰减，影响组件的正常使用寿命，同时电池片的隐裂会在机械载荷下扩大，有可能导致开路性破坏。隐裂还可能会导致热斑效应。隐裂的产生是由于多方面原因共同作用造成的，组件受力不均匀，或运输过程中剧烈的抖动都有可能造成电池片的隐裂。

光伏组件在出厂前会进行 EL 成像检测，所使用的仪器为 EL 检测仪。该仪器利用晶体硅的电致发光原理，利用高分辨率的 CCD 相机拍摄组件的近红外图像，获取并判定组件的缺陷。EL 检测仪能够检测太阳能电池组件有无隐裂、碎片、虚焊、断栅及不同转换效率单片电池异常现象。

2.6.3 功率衰减分类及检测方法

光伏组件功率衰减是指随着光照时间的增长，组件输出功率逐渐下降的现象。光伏组件的功率衰减现象大致可分为三类：第一类，由于破坏性因素导致的组件功率衰减；第二类，组件初始的光致衰减；第三类，组件的老化衰减。其中，第一类是在光伏组件安装过程中可控制的衰减，如加强光伏组件卸车、运输、安装质量控制，可降低组件电池片隐裂、碎裂出现的概率等。第二类、第三类是光伏组件生产过程中亟须解决的工艺问题。光伏组件功率衰减测试可通过光伏组件 I—U 特性曲线测试仪完成。

1. 黑心片（黑团片）

（1）产生原因：在直拉硅棒生产过程中，晶体定向凝固时间缩短，熔体潜热释放与热场温度梯度失配，晶体生长速率加快，过大的热应力导致硅片内部位错缺陷。

（2）成像特点：黑芯或黑团片在EL成像图中可以清晰地看到从电池片中心到边缘逐渐变亮的同心圆，从而导致缺陷的部分在EL测试过程中表现为发光强度较弱或不发光，从而形成复合密集区，在通电情况下电池片中心一圈呈现黑色区域。

（3）组件影响：组件出现此缺陷后，长时间运行会造成热击穿；在使用组件测试仪测试组件 I—U 测试特性曲线时，测试曲线呈现台阶形状；同时长时间运行会导致组件功率下降。

2. 短路黑片（非短路黑片）

（1）产生原因：组件单串焊接过程中造成的短路；组件层压前，混入了低效电池片造成；硅片使用上错用N型片，无PN结，故EL成像为全黑。

（2）成像特点：组件某个位置出现一块或多块电池片呈现全黑现象。

（3）组件影响：会造成组件*I*—*U*测试曲线呈现台阶，组件功率和填充因子都会受到较大影响；使被短路的电池片不能对外提供功率，整块组件输出功率降低，*I*—*U*测试曲线最大功率下降。

第 3 章　光伏安装必备电工知识

本章介绍光伏系统的基础电工知识。从事太阳能发电工作，我们不可避免要接触到有关电方面的名词、术语，也经常有很多用电方面的困惑：同样的组件，同样的安装方式，是什么因素导致发电量不一样？为什么会发生由用电引发的火灾？晚上并网逆变器不工作，为什么隔离变压器还会消耗电能?很多经常听到的，看似简单又不容易说清的问题，通过本章的学习都会有明确的答案。

3.1　电学基本物理量

3.1.1　电量

自然界中的一切物质都是由分子组成的，分子又是由原子组成的，而原子是由带正电荷的原子核和一定数量带负电荷的电子组成的。在通常情况下，原子核所带的正电荷数等于核外电子所带的负电荷数，原子对外不显电性。但是，用一些办法可使某种物体上的电子转移到另外一种物体上。失去电子的物体带正电荷，得到电子的物体带负电荷。物体失去或得到的电子数量越多，则物体所带的正、负电荷的数量也越多。

物体所带电荷数量的多少用电量来表示。电量是一个物理量，它的单位是库仑，用字母C表示。1C的电量相当于物体失去或得到6.25×10^{18}个电子所带的电量。

太阳能电池的工作原理即光伏效应：太阳光照在半导体PN结上，形成新的空穴–电子对，在PN结电场的作用下，空穴由N区流向P区，电子由P区流向N区，接通电路后就形成电流。

3.1.2　电流

电荷的定向移动形成电流。电流有大小和方向。

（1）电流的方向：人们规定正电荷定向移动的方向为电流的方向。金属导体中，电流是电子在导体内电场的作用下定向移动的结果，电子流的方向是负电荷的移动方向，与正电荷的移动方向相反，所以金属导体中电流的方向与电子流的方向相反。

（2）电流的大小：电学中用电流强度来衡量电流的大小。电流强度就是ls通过导体截面的电量。电流强度用字母I表示，计算公式如下：

$$I=\frac{Q}{t}$$

式中 I——电流强度，A；

Q——在时间t秒内，通过导体截面的电量数，C；

t——时间，s。

实际使用时，人们把电流强度简称为电流。电流的单位是安培，简称安，用字母A表示。如果1s内通过导体截面的电量为1C，则该电流的电流强度为1A，习惯简称电流为1A。实际应用中，除单位安培外，还有千安（kA）、毫安（mA）和微安（μA）。它们之间的关系为：$1kA=10^3A$，$1A=10^3mA$，$1mA=10^3\mu A$。

电流又分直流电和交流电，太阳能组件、蓄电池等发出来的电是直流电，电流方向不变，但这种电大部分家用电器都用不了。大小和方向都随时间做周期性变化的电流叫交流电，这是我们日常用的电。电流方向变化的快慢叫频率，在我国频率为50Hz，即每秒钟变化50次，有一些国家为60Hz，称为工频。这个周期的频率称为基本频率，在基本频率内的电流叫基波电流，电动机等负载只能消耗基波电流。频率等于基本频率的整倍数的正弦波分量称为谐波，即为工频50Hz的整数倍的谐波，如150Hz为3次谐波，250Hz为5次谐波。谐波对电网和设备有危害，标准规定逆变器的谐波电流不能大于总电流的3%。

由交流电变成直流电叫整流，这样的设备叫整流器。反过来，由直流电变成交流电叫逆变，这样的设备叫逆变器。光伏逆变器就是把光伏组件发出来的直流电变成交流电，光伏组件如果没有接入逆变器或者控制器，就形成不了一个回路，这时候没有电流，只有电压。

3.1.3 电压

电压用字母U表示，单位为伏特，简称伏，用字母V表示。电场力将1C电荷从a点移到b点所做的功为1J，则ab间的电压值就是1V。常用的电压单位还有千伏（kV）、毫伏（mV）等。它们之间的关系为：$1kV=10^3V$，$1V=10^3mV$。

电压与电流相似，不但有大小，而且有方向。对于负载来说，电流流入端为正端，电流流出端为负端。电压的方向是由正端指向负端，也就是说负载中电压实际方向与电流方向一致。对于直流电而言，有正极和负极，电压就是正极和负极之间的电压差。对于三相交流电而言，有相线和中性线（零线）。相线和相线之间的电压叫线电压，我国为380V；相线和中性线之间的电压叫相电压，我国为220V。

光伏组件有两种电压即开路电压和工作电压，如265W的组件，工作电压一般为

30.7V，开路电压一般为38.2V。不同的组件电压也不一样，60片电池的组件，工作电压一般为30~31V，72片电池的组件，工作电压一般为35~36V。

常用电压：一般手机充电器和USB电源是5V，铅酸蓄电池有2V、6V和12V等三种规格。36V以下称为安全电压，这个电压范围内对人体没有危害。我国的交流电压分为三种，单相220V、三相380V称为低压，一般是家用和工商业用。三相10、15、35kV称为中压，110、220、330、500、1000kV称为高压。不同的国家电压等级不一样，如美国有110、208、480V等电压等级。

光伏组件和逆变器配在一起，如果有阳光，并网逆变器接入电网，离网逆变器接入负载，就会有电压和电流，形成一个回路，这时光伏组件和逆变器就形成一个电源。

3.1.4 电源

电源是利用非电力把正电荷由负极移到正极的，它在电路中将其他形式能转换成电能。电动势就是衡量电源能量转换本领的物理量，用字母E表示，它的单位也是伏特，简称伏，用字母V表示。

电源的电动势只存在于电源内部。人们规定电动势的方向在电源内部由负极指向正极。在电路中也用带箭头的细实线表示电动势的方向，当电源两端不接负载时，电源的开路电压等于电源的电动势，但二者方向相反。

可以用测量组件电压的办法来判断组件的好坏，比如在有阳光的情况下测得组件正负极之间的电压是35V，证明组件是正常工作，如果测出来是0V则证明组件是坏的。

电源又分为电压源和电流源，离网逆变器是电压源，其特点是输出电压保持恒定，输出电流随负载而变化，离网逆变器要配蓄电池才能正常工作，因为光伏输入不稳定，负载也不稳定，需要用蓄电池稳定电压。当光伏输入功率大于负载的功率时，多余的电能进入蓄电池储存起来，防止系统电压升高；当光伏输入功率小于负载的功率时，不足的电能由蓄电池来补充，防止系统电压降低。并网逆变器是电流源，电压跟随电网电压，电流跟随阳光辐射量等因素变化而变化。

从电源到负载，需要电缆作为导体来传递电能，由于电缆都有电阻，会产生电压降，所以尽管我国低压的单三相电压等级是220V/380V，但并网逆变器作为电源，其单三相输出额定电压为230V/400V。

3.1.5 电阻

一般来说，导体对电流的阻碍作用称为电阻，用字母R表示。电阻的单位为欧姆，简称欧，用字母Ω表示。如果导体两端的电压为1V，通过的电流为1A，则该导体的电阻就是1Ω。常用的电阻单位还有千欧（kΩ）、兆欧（MΩ）。它们之间的关系为：1kΩ＝

$10^3\Omega$，$1M\Omega=10^3k\Omega$

应当强调指出：电阻是导体中客观存在的，它与导体两端电压变化情况无关，即使没有电压，导体中仍然有电阻存在。实验证明，当温度一定时，导体电阻只与材料及导体的几何尺寸有关。对于两根材质均匀、长度为L、截面积为S的导体而言，其电阻大小可用下式表示：

$$R=\rho\frac{L}{S}$$

式中 R——导体电阻，Ω；

L——导体长度，m；

S——导体截面积，mm^2；

ρ——电阻率，Ω·m。

式中电阻率是与材料性质有关的物理量。电阻率的大小等于长度为1m、截面积为$1mm^2$的导体在一定温度下的电阻值，其单位为欧·米（Ω·m）。例如，铜的电阻率为$1.7\times10^{-8}\Omega\cdot m$，就是指长为1m、截面积为$1mm^2$的铜线的电阻是$1.7\times10^{-8}\Omega$。

铜和铝的电阻率较小，是应用极为广泛的导电材料。以前，由于我国铝的矿藏量丰富，价格低廉，常用铝线做输电线。由于铜线有更好的特性如强度高、电阻率小，现在铜制线材被更广泛应用。

分布式光伏系统直流电缆和交流电缆一般都采用铜电线或者铜电缆。这是由于铜线内阻小，消耗的电功也比较小。

3.1.6 电功、电功率

电流通过用电器时，用电器就将电能转换成其他形式的能，如热能、光能和机械能等。我们把电能转换成其他形式的能叫作电流做功，简称电功，用字母W表示，电功是一个瞬时值。电压单位为伏，电流单位为安，电阻单位为欧，时间单位为秒，则电功单位就是焦耳，简称焦，用字母J表示。电流在单位时间内通过用电器所做的功称为电功率，用字母P表示，电功率是一个带时间轴的二维值。功率计算方法如下：

直流功率＝直流电压×直流电流。单相交流功率＝交流电压×交流电流；三相交流功率＝线电压×电流×1.732。如一台三相逆变器，输出额定电压是400V，输出额定电流为64.5A，输出功率为400×64.5×1.732=44686（W），约为44.7kW。

电功单位为焦耳，时间单位为秒，则电功率的单位就是焦耳/秒。焦耳/秒又叫瓦特，简称瓦，用字母W表示。在实际工作中，常用的电功率单位还有千瓦（kW）、毫瓦（mW）等。它们之间的关系为：$1kW=10^3W$，$1W=10^3mW$。

（1）当用电器的电阻一定时，电功率与电流平方或电压平方成正比。若通过用电器的电流是原来电流的2倍，则电功率就是原功率的4倍；若加在用电器两端电压是原电压的2倍，则电功率就是原功率的4倍。

（2）当流过用电器的电流一定时，电功率与电阻值成正比。对于串联电阻电路，流经各个电阻的电流是相同的，则串联电阻的总功率与各个电阻的电阻值的和成正比。

（3）当加在用电器两端的电压一定时，电功率与电阻值成反比。对于并联电阻电路，各个电阻两端电压相等，则各个电阻的电功率与各电阻的阻值成反比。

在实际工作中，电功的单位常用千瓦时（kWh），俗称“度”。1千瓦时是1度，它表示功率为1千瓦的用电器1小时所消耗的电能，即：1kWh＝1kW×1h。

3.2 基本电路知识

3.2.1 电路的组成和作用

电流所流过的路径称为电路，它是由电源、负载、开关和连接导线等4个基本部分组成的。电源是把非电能转换成电能并向外提供电能的装置。常见的电源有光伏发电系统、蓄电池和发电机等。负载是电路中用电器的总称，它将电能转换成其他形式的能。如电灯把电能转换成光能；电烙铁把电能转换成热能；电动机把电能转换成机械能。开关属于控制电器，用于控制电路的接通或断开。导线将电源和负载连接起来，担负着电能的传输和分配的任务。电路电流方向是由电源正极经负载流到电源负极，在电源内部，电流由负极流向正极，形成一个闭合通路。

电源和负载也是可以变换的，从用户角度看，电网可以看作是电源，但在光伏并网系统中电源是组件和逆变器，电网是负载。蓄电池在充电时是负载，放电时是电源。

3.2.2 电路的三种状态

电路有三种状态：通路、开路、短路。通路是指电路处处接通。通路也称为闭合电路，简称闭路。只有在通路的情况下，电路才有正常的工作电流。开路是电路中某处断开，没有形成通路的电路，也称为断路，此时电路中没有电流。短路是指电源或负载两端被导线连接在一起，分别称为电源短路或负载短路。电源短路时电源提供的电流要比通路时提供的电流大很多倍，通常是有害的，也是非常危险的，所以一般不允许电源短路。

光伏系统中，逆变器工作时组件处于通路状态，组件的电压就是工作电压；逆变器没有工作时，组件处于开路状态，组件的电压就是开路电压，开路电压一般要比工作电压高19%左右。由于组件是一个电流源，内阻比较高，组件短路时电流也不大，约为工作电流的1.25倍，所以单路的组件短路，熔断器不会熔断。逆变器里面的熔断器的主要作用是有多路接入时，任意一组接地，防止别的组串流向这一路，超过三路就需要配熔断器。

3.2.3 欧姆定律

所谓一段电阻电路是指不包括电源在内的外电路，电阻电路欧姆定律的内容是，流过导体的电流强度与这段导体两端的电压成正比，与这段导体的电阻成反比。其数学表达式为：

$$I=\frac{U}{R}$$

式中 I ——导体中的电流，A；

U——导体两端的电压，V；

R——导体的电阻，Ω。

（1）当全电路处于通路状态时，得出端电压$U=E-Ir$，由公式可知，随着电流的增大，外电路电压也随之减小。电源内阻越大，外电路电压减小得越多。在直流负载时需要恒定电压供电，所以电源内阻越小越好。

（2）当全电路处于断路状态时，相当于外电路电阻值趋于无穷大，此时电路电流为零，开路内电路电阻电压为零，外电路电压等于电源电动势。

（3）当全电路处于短路状态时，外电路电阻值趋近于零，此时电路电流叫短路电流。由于电源内阻很小，所以短路电流很大。短路时外电路电压为零，内电路电阻电压等于电源电动势。

3.2.4 串联和并联电路

在一段电路上，将几个电阻或者电源的首尾依次相连所构成的一个没有分支的电路，叫作串联电路。将两个或两个以上的电阻或者电源两端分别接在电路中相同的两个节点之间，这种连接方式叫作并联电路。

1. 串联电路特点

（1）串联电路中流过电流都相等$I=I_1=I_2=I_3=\cdots=I_n$；

（2）串联电路两端的总电压等于各个器件两端的电压之和$U=U_1+U_2+\cdots+U_n$；

（3）串联电路的总功率等于各个电源功率之和$P=P_1+P_2+\cdots P_n$。

2. 并联电路特点

（1）并联电路中各个支路两端的电压相等$U=U_1=U_2=\cdots=U_n$；

（2）并联电路中总的电流等于各支路中的电流之和$I=I_1+I_2+\cdots+I_n$；

（3）并联电路的总电阻（即等效电阻）的倒数等于各并联电阻的倒数之和，即：

$$\frac{1}{R}=\frac{1}{R_1}+\frac{1}{R_2}\cdots+\frac{1}{R_n}$$

（4）并联电路的总功率等于各个电源功率之和$P=P_1+P_2+\cdots+P_n$。

在并联电路中，电阻的阻值越大，这个电阻所分配到的电流越小，反之越大，即电阻上的电流分配与电阻的阻值成反比。这个结论是电阻并联电路特点的重要推论，用途极为广泛，比如用并联电阻的办法扩大电流表的量程。

3. 电阻并联的应用

（1）因为电阻并联的总电阻小于并联电路中的任意一个电阻，因此，可以用电阻并联的方法来获得阻值较小的电阻。

（2）由于并联电阻各个支路两端电压相等，因此，工作电压相同的负载，如电动机、电灯等都是并联使用，任何一个负载的工作状态既不受其他负载的影响，也不影响其他负载。在并联电路中，负载个数增加，电路的总电阻减小，电流增大，负载从电源取用的电能多，负载变大；负载数目减少，电路的总电阻增大，电流减小，负载从电源取用的电能少，负载变小。因此，人们可以根据工作需要启动或停止并联使用的负载。

（3）在电工测量中应用电阻并联方法组成分流器来扩大电流表的量程。

4. 组件串并联案例

［**案例1**］在一个光伏系统中，使用120块265W的组件，组件的工作电压是31.4V，工作电流是8.44A，开路电压是38.4V，系统采用20串联6并联的方式，求总功率、总电流、总电压。

答：组件属于电源，按照上述串并联的公式：

无论是串联还是并联，总功率都是各块组件的总和，P=120×265=31800W=31.8kW；

串联回路，电流不变，并联电流是各串联回路之和，总工作电流I=8.44×6=50.64A；

并联回路，电压不变，串联电压是各串联回路之和，总工作电压U=31.4×20=628V，总开路电压U=38.4×20=768V。

［**案例2**］某客户买了76块265W的组件，组件的工作电压是31.4V，工作电流是8.44A，客户手头还有4块250W的组件，组件的工作电压是30.8V，工作电流是8.12A，请问这4块组件能不能使用?

答：在设计光伏系统时，要尽量保持同一台逆变器所有的组件都是一致的，但这是最理想状况，实际上会遇到很多复杂的情况，比如说刚好客户只有老组件。就这个客户而言，分析如下：

逆变器有多路MPPT回路，不同的MPPT回路互不干扰，我们先把这80块组件分成两部分，40块一路MPPT。有40块全部用新的265W的组件，这一部分发电不受影响。另外40块组件，20块265W的组件组成一串，另外16块265W的组件和4块250W的组件组成一串。按照串联回路电流相等的原理，这一路组件工作电流变成8.12A，原265W的组件降为255W的组件，16块组件合计下降160W。再按照并联回路电压相等的原理，另一路组件电压要下降（31.4−30.8）×4=2.4（V），总功率要下降2.4×8.44约为20W，加起来约为180W。如果再考虑组件的MPPT特性，实际下降功率约为250W。相对于增加的1000W功率，损耗的功率比较小。

结论：这4块小功率组件可以接入。组件电流和电压相差不大时，可以考虑接入。

［**案例3**］某客户买了11块265W的组件，组件的工作电压是31.4V，工作电流是8.44A。客户还有1块200W的组件，组件的工作电压是35.2V，工作电流是5.7A。请问这一块组件能不能使用?

答：11块265W的组件总功率是2915W，串上这一块200W的组件，原265W的组件也变成5.7A，功率变成179W，总功率为11×179+200=2169（W），远低于2915W。

结论：这一块小功率组件电流相差大时不能接入。

3.3 光伏系统测量仪器

光伏系统安装完成之后，不能马上就合闸并网，先要测试一下系统是否安全合格，再并网运行。如果系统安装时存在短路、接地等问题，必须要全部找出来并一一排除，这就需要电工测量仪器。

测量各种电量的仪器仪表，统称为电工测量仪表。电工测量仪表种类繁多，最常见的是测量基本电量的仪表。电工仪表依据测量方法、仪表结构、仪表用途来分，有很多种。概括来说，电工仪表用来测量电路中的电流、电压、电功率、电阻、绝缘状况等物理量，由此就有用各种被测物理量冠名的仪表，如电流表、电压表等。

3.3.1 万用表

万用表是一种便携式仪表，能够测量交流电压、直流电压或电流参数，以及电路中的电阻、二极管等。

1. 万用表使用注意事项

（1）使用前应熟悉万用表各项功能，根据被测量的对象，正确选用挡位、量程及表笔插孔。初学者要特别注意不要把表笔接反。

（2）在对被测数据大小不明时，应先将量程开关，置于最大值，而后由大量程往小量程挡处切换。

（3）测量电阻时，将两表笔相碰使指针指在零位，如显示不为零，应使用“调零”按键，使指针归零，以保证测量结果准确。如不能调零或数显表发出低电压报警，应及时检查。

（4）在测量某电路电阻时，必须切断被测电路的电源，不得带电测量。

（5）使用万用表进行测量时，要注意人身和仪表设备的安全，测试中不得用手触摸表笔的金属部分，不允许带电切换挡位开关，以确保测量准确，避免发生触电和烧毁仪表等事故。

数字万用表外形如图3–1所示。

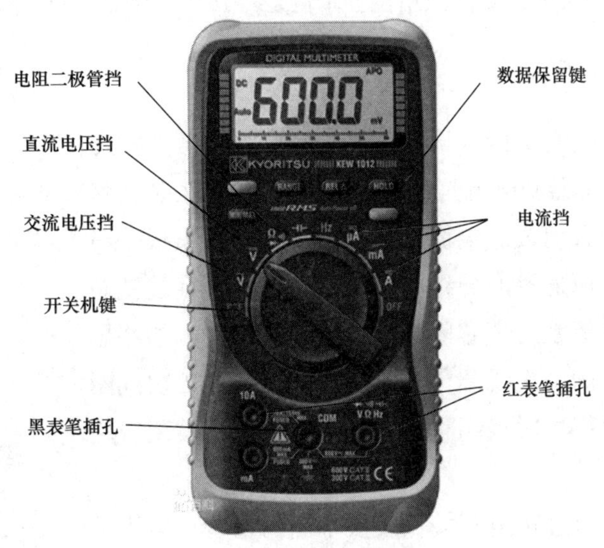

图3–1　数字万用表

2. 电压、电流、电阻的测量

（1）直流电压的测量，如电池、随身听电源等。首先将黑表笔插进“COM”孔，红表笔插进“V Ω”孔。把旋钮选到比估计值大的量程（注意：表盘上的数值均为最大量程，“V–”表示直流电压挡，“V ~ ”表示交流电压挡），接着把表笔接电源或电池两端；保持接触稳定。数值可以直接从显示屏上读取，若显示为“1”，则表明量程太小，那么就要加大量程后再测量。如果在数值左边出现“–”，则表明表笔极性与实际电源极性相反，此时红表笔接的是负极。

（2）交流电压的测量。表笔插孔与直流电压的测量一样，不过应该将旋钮转到交流挡“V ~ ”处所需的量程即可。交流电压无正负之分，测量方法跟前面相同。无论测交流还是直流电压，都要注意人身安全，不要用手触摸表笔的金属部分。

（3）电流的测量。先将黑表笔插入“COM”插孔。若测量大于10A的电流，则要将红表笔插入“10A”插孔并将旋钮打到电流 “A”挡；若测量小于200mA的电流，则将红表笔插入“mA”插孔，将旋钮打到电流mA以内的合适量程。调整好后，就可以测量了。将万用表串进电路中，保持稳定，即可读数。若显示为“1”，那么就要加大量程；如果在数值左边出现“–”，则表明电流从黑表笔流进万用表。要测量大于10A的电流，就需要钳形电流表。

（4）电阻的测量：将黑表笔和红表笔分别插进“COM”孔和“VΩ”孔中，把旋钮旋到“Ω”中所需的量程，用表笔接在电阻两端金属部位，测量中可以用手接触电阻，但不要用手同时接触电阻两端，以免影响测量精确度，人体是电阻很大但是有限大的导体。读数时，要保持表笔和电阻有良好的接触，要注意单位：个位是“Ω”，千位是“kΩ”，兆位是“MΩ”。

3.3.2 钳形电流表

钳形电流表是集电流互感器与电流表于一身的仪表，是数字万用表的一个重要分支，其工作原理与电流互感器测电流是一样的，图3–2所示为某品牌钳形电流表。钳形表是由电流互感器和电流表组合而成。电流互感器的铁芯在捏紧扳手时可以张开；被测电流所通过的导线可以不必切断就可穿过铁芯张开的缺口，当放开扳手后铁芯闭合。穿过铁芯的被测电路导线就成为电流互感器的一次线圈，其中通过电流便在二次线圈中感应出电流，从而使二次线圈相连接的电流表测出被测线路的电流。

图3–2 钳形电流表

钳形电流表可以通过转换开关，改换不同的量程。但拨动转换开关时不允许带电进行操作。钳形表一般准确度不高，通常为2.5 ~ 5 级。为了使用方便，表内还有不同量程的转换开关以实现测不同等级电流及测量电压的功能。

钳形电流表最初是用来测量交流电流的，现在也具有万用表有的功能，可以测量交直流电压、电流、电容容量、二极管、三极管、电阻、温度、频率等。

钳形电流表可以测量光伏直流电流和逆变器输出交流电流，要特别注意的是：有一些钳形电流表没有直流功能，钳口要闭合紧密，不能带电换量程。

3.3.3 绝缘电阻表（兆欧表）

当受热和受潮时，绝缘材料老化，造成绝缘电阻降低，从而导致电气设备漏电或短路事故的发生。为了避免事故发生，就要求经常测量各种电气设备的绝缘电阻。判断其绝缘程度是否满足设备需要。普通电阻的测量通常有低电压下测量和高电压下测量两种方式。而绝缘电阻由于数值一般较高（一般为兆欧级），在低电压下的测量值不能反映在高电压条件下工作的真正绝缘电阻值。绝缘电阻表也叫兆欧表，它是测量绝缘电阻最常用的仪表。它在测量绝缘电阻时本身就有高电压电源，这就是它与测电阻仪表的不同之处。绝缘电阻表用于测量绝缘电阻既方便又可靠，如图3–3所示。

绝缘电阻表在工作时，自身产生高电压，而测量对象又是电气设备，所以必须正确使用，否则就会造成人身或设备事故。使用前，首先要做好以下各种准备：

（1）测量前必须将被测设备电源切断，并对地短路放电，决不允许设备带电进行测量，以保证人身和设备的安全。

（2）对可能感应出高压电的设备，必须消除这种可能性后才能进行测量。

（3）被测物表面要清洁，减少接触电阻，确保测量结果的准确性。

图3–3　绝缘电阻表

（4）测量前要检查绝缘电阻表是否处于正常工作状态，主要检查其“0”和“∞”两点。即摇动手柄使达到额定转速，绝缘电阻表在短路时应指在“0”位置，开路时应指在“∞”位置。

（5）当用绝缘电阻表摇测电气设备的绝缘电阻时，一定要注意“L”和“E”端不能接反。正确的接法是：“L”线端钮接被测设备导体，“E”地端钮接地的设备外壳，“G”屏蔽端接被测设备的绝缘部分。如果将“L”和“E”接反了，流过绝缘体内及表面的漏电流经外壳汇集到地，由地经“L”流进测量线圈，使“G”失去屏蔽作用而给测量带来很大误差。另外，因为“E”端内部引线同外壳的绝缘程度比“L”端与外壳的绝缘程度要低，当绝缘电阻表放在地上使用时，采用正确接线方式时，“E”端对仪表外壳和外壳对地的绝缘电阻相当于短路，不会造成误差，而当“L”与“E”接反时，“E”对地的绝缘电阻同被测绝缘电阻并联，而使测量结果偏小，给测量带来较大误差。

3.3.4　利用测量仪器判断光伏系统中的故障

（1）逆变器屏幕没有显示。①故障分析：没有直流输入，逆变器LCD是由直流供电的；②解决办法：用万用表电压挡测量逆变器直流输入电压。电压正常时，总电压是各组件电压之和。如果没有电压，依次检测直流开关、接线端子、电缆接头、组件等是否正常。如果有多路组件，要分开单独接入测试。

（2）隔离故障，屏幕显示PV绝缘阻抗过低。①故障分析：光伏系统对地绝缘电阻小于2MΩ。②可能原因：太阳能组件、接线盒、直流电缆、逆变器、交流电缆、接线端子等地方有电线对地短路或者绝缘层破坏。PV接线端子和交流接线外壳松动，导致进水。③解决办法：断开电网、逆变器，用绝缘电阻表依次检查各部件电线对地的电阻，找出问题点并更换。

（3）逆变器显示接地故障。①故障分析：光伏组串中间某一块组件的连接线与地相接。②解决办法：用万用表电压挡测量组件正负极对地的电压，在正常情况下如果系统电压是600V，那么组件正极对地的电压是“+300V”，组件负极对地的电压是“–300V”。如果检测到正极对地的电压是“+244V”，就表示从正极端向前数，第8块到第9块组件之间的连接线出了问题。

3.4　光伏系统中的安全器件

光伏电站一般安装在荒郊野外或者屋顶，组件必须安装在露天状态下，自然环境恶劣，不可避免会遇到台风、雪灾、沙尘等自然灾害或老鼠等小动物咬坏设备，电缆也有可能被小偷剪断，因此电站的安全性非常重要。不管是分布式小型电站，还是集中式大型地面电站，都具有一定的危险性，所以在光伏系统的设备中，都配有专门的安全器件如熔断器和防雷器来保卫电站安全。

3.4.1　熔断器

熔断器是根据电流超过规定值一定时间后，以其自身产生的热量使熔体熔化，从而使电路断开的原理制成的电流保护器（见图3–4）。熔断器广泛应用于低压配电系统和控制系统及用电设备中，作为短路和过电流保护，是应用最普遍的保护器件之一。光伏电站的熔断器分为直流熔断器和交流熔断器。

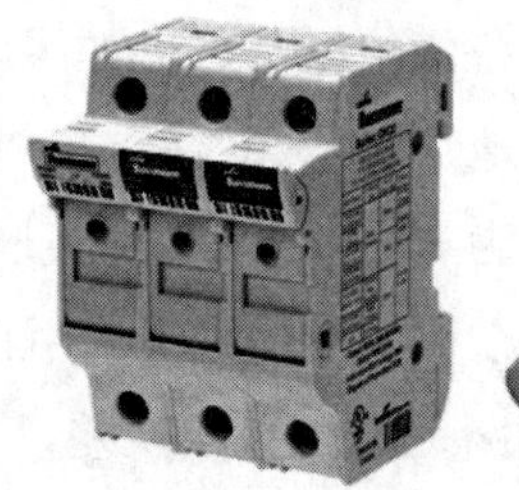

图3–4　熔断器

光伏电站直流侧根据光伏逆变器方案配置的不同，分别将多个组串并联汇集至直流汇流箱（集中式逆变器方案）或组串式逆变器（组串式逆变器方案）的直流母线。当若干光伏组串并联，如某组串发生短路故障，直流母线上的其他组串和电网将向短路点提供短路电流。如缺少相应的保护措施，将导致光伏组件和与之连接的电缆等设备烧毁。同时，可能引起设备附近的附着物的燃烧。目前国内发生多起类似的屋顶光伏火灾事故，因此需在各组串的并联回路安装保护器件以增强光伏电站安全。

目前直流熔断器应用于汇流箱、逆变器中，用于过电流保护。主流逆变器厂家也都将熔断器作为直流保护的基本元件。同时，熔断器厂家如Bussman、Littelfuse等也推出了光伏专用直流熔断器。

随着光伏行业对直流熔断器的需求日益增多，如何正确选用直流熔断器进行有效的保护，是用户和制造厂都应认真关注的问题。选用直流熔断器时，不能简单地照搬交流熔断器的电气规格和结构尺寸，因为两者之间有许多不同的技术规范和设计理念，应以能否安全可靠分断故障电流和不发生意外事故综合考量。

（1）由于直流电流没有电流的过零点，因此在开断故障电流时，只能依靠电弧在石英砂填料强迫冷却的作用下自行迅速熄灭进行开断，比开断交流电弧要困难许多。熔片的设计与焊接方式、石英砂的纯度与粒度配比、熔点高低、固化方式等因素，都决定着对直流电弧强迫熄灭的效能和作用。

（2）在相同的额定电压下，直流电弧产生的燃弧能量是交流燃弧能量的2倍以上。为了保证每一段电弧能够被限制在可控制的距离之内同时迅速熄灭，不会出现各段电弧直接串联导通形成巨大的能量汇集，导致持续燃弧时间过长发生熔断器炸裂事故，直流熔断器的管体一般要比交流熔断器长。否则在正常使用时看不出的尺寸差异，当故障电流出现时就会产生严重的后果。

（3）根据国际熔断器技术组织的推荐数据，直流电压每增加150V，熔断器的管体长度即应增加10mm，依此类推，直流电压为1000V时，管体长度应为70mm。

（4）熔断器在直流回路使用时，必须考虑电感、电容能量存在所产生的复杂影响，因此时间常数L/R是不可忽略的重要参数，应根据具体线路系统的短路故障电流发生和衰减率做准确评估，不是随意选大或选小都可以。由于直流熔断器时间常数L/R大小决定着分断燃弧能量和分断时间及允通电压，所以管体的粗细与长短必须合理而安全地选择使用。

在离网逆变器的输出端，或者集中式逆变器内部电源的输入端，要设计安装交流熔断器，以防止负载过流或者短路。

3.4.2 防雷器

光伏发电系统的主要部分都安装在露天状态下，且分布的面积较大，组件和支架都是导体，对雷电有相当大的吸引力，因此存在着受直接和间接雷击的危害。同时，光伏发电系统与相关电气设备及建筑物有直接的连接，因此对光伏系统的雷击还会涉及相关的设备和建筑物及用电负载等。为了避免雷击对光伏发电系统造成损害，就需要设置防雷与接地系统进行防护。防雷器如图3-5所示。

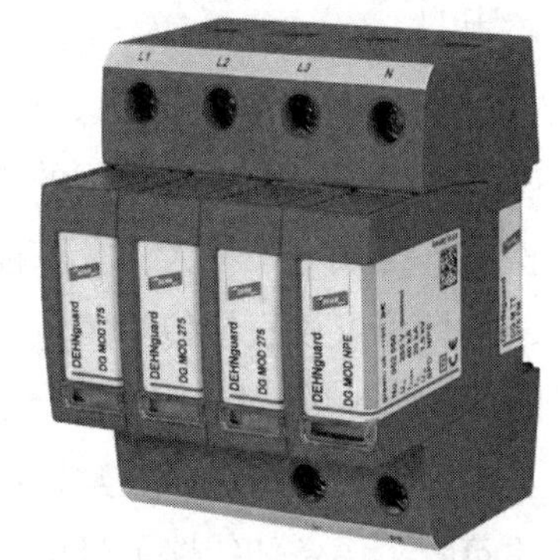

图3-5　防雷器

电涌保护器是电子设备雷电防护中不可缺少的一种装置，过去常称为“避雷器”或“过电压保护器”。电涌保护器的作用是把窜入电力线、信号传输线的瞬时过电压限制在设备或系统所能承受的电压范围内，或将强大的雷电流泄流入地，使被保护的设备或系统不受冲击而损坏。

电涌保护器采用了一种非线性特性极好的压敏电阻，在正常情况下，电涌保护器处于极高的电阻状态，漏流几乎为零，保证电源系统正常供电。当电源系统出现过电压时，电涌保护器立即在纳秒级的时间内迅速导通，将该过电压的幅值限定在设备的安全工作范围内。同时把该过电压的能量释放掉。随后，保护器又迅速地变为高阻状态，因而不影响电源系统的正常供电（见图3–6）。

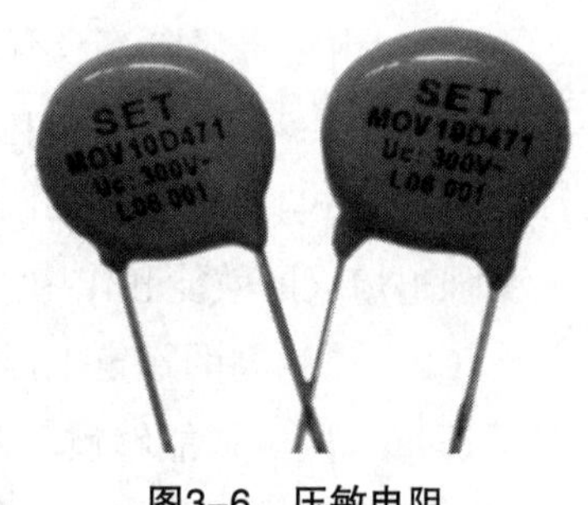

图3–6　压敏电阻

除了雷电能够产生浪涌电压和电流外，在大功率电路的闭合与断开的瞬间，感性负载和容性负载的接通或断开的瞬间，大型用电系统或变压器等断开也都会产生较大的开关浪涌电压和电流，同样会对相关设备、线路造成危害。为了防止感应雷，小功率逆变器直流输入端加入压敏电阻，如SFV20D系列的压敏电阻，最大放电电流可达10kVA，基本可以满足家用光伏防雷系统需要。

3.5　光伏系统防雷与接地系统的设计

3.5.1　关于雷电及开关浪涌的有关知识

由于光伏发电系统的主要部分都安装在露天状态下，且分布的面积较大，因此存在着受直接和间接雷击的危害。同时，光伏发电系统与相关电气设备及建筑物有着直接的连接，因此对光伏系统的雷击还会涉及相关的设备和建筑物及用电负载等。为了避免雷击对光伏发电系统的损害，就需要设置防雷与接地系统进行防护。

雷电是一种大气中的放电现象。在云雨形成的过程中，它的某些部分积聚起正电荷，另一部分积聚起负电荷，当这些电荷积聚到一定程度时，就会产生放电现象，形成雷电。

雷电分为直击雷和感应雷。直击雷是指直接落到光伏方阵、直流配电系统、电气设备及其配线等处及近旁周围的雷击。直击雷的侵入途径有两条：一条是上述所说的直接对光伏方阵等放电，使大部分高能雷电流被引入到建筑物或设备、线路上；另一条是雷电通过避雷针等可以直接传输雷电流入地的装置放电，使得地电位瞬时升高，一大部分雷电流通过保护接地线反窜入设备、线路上。

感应雷是指在相关建筑物、设备和线路的附近及更远些的地方产生的雷击，引起相关建筑物、设备和线路的过电压，这个浪涌过电压通过静电感应或电磁感应的形式串入到相关电子设备和线路上，对设备、线路造成危害。

雷电除了能够产生浪涌电压和电流外，在大功率电路的闭合与断开的瞬间、感性负载和容性负载的接通或断开的瞬间、大型用电系统或变压器等断开，也都会产生较大的开关浪涌电压和电流，同样会对相关设备、线路等造成危害。

对于较大型的或安装在空旷田野、高山上的光伏发电系统，特别是雷电多发地区，必须配备防雷接地装置。

3.5.2 雷击对光伏发电系统的危害

1. 对太阳能电池组件的危害

太阳能电池板是太阳能发电系统中的核心部分，也是太阳能发电系统中价值最高的部分，但其极易遭受具有强大的脉冲电流、炽热的高温、猛烈的电动力的直击雷的冲击而导致整个系统瘫痪。

2. 对光伏控制器的危害

光伏控制器的作用是控制整个系统的工作状态，并对蓄电池起到过充电保护、过放电保护的作用。当系统遭受到雷击或是过电压损坏时会出现以下情况：

（1）充电系统一直充电，放电系统无放电，导致蓄电池一直处于充电状态，充电过饱轻则缩短蓄电池使用寿命，使容量降低，重则导致蓄电池爆炸，造成对整个系统的损坏和人员伤亡。

（2）充电系统无充电，放电系统一直处于放电状态，蓄电池无法将电能储存起来，导致用户在有太阳光时设备可正常工作，无太阳光或光线不强时设备无法工作。

3. 对蓄电池的危害

太阳能光伏发电系统一般采用铅酸蓄电池，小微型系统中也可用镍氢电池、镍镉电池或锂电池。当系统遭受到雷击，过电压入侵到蓄电池时轻则损害蓄电池，缩短电池的使用寿命，重则导致电池爆炸，引起严重的系统故障和人员伤亡。

4. 对逆变器的危害

如果逆变器损坏将会出现以下情况：①用户负载无电压输入，用电设备无法工作。②逆变器无法将电压逆变，导致太阳电池板上的直流电压直接供负载使用，如果太阳能电池板电压过高将直接烧毁用电设备。

3.5.3 雷电侵入光伏发电系统的途径

（1）地电位反击电压通过接地体入侵。雷电击中避雷针时，在避雷针接地体附近将产生放射状的电位分布，对靠近它的电子设备接地体地电位反击，入侵电压可高达数万伏。

（2）由太阳能电池方阵的直流输入线路入侵。这种入侵分为以下两种情况：

1）当太阳能电池方阵遭到直击雷打击时，强雷电电压将邻近土壤击穿或直流输入线路将电缆外皮击穿，使雷电脉冲侵入光伏系统。

2）带电荷的云对地面放电时，整个光伏方阵像一个大型无数环形天线一样感应出上千伏的过电压，通过直流输入线路引入，击坏与线路相连的光伏系统设备。

（3）由光伏系统的输出供电线路入侵。供电设备及供电线路遭受雷击时，在电源线上出现的雷电过电压平均可达上万伏，并且输出线还是引入远处感应雷电的主要因素。雷电脉冲沿电源线侵入光伏微电子设备及系统，可对系统设备造成毁灭性的打击。

3.5.4 太阳能光伏发电系统的防雷措施和设计要求

（1）太阳能光伏发电系统或发电站建设地址的选择，要尽量避免在容易遭受雷击的位置和场合。

（2）尽量避免避雷针的投影落在太阳能电池方阵组件上。

（3）根据现场状况，可采用避雷针、避雷带和避雷网等不同防护措施对直击雷进行防护，减小雷击概率，并应尽量采用多根均匀布置的引下线将雷击电流引入地下。多根引下线的分流作用可降低引下线的引线压降，减少侧击的危险，并使引下线泄流产生的磁场强度减小。

（4）为防止雷电感应，要将整个光伏发电系统的所有金属物，包括电池组件外框、设备、机箱／机柜外壳、金属线管等与联合接地体等电位连接，并且做到各自独立接地。

（5）在系统回路上逐级加装防雷器件，实行多级保护，使雷击或开关浪涌电流经过多级防雷器件泄流。一般在光伏发电系统直流线路部分采用直流电源避雷器，在逆变后的交流线路部分使用交流电源避雷器。

（6）光伏发电系统的接地类型和要求主要包括以下几个方面：

1）防雷接地。包括避雷针（带）、引下线、接地体等，要求接地电阻小于10Ω，并最好考虑单独设置接地体。

2）安全保护接地、工作接地、屏蔽接地。包括光伏电池组件外框、支架，控制器、逆变器、配电柜外壳，蓄电池支架、金属穿线管外皮及蓄电池、逆变器的中性点等，要求接地电阻小于等于4Ω。

3）当安全保护接地、工作接地、屏蔽接地和防雷接地4种接地共用一组接地装置时，其接地电阻按其中最小值确定。若防雷已单独设置接地装置时，其余3种接地宜共用一组接地装置，其接地电阻不应大于其中最小值。

4）条件许可时，防雷接地系统应尽量单独设置，不与其他接地系统共用，并保证防雷接地系统的接地体与公用接地体在地下的距离保持在3m以上。

3.5.5 接地系统的材料选用

1. 避雷针

避雷针一般选用直径12～16mm的圆钢，如果采用避雷带，则使用直径8mm的圆钢或厚度4mm的扁钢。避雷针高出被保护物的高度应大于等于避雷针到被保护物的水平距离，避雷针越高，保护范围越大。

2. 接地体

接地体宜采用热镀锌钢材，其规格一般为：直径50mm的钢管，壁厚不小于3.5mm；50mm × 50mm × 5mm角钢或40mm × 4mm的扁钢，长度一般为1.5 ~ 2.5m。接地体的埋设深度为上端离地面0.7m以上，焊接过的部位要重新做防腐防锈处理。

为提高接地效果，也可以使用专用非金属石墨接地体模块。这种模块是一种以非金属材料为主的接地体，它由导电性、稳定性较好的非金属矿物和电解物质组成，这种接地体克服了金属接地体在酸性和碱性土壤里亲和力差且易发生金属体表面锈蚀而使接地电阻变化，当土壤中有机物质过多时容易形成金属体表面被石墨包裹的现象，导致导电性和泄流能力减弱的情况。这种接地体增大了本身的散流面积，减少了接地体与土壤之间的接触电阻，具有强吸湿保湿能力，使其周围附近的土壤电阻率降低。介电常数增大，层间接触电阻减小，耐腐蚀性增强，因而能获得较小的接地电阻和较长的使用寿命。接地体模块外形规格尺寸一般为500mm × 400mm × 60mm，引线电极采用90mm × 40mm × 4mm的镀锌扁钢，质量为20kg左右。接地体可根据地质土壤状况和接地电阻需要埋入1 ~ 5块。

3. 引下线

引下线一般使用圆钢或扁钢，要优先选用圆钢，直径不小于8mm²；如用扁钢，截面积应不小于4mm²；要求较高的要使用截面积为35mm²的双层绝缘多股铜线。

4. 专用降阻剂

接地系统专用降阻剂属于物理性长效防腐环保降阻剂，是由高分子吸水材料、电子导电材料、碳基复合材料结合而成的树脂类共生物，具有无毒、无异味、无腐蚀、无污染等优点，符合国家优质土壤环境标准的要求。其导电能力不受酸、碱、盐、温度等变化的影响，具有良好的吸湿、保湿、防冻能力，不会因地下水的存在而产生流失，对土壤电阻率有长期改良作用。在接地系统中使用专用降阻剂可节约工程成本，降低土壤电阻率，稳定接地电阻，延长接地系统寿命。

5. 接地模块与降阻剂的用量计算

根据地网土层的土壤电阻率，采用下列公式计算接地模块用量，接地模块水平埋置。

单个模块接地电阻：

$$R_j=0.068\left[\rho/(a\times b)-2\right]$$

并联后的总接地电阻：

$$R_{nj}=R_j/(n\eta)$$

式中 ρ ——土壤电阻率，Ω · m；

a、b ——分别为接地模块的长、宽，m；

R_j ——单个模块的接地电阻，Ω；

R_{nj} ——总接地电阻，Ω；

n ——接地模块个数；

η ——模块调整系数，一般取0.6～0.9。

降阻剂的用量根据土壤的不同，在接地体上的敷设厚度应为5～15cm，接地体水平放置，按每0.5m约6kg的用量使用。

3.5.6 避雷器的选型

避雷器也叫电涌保护器（Surge Protection Device，SPD）。根据光伏系统直流电源的特有性质，光伏SPD主要分三类：普通型、带直流灭弧技术型、免后备熔丝型。普通型：额定短路电流I_{scpv}一般为300A，内部脱离器脱离时产生的电弧不会对设备造成安全危害。带直流灭弧技术型：额定短路电流I_{scpv}可以做到1000A，内部脱离时产生的电弧会造成设备的安全危险，要求能有直流灭弧装置。行业内有电子式灭弧、机械式灭弧等方式，电子式灭弧以SCI技术为代表性，机械式灭弧比SCI技术少了开关切换过程，降低了故障率，确保灭弧的成功率。免后备熔丝型：SPD在使用时需要安装过电流装置（熔断器、断路器等），其作用是当SPD不能切断工频短路电流时，可以避免SPD过热和损坏。

下面是光伏发电系统常用避雷器主要技术参数的具体说明：

（1）最大持续工作电压（U_c）：该电压值表示可允许加在避雷器两端的最大工频交流电压有效值。在这个电压下，避雷器必须能够正常工作，不可出现故障。同时，该电压连续加载在避雷器上，不会改变避雷器的工作特性。

（2）额定电压（U_n）：避雷器正常工作下的电压。这个电压可以用直流电压表示，也可以用正弦交流电压的有效值来表示。

（3）最大冲击通流量（U_{max}）：避雷器在不发生实质性破坏的前提下，每线或单模块对地通过规定次数、规定波形的最大限度的电流峰值数。最大冲击通流量一般大于额定放电电流的2.5倍。

（4）额定放电电流（I_n）：也叫标称放电电流，是指避雷器所能承受的8/20μs雷电流波形的电流峰值。

（5）脉冲冲击电流（I_{imp}）：在模拟自然界直接雷击的波形电流（标准的10/350μs雷电流模拟波形）下，避雷器能承受的雷电流的多次冲击而不发生损坏的数值。

（6）残压（U_{res}）：雷电放电电流通过避雷器时，其端子间呈现出的电压值。

（7）额定频率（F_n）：避雷器的正常工作频率。

在避雷器的具体选型时，除了各项技术参数要符合设计要求外，还要特别考虑下列几个参数和功能的选择。

1. 最大持续工作电压（U_c）的选择

氧化锌压敏电阻避雷器的最大持续工作电压值是关系到避雷器运行稳定性的关键参数。在选择避雷器的最大持续工作电压值时，除了符合相关标准要求外，还应考虑到安装电网可能出现的正常波动及可能出现的最高持续故障电压。例如，在三相交流电源系统中，相线对地线的最高持续故障电压有可能达到额定交流工作电压220V的1.5倍，即有可能达到330V。因此在电流不稳定的地方，建议选择电源避雷器的最大持续工作电压值大于330V的模块。

在直流电源系统中，最大持续工作电压与正常工作电压的比例，根据经验一般取1.5～2。

2. 残压（U_{res})的选择

在确定选择避雷器的残压时，单纯考虑残压值越低越好并不全面，并且容易引起误导。首先不同产品标注的残压数值，必须注明测试电流的大小和波形，才能有一个共同比较的基础。一般都是以20kA（8／20μs）的测试电流条件下记录的残压值作为避雷器的标注值并进行比较。其次对于压敏电阻避雷器选用残压越低时，将意味着最大持续工作电压也越低。因此，过分强调低残压，需要付出降低最大持续工作电压的代价，其后果是在电压不稳定地区，避雷器容易因长时间持续过电压而频繁损坏。

在压敏电阻型避雷器中，选择最合适的最大持续工作电压值和最合适的残压值，就如同天平的两侧，不可倾向任何一边。根据经验，残压在2kV以下（20kA，8／20μs），就能对用户设备提供足够的保护。

3. 报警功能的选择

为了监测避雷器的运行状态，当避雷器出现损坏时能够通知用户及时更换损坏的避雷器模块，避雷器一般都附带各种方式的损坏指示和报警功能，以适应不同环境的不同要求。

（1）窗口色块指示功能：该功能适合有人值守且天天巡查的场所。所谓窗口色块指示功能就是在每组避雷器上都有一个指示窗口，避雷器正常时该窗口是绿色，当避雷器损坏时该窗口变为红色，提示用户及时更换。

（2）声光信号报警功能：该功能适合在有人值守的环境中使用。声光信号报警装置是用来检查避雷模块工作状况，并通过声光信号显示状态的。装有声光报警装置的避雷器始终处于自检测状态，避雷器模块一旦损坏，控制模块立刻发出高音高频报警声，监控模块上的状态显示灯由绿色变为闪烁的红色。将损坏的模块更换后，状态显示灯显示为绿色，表示避雷器模块正常工作，同时报警声音关闭。

（3）遥信报警功能：遥信报警装置主要用于对安装在无人值守或难以检查位置的避雷器进行集中监控。带遥信功能的避雷器都装有一个监控模块，持续不断检查所有被连接

的避雷器模块的工作状况，如果某个避雷器模块出现故障，机械装置将向监控模块发出信号，使监控模块内的常开和常闭触点分别转换为常闭和常开，并将此故障开关信息发送到远程有相应的显示或声音装置上，触发这些装置工作。

（4）遥信及电压监控报警功能：遥信及电压监控报警装置除了具有上述功能外，还能在避雷器运行中对加在避雷器上的电压进行监控，当系统有任意的电源电压下降或避雷器后备保护断路器（或熔断器）动作及避雷器模块损坏时，远距离信号系统均会立即记录并报告。该装置主要用于三相电源供电系统。

第 4 章　光伏逆变器

将交流电能转化为直流电能的过程称为整流，整流功能的电路称为整流电路，实际整流过程的装置称为整流设备或整流器。与之对应的将直流转换为交流电能的过程称为逆变，完成逆变功能的电路称为逆变电路，逆变过程的装置称为逆变设备或逆变器。光伏逆变器将光伏组件所发出的直流电转变成正弦波电流，接入负载或者并入到电网中，是光伏系统中的核心器件。

4.1　光伏逆变器的种类与主要功能

光伏逆变器按用途分为并网逆变器、离网逆变器、储能逆变器三大类，并网逆变器按照功率和用途可分为微型逆变器、组串式逆变器、集中式逆变器、集散式逆变器四大类。微型逆变器又称组件逆变器，功率等级为180~1000W，适用于小型发电系统。组串型逆变器，功率在1~10kW的单相逆变器，适用于户用发电系统。4~80kW三相逆变器，适用于工商业发电系统。集中式逆变器和集散式逆变器，功率从500kW到1500kW，一般用在大型地面电站。常见逆变器外形如图4–1所示。

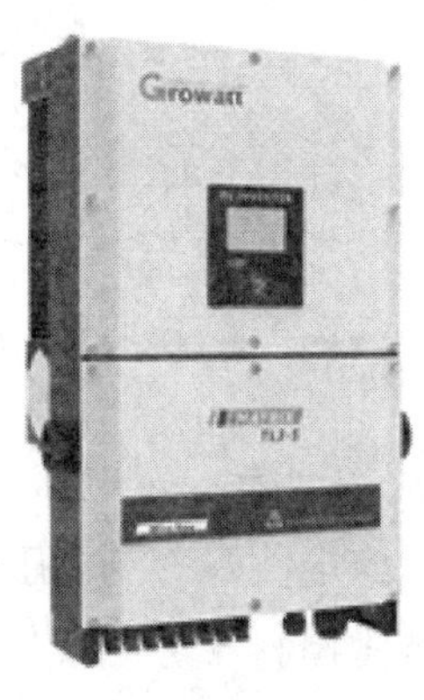

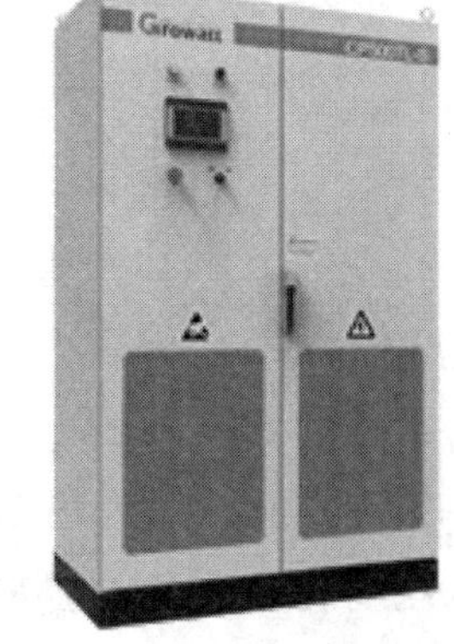

图4–1　并网逆变器

4.1.1 并网逆变器

并网逆变器是连接光伏阵列和电网的关键部件，除了把直流电变成交流电外，还有以下特殊功能：

1. 最大功率追踪（MPPT）功能

当日照强度和环境温度变化时，光伏组件输入功率呈现非线性变化，如图4-2所示。光伏组件既不是恒压源，也不是恒流源，其功率随着输出电压改变而改变，和负载没有关系。它的输出电流随着电压升高一开始是一条水平线，到达一定功率时，随着电压升高而降低，当到达组件开路电压时电流下降到零。

光伏组件的输出功率受日照强度、环境温度等因素的影响。当光照强度减小时，光伏组件的开路电压降低，短路电流减小，最大输出功率减小；当光伏组件温度下降时，组件的短路电流减小，但组件的开路电压升高，最大输出功率增加。在组件温度和日照强度一定的情况下，同一块组件只有唯一的最大功率输出点。MPPT功能就是最大功率跟踪功能，通过调整直流电压和输出电流，使太阳能组件始终工作在最大工作点，输出当前温度和日照条件下的最大功率。

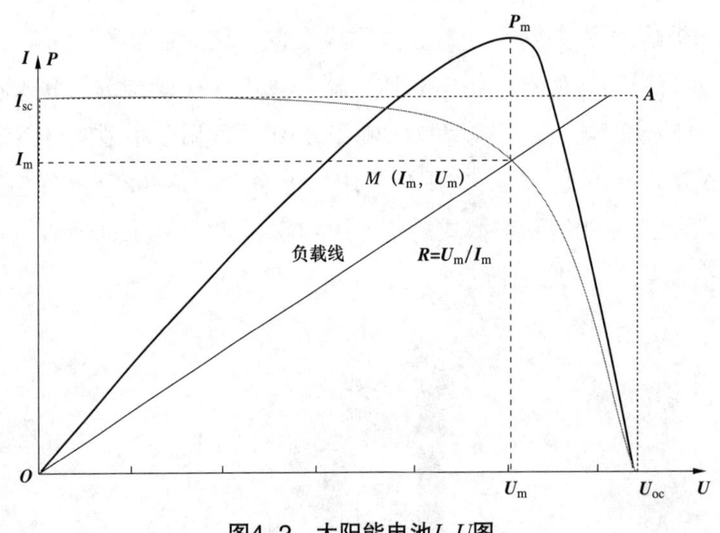

图4-2 太阳能电池I-U图

常见的最大功率跟踪控制方法主要有：定电压跟踪法，将光伏组件的端电压固定在某一个固定值，特点是控制简单，稳定性好；变电压跟踪法，包括功率计算法、电流寻优法、扰动观察法、增量电导法等经典控制算法，以及最优梯度法、模糊逻辑控制法、神经元网络控制法等现代控制算法。

2. 孤岛效应的检测及控制

在正常发电时，光伏并网发电系统连接在大电网上，向电网输送有功功率，但是当电网失电时，光伏并网发电系统可能还在持续工作，并和本地负载处于独立运行状态，这种现象被称为孤岛效应。

逆变器出现孤岛效应时，会对人身安全、电网运行、逆变器本身造成极大的安全隐患，因此逆变器入网标准规定光伏并网逆变器必须有孤岛效应的检测及控制功能。

孤岛效应的检测方法有被动式检测和主动式检测。被动式检测方法检测并网逆变器输出端电压和电流的幅值，逆变器不向电网加干扰信号，通过检测电流相位偏移和频率等参数是否超过规定值来判断电网是否停电。这种方式不会造成电网污染，也不会有能量损耗。而主动式检测是指并网逆变器主动、定时地对电网施加一些干扰信号，如频率移动和相位移动。由于电网可以看成是一个无穷大的电压源，有电网时这些干扰信号会被电网吸收，电网如果发生停电，这些干扰信号就会形成正反馈，最终会形成频率或电压超标，由此可以判断是否发生了孤岛效应。

3. 电网检测及并网功能

并网逆变器在并网发电之前，需要从电网上取电，检测电网送电的电压、频率、相序等参数，然后调整自身发电的参数，与电网参数同步、一致，完成之后才会并网发电。

4. 零（低）电压穿越功能

当电力系统事故或扰动，引起光伏发电站并网点电压出现电压暂降，在一定的电压跌落范围和时间间隔内，光伏发电站能够保证不脱网连续运行。

4.1.2 离网逆变器

并网逆变器将能量直接送到电网上，所以要跟踪电网的频率、相位，相当于一个电流源。离网逆变器相当于自己建立起一个独立的小电网，主要是控制自己的电压，就是一个电压源。并网逆变器不需要储能，但能量不可调控，光伏发多少就往网上送多少。离网一般需要储能，并不往网上送能量，电网无权干涉。

离网逆变器离开电网后可独立工作，相当于一个独立的小电网，主要是控制自己的电压，就是一个电压源。可带阻容性及电机感性等负载，应变快，抗干扰，适应性及实用性强，是停电应急电源和户外供电首选电源产品。

光伏离网逆变器适用于电力系统、通信系统、铁路系统、航运、医院、商场、学校、户外等场所，可以接入市电对蓄电池补充充电，可以设置成风光电优先市电后备，或者市电优先风光电后备。

离网逆变器一般都需要接蓄电池，因为光伏发电不稳定，负载也不稳定，需要蓄电池来平衡能量。当光伏发电大于负载时，多余的能量给蓄电池充电；当光伏发电小于负载时，不足的能量由蓄电池提供。太阳能水泵逆变器是一个特殊的离网逆变器，不需要接蓄电池，直接从太阳能板获得直流电源，转化成交流电供给水泵泵水。根据太阳光的强度，调整输出频率的实时性而得到最大功率点跟踪（MPPT）和最大限度地利用太阳能，相当于一个逆变器和变频器的组合体，因结构简单、操作方便，广泛应用于无电地区引水工程和农业灌溉、景观灌溉中。

4.1.3 储能逆变器

大部分国家电网规定，光伏等分布式发电比例不能超过电网的10%，如果超过了就要加入储能系统，光伏系统并网发电时如果不采用储能系统，光伏系统会给电网带来一些不良的影响，并且随着光伏发电系统规模的不断扩大，以及光伏电源在系统中所占比例的不断增加，这些影响变得不可忽视。通过对光伏发电的特性分析可知，光伏发电系统对电网的影响主要是由于光伏电源的不稳定性造成的，从电网安全、稳定、经济运行的角度分析，不加储能的光伏并网发电系统对电网造成的影响主要有以下几点：

（1）对线路潮流的影响。未接入光伏并网发电系统的时候，电网支路潮流一般是单向流动的，并且对于配电网来说，随着距变电站的距离增加，有功潮流单调减少。然而，当光伏电源接入电网后，从根本上改变了系统潮流的模式且潮流变得无法预测。这种潮流的改变使得电压调整很难维持，甚至导致配电网的电压调整设备出现异常响应。

（2）对系统保护的影响。当光照良好，光伏并网电站输出功率较大时，短路电流将会增大，可能会导致过流保护配合失误，而且过大的短路电流还会影响熔断器的正常工作。此外，对于配电网来说，未接入光伏发电系统之前支路潮流一般是单向的，其保护不具有方向性，而接入光伏发电系统以后该配电网变成了多源网络，网络潮流的流向具有不确定性。因此，必须增设具有方向性的保护装置。

（3）对电网经济性运行的影响。由于光伏电源的自身输出不稳定性，当光伏发电系统并网运行后，系统必须增加相应容量的旋转备用，以保证系统的调峰、调频能力，也就是说，光伏并网发电系统向电网供电，降低了机组利用小时数，牺牲了电网的经济性运行 。

（4）对电能质量的影响。受云层遮挡的影响，光伏电源的发出功率可能在短时间内从100%降到30%以下，或由30%以下增至100%。对于大型光伏并网系统来说，会引起电压的波动与闪变或频率波动。此外，由于光伏发电系统所发出的电能为直流电，必须经过逆变装置接入电网，这一过程必将产生谐波，对电网造成影响。

（5）对运行调度的影响。光伏电源的输出功率直接受天气变化影响而不可控制，因此，光伏电源的可调度性也受到制约。当某个系统中光伏电源占到一定比例后，电网运行商应考虑如何安全可靠地进行电力调度。另外，光伏电价与常规电价也存在着差异，如何在满足各种安全约束的条件下对电网进行经济性调度也将成为一个值得关注的问题。

市场调查显示，随着光伏发电装机量越来越大，各个国家光伏补贴越来越低，而峰谷电价差别则不断加大，未来光伏逆变器更看重能量存储。全球近1/3的光伏逆变器厂商期望到2025年所安装的太阳能系统能源存储使用可以达到40%以上，能源存储将成为未来光伏系统一个越来越重要的功能。未来光伏能量储存的市场可能会显著扩大，成为下一代逆变器的主流产品。

光伏并网储能逆变器是最新一代逆变器，可应用于集中式和分布式光伏发电站。光伏并网逆变器集成光伏并网发电、储能电站的功能，可以克服光伏组件受天气变化发电不稳定的缺点，为电网提供稳定的和谐波含量非常少的纯净电流，提高了电网的品质。通过波谷储存电能，波峰输出电能，电网峰值发电量可大幅削减，电网容量也可大幅增加，提高了电网的利用率。通过比较高的上网电价及波峰波谷的差价，为用户创造价值。

1. 光伏储能逆变器具体工作原理

（1）白天用电高峰期，在太阳光的照射下，太阳能电池组件产生的直流电流通过控制器传送到逆变器转化成交流电，并入电网。

（2）晚上用电低谷期，电价比较低时，电网的电能通过逆变器充放电控制器，对蓄电池进行充电储能。

（3）当阳光不足或在夜间非低谷期用电时，蓄电池通过直流控制系统向逆变器送电，经逆变器转化为交流电，供交流负载使用。

2. 储能逆变器优点

并网储能逆变器大规模应用在光伏电站中，将会给光伏产业带来更好的发展机会。通过光伏组件和蓄电池解耦控制技术，可以克服光伏组件不稳定的特点，为电网提供稳定的谐波含量非常少的纯净电流，提高了电网的品质。

（1）并联储能系统可以平滑间歇性新能源发电带来的负荷波动，改善系统日负荷率，作为电力系统中的备用容量参与系统的调频、调峰，提高发电设备利用率，提高电网整体运行效率。

（2）储能系统可作为应急备用电源迅速投入系统，提高供电可靠性。

（3）适当控制的储能系统可以抑制电压的异常，提高供电质量。

（4）将储能系统与电能转换控制技术相结合，可实现对电网的快速控制，改善电网的静态和动态特性。

4.2 集中式逆变器和组串式逆变器选型

国家电网对分布式光伏电站要求如下：单个并网点小于6MW，年自发自用电量大于50%；8kW以下可接入220V；8~400kW可接入380V；400kW~6MW可接入10kV。根据逆变器的特点，光伏电站逆变器选型方法：220V项目选用单相组串式逆变器，8~500kW选用三相组串式逆变器，500kW以上的项目可以根据实际情况选用组串式逆变器和集中式逆变器。

4.2.1　逆变器方案对比

集中式逆变器：功率在30~2500kW，随着电力电子技术的发展，组串式逆变器越做越大，现在500kW以下的集中式逆变器基本退出市场。功率器件采用大电流IGBT，系统拓扑结构采用DC/AC一级电力电子器件变换全桥逆变，后级一般接双分裂工频升压隔离变压器，防护等级一般为IP20。体积较大，室内立式安装。

组串式逆变器：功率在1~80kW，小功率逆变器开关管一般采用小电流的MOSFET，中功率逆变器一般采用集成多个分立器件的功率模块，拓扑结构采用DC-DC-Boost升压和DC/AC全桥逆变两级电力电子器件变换，防护等级一般为IP65。体积较小，可室外壁挂式安装。

4.2.2　系统主要器件对比

集中式逆变器：光伏组件、直流电缆、汇流箱、直流电缆、直流汇流配电、直流电缆、逆变器、隔离变压器、交流配电、电网。

组串式逆变器：组件、直流电缆、逆变器、交流配电、电网。

4.2.3　主要优缺点和适应场合

（1）集中式逆变器一般用于荒漠电站、地面电站等大型发电系统中，系统总功率大，一般是兆瓦级以上。主要优势有：①逆变器数量少，可以集中安装，便于管理。②逆变器元器件数量少，故障点少，可靠性高。③谐波含量少，直流分量少，电能质量高。④逆变器集成度高，功率密度大，成本低。⑤逆变器各种保护功能齐全，电站安全性高。⑥有功率因数调节功能和低电压穿越功能，电网调节性好。

主要缺点有：①直流汇流箱故障率较高，影响整个系统稳定。②集中式逆变器MPPT电压范围窄，一般为500~820V，组件配置不灵活。在阴雨天、雾气多的地区，发电时间短。③逆变器机房安装部署困难，需要专用的机房和设备。④逆变器自身耗电以及机房通风散热耗电，系统维护相对复杂。⑤集中式并网逆变系统中，组件方阵经过两次汇流到达逆变器，逆变器最大功率跟踪功能（MPPT）不能监控到每一路组件的运行情况，因此不可能使每一路组件都处于最佳工作点，当有一块组件发生故障或者被阴影遮挡，会影响整个系统的发电效率。⑥集中式并网逆变系统中无冗余能力，如发生故障停机，整个系统将停止发电。

（2）组串式逆变器适用于中小型屋顶光伏发电系统、小型地面电站。主要优势有：①组串式逆变器采用模块化设计，每个光伏串对应一个逆变器，直流端具有最大功率跟踪功能，交流端并联并网，其优点是不受组串间模块差异和阴影遮挡的影响，同时减少光伏电池组件最佳工作点与逆变器不匹配的情况，最大程度增加了发电量。②组串式逆变器MPPT电压范围宽，一般为200~800V，组件配置更为灵活。在阴雨天、雾气多的地区，发电时间长。③组串式并网逆变器的体积小、重量轻，搬运和安装都非常方便，不需要专业工具和设备，也不需要专门的配电室，在各种应用中都能够简化施工、减少占地，直流线路连接也不需要直流汇流箱和直流配电柜等。组串式还具有自耗电低、故障影响小、更换维护方便等优势。

主要缺点有：①电子元器件较多，功率器件和信号电路在同一块板上，设计和制造的难度大，可靠性稍差。②使用分立功率器件的逆变器电气间隙小，不适合高海拔地区，使用功率模块的逆变器不受影响。户外型安装，风吹日晒很容易导致外壳和散热片老化。③不带隔离变压器设计，电气安全性稍差，薄膜组件负极接地系统要外加隔离变压器。直流分量大，对电网影响大。④多个逆变器并联时总谐波高，单台逆变器THDI可以控制到2%以上，但如果超过100台逆变器并联时，总谐波会叠加而且较难抑制。⑤逆变器数量多，总故障率会升高，系统监控难度大。⑥没有直流断路器和交流断路器，当系统发生故障时，不容易断开。

4.2.4 500kW 系统用组串式和集中式逆变器比较

组串式和集中式逆变器性能比较见表4–1。

表4–1 组串式和集中式逆变器性能比较

比较项目	80kW 组串式逆变器	500kW 集中式逆变器
汇流箱	不需要汇流箱，直流输入细分到每一串	需要汇流箱集中汇流
直流布线	直流侧布线简单，分布式就地并网；直流电缆短，成本低	直流侧布线相对复杂且距离长，必要时需要设置多级汇流，成本相对较高
交流布线	交流侧电缆用量较多，每个逆变器需要一个交流断路器	交流侧到变压器距离很短，线损小，交流布线简单，成本较低
输出电压	输出三相交流 400V，可以直流低压并网，不需要隔离变压器	输出三相交流 315V，并网需要加 400V 隔离变压器
防护等级	防护等级 IP65，可以户外安装，可以在组件周边就近安装	防护等级为 IP20，室内安装，或者建造户外房
冷却方式	智能风冷	强制风冷，需要大流量风道
工作电压范围	宽范围 MPPT 电压，200~800V，在阴雨等低照度天气也能发电	MPPT 范围是 500~820V，发电范围较窄
效率	最高效率 99%，中国效率 98.5%	不带隔离变压器最高效率 98.0%，综合效率 97.5%，带隔离变压器最高效率 97.0%，综合效率 96.5%
安全	没有直流断路器和交流断路器，安全性稍差	有直流断路器和交流断路器，能根据故障的不同情况及时断开，安全性好

4.2.5 1MW 光伏 10kV 并网系统费用比较

组串式和集中式逆变器造价比较见表4–2。

表4–2 组串式和集中式逆变器造价比较

序号	项目	组串式逆变器	集中式逆变器
1	汇流箱	0 元	12 台 16 路汇流箱 6 万元
2	逆变器	12 台 80kW 逆变器，总价 24 万元	2 台 500kW 逆变器户外柜，直流配电，总价 15 万元
3	直流电缆	约 12 万元	约 15 万元
4	交流电缆	约 15 万元	约 14 万元
5	升压变压器	双绕组变压器 400V~10kV，1000kVA，18 万元	双分裂变压器 315V~10kV，1000kVA，20 万元
6	交流配电柜	25 进 1 出，4 万元	2 进 2 出，3 万元
7	安装费用	5000 元	6000 元
8	总费用	73.5 万元	63.6 万元

4.2.6 分布式光伏系统逆变器推荐方案

分布式光伏系统逆变器选型建议见表4–3。

表4–3 组串式和集中式逆变器选型建议

序号	系统容量	逆变器选择	说明
1	400kW 以下	组串式	400kW 以下系统，组串式逆变器和集中式逆变器成本相差不多，但组串式逆变器发电量要高 5%~10%
2	400kW~2MW	组串式	400kW~2MW 之间的系统，组串式逆变器比集中式逆变器成本高 5%，但组串式逆变器发电量要高 5%~10%。组串式逆变器系统总收益好
3	2~6MW	根据实际安装场地选用：日照均匀的地面电站用集中式逆变器，屋顶用组串式	
4	6MW 以上	集中式	集中式逆变器能适用电网的要求

4.3 高频隔离光伏逆变器的妙用

在光伏发电系统中，常常一到下雨天，并网漏电流开关就跳闸，天气转晴时又自动恢复正常，怎么查都找不到问题点。其实这和组件逆变器等设备没有关系，主要原因是非隔离型光伏系统引起的。

太阳能发电系统中，光伏组件与地之间存在一个对地寄生电容，在潮湿环境或者雨天时，该寄生电容会变大。寄生电容与光伏发电输出电网系统形成共模回路，对地寄生电容能够与并网逆变器中的滤波元件和电网阻抗形成谐振通路，当共模电流的频率到达谐振回路的谐振频率点时，电路中会出现大的漏电流。该共模电流在增加了系统损耗的同时，还会影响逆变器的正常工作，并向电网注入大量谐波，带来安全问题。当系统检测到漏电流过大时，逆变器就会停止工作，如图4-3所示。

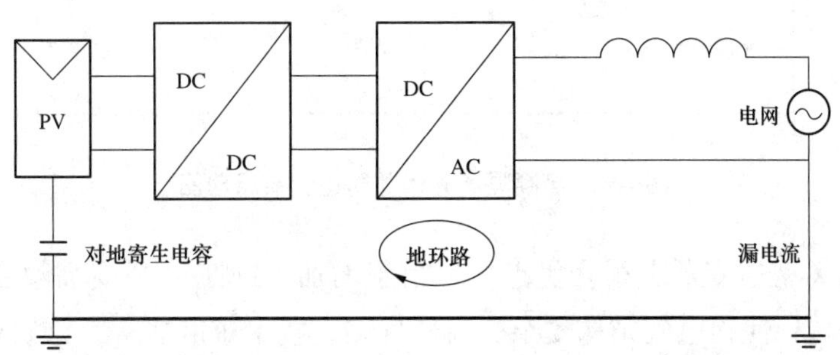

图4-3　非隔离型光伏并网逆变器对地漏电流原理图

在硅基薄膜组件光伏发电系统中，为了防止组件导电层TCO腐蚀，组件负极必须接地，为防止对地共模电压超过系统电压且抑制光伏方阵电池板的对地分布电容对逆变器控制电路的共模干扰，必须采用变压器隔离进行逆变并网。

出于以上考虑，越来越多的应用场合要求光伏并网逆变器实现电气隔离。隔离型光伏并网逆变器有效地提高了光伏侧的电气安全性，消除了光伏并网系统中的共模电流问题。根据变压器的工作频率，隔离型光伏并网逆变器可以分为工频隔离型和高频隔离型。

工频隔离型光伏并网逆变器是目前光伏发电系统中最为常用的结构，其拓扑结构是在非隔离型并网逆变器的基础上，在电网侧加入工频变压器，其重量约占整个光伏并网逆变器总重量的50%左右。这成为了逆变器减小系统体积、提高功率密度的一大障碍。另外，工频变压器也给逆变器产生了较大的损耗，增加了发电系统的成本和运输、安装的难度。

在电压和电流一定的情况下，变压器的一、二次侧绕组匝数和工作频率是反比关系，铁芯截面积和工作频率也是反比关系。变压器的工作频率越高，变压器一次侧和二次侧的绕组匝数就会相应地减少，其所需的面积也会减小，从而可以选择较小体积的铁芯。因此，提高变压器的工作频率成为了减小体积和重量的有效方法。高频隔离变压器具有质量轻、体积小等优点，高频隔离光伏并网逆变器电路结构如图4-4所示。光伏阵列发出的直流电被输入侧的全桥逆变器翻转成为高频脉宽的交流脉冲电压，通过高频变压器进行隔离传输。高频脉冲电压到达变压器二次侧后，经二极管整流桥将负半周脉冲电压反向整流成为直流电，再经中间直流侧的大电解电容进行滤波，形成稳定的中间侧直流电压。最后经过输出侧的后级全桥逆变器逆变成为交流电，并入电网。

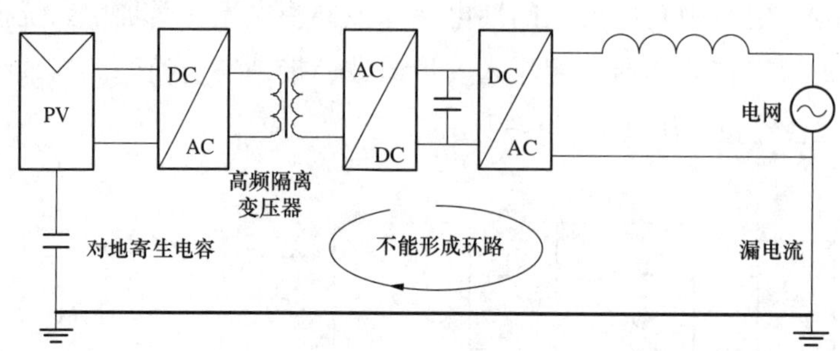

图4-4　高频隔离光伏并网逆变器原理图

尽管高频隔离型逆变器有很多优点，但由于增加了DC/AC逆变高频变压器、AC/DC整流三级拓扑结构，使得电气结构复杂、元器件多，技术难度非常大，如果设计得不好，会造成系统可靠性差，还有效率低下、成本高、体积大、重量重等缺点，因而很多厂家望而却步。但通过加入软开关电路、使用低功耗开关管、提高开关频率、采用优质磁性材料等一系列改进措施提升逆变器性能和效率，能做到和非隔离型的体积和重量都相差不大。同工频隔离的逆变器对比，高频隔离的体积能减小30%以上，重量能减少40%，效率能提高5%。

技术特征：

最高效率96.5%
宽电压输入范围
GT拓扑结构设计
内置高频变压器设计
无风扇设计
IP65设计，声控LCD
安装简单，结构紧凑
可同时兼容晶硅和薄膜组件
PID抑制功能

图4-5　高频隔离变压器

高频隔离逆变器的光伏输入端负极直接和大地相连接，对于预防薄膜组件的导电层TCO腐蚀和晶硅组件PID，效果非常明显。图4-5所示为高频隔离变压器外形，其目前广泛安装在有负极接地要求的光伏系统中（如汉能的硅基薄膜组件系统）和潮湿环境有抗PID要求的晶硅组件系统中。从运行的情况上看，隔离逆变器性能非常稳定，发电量高，对薄膜组件的TCO腐蚀及晶硅组件的PID抑制效果很显著，组件的衰减很少。

4.4 光伏逆变器拓扑结构与功率器件的发展

光伏逆变器作为电力电子技术行业的一个重要分支，其技术进步高度依赖于电子元器件和控制技术的发展。而随着光伏发电和风力发电等新能源大规模应用和降成本的需要，反过来又推进了电力电子技术的发展。近年来，逆变器厂家竞争激烈，其总体趋势是体积越来越小，重量越来越轻，销售价格越来越低。逆变器厂家通常采取下列方法：①尽量减少功率器件的数量，提高功率器件的开关频率；②尽量增加功率器件的数量，降低功率器件的开关频率。影响逆变器功率开关管损耗的因素见图4–6。

这两个貌似相互矛盾的方案，的确是逆变器行业技术路线的真实写照。逆变器的核心技术是热设计技术和输出电流谐波控制技术，功率器件的开关频率越高，输出波形就越好，但器件的损耗也越高。逆变器体积最大、最贵的两种器件是散热器和电感，它们的体积、成本、重量约占逆变器的30%左右，逆变器怎么降成本，怎么减少体积，都要在这两个器件上打主意。

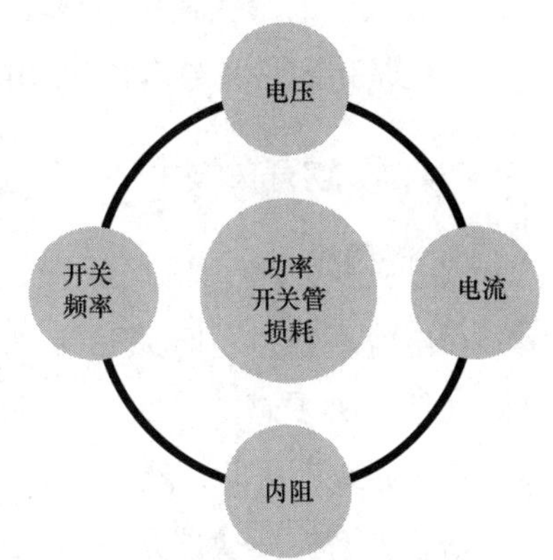

图4–6 影响逆变器功率开关管损耗的各种因素

要想减少散热器的体积，就必须要减少功率器件的热损耗，目前有两种技术路线：一是采用碳化硅材料的元器件，降低功率器件的内阻；二是采用三电平、五电平等多电平电气拓扑及软开关技术，降低功率器件两端的电压，降低功率器件的开关频率。电感是控制逆变器输出波形最关键的硬件，要想减少电感的体积，就必须增加功率器件的开关频率。

4.4.1 功率开关管的历史

第一代是晶闸管（SCR），旧称可控硅，它只能控制器件导通，器件通断要靠主电路电压反向来进行，因此说它是一种半控型器件。它的开关容量大，能达到几万安培，耐压高，但驱动电路结构很复杂，器件的开关频率低，损耗也较大。第二代是GTR，是电流控制型双极双结电力电子器件，它具有开关损耗小和阻断电压高的优点，但开关频率不高，驱动电流较大。第三代是MOSFET，它是一种电压控制型器件，控制功率极低，开关频率高，但输出特性不好。第四代是绝缘栅晶体管（IGBT），它是一种用MOS栅控制的晶体管，它集中了GTR和MOSFET的优点，驱动电路简单且开关频率高，和MOSFET相似，输出电流大，和GTR相似。第五代是加入碳化硅材料的MOSFET和IGBT及碳化硅肖特基二极管。

碳化硅（SiC）器件属于宽禁带半导体组别，与常用硅（Si）器件相比，有许多优势：

一是耐高压，碳化硅器件具备更高的击穿电场强度，最高耐压可达10kV，比硅（Si）器件耐压提高了几倍；二是耐高温，其最高结温可达600℃，而最新英飞凌生产的PrimePACK第四代IGBT，其最高结温是175℃；三是碳化硅器件开关损耗非常低，非常适合用于高开关频率系统，当开关频率大于20kHz时，碳化硅器件损耗是硅IGBT的50%。IGBT+Si二极管的损耗，随着频率的改变，损耗变化幅度非常大，而IGBT+SiC二极管的损耗，随着频率的变化，改变不是很大。尤其是在16K到48K，其总损耗几乎是线性的，增加幅度较小。

但是碳化硅也有缺点，限制了它的应用范围：一是电流较小，迄今为止SiC MOSFET和肖特基二极管的最大额定电流小于100A，大功率逆变器用不上；二是产能不足，价格还比较贵；三是稳定性和硅基IGBT相比还差一点。

4.4.2 软开关技术

软开关技术利用谐振原理，使开关器件中的电流或者电压按正弦或者准正弦规律变化，当电流自然过零时关断器件，当电压自然过零时开通器件，从而减少了开关损耗，同时极大地解决了感性关断、容性开通等问题。当开关管两端的电压或流过开关管的电流为零时才导通或者关断，这样开关管不会存在开关损耗。

软开关谐振变换器是由电感、电容组成谐振电路，增加了很多器件，系统变得复杂，可靠性降低；由于光伏逆变器要保证功率因数为1，因此软开关技术只适合在前级DC/DC变换中用到，后级的DC/AC变换还需要多电平技术。

4.4.3 多电平技术

按照输出电压的电平数，逆变器可以分为两电平和多电平。两电平逆变器的主要优点有：电路结构简单，电容器数量少，占地面积小。但由于两电平逆变器器件需要承受的电压高，因此开关损耗较大。为了避免出现上述技术难题，多电平开始出现，并受到了越来越多的关注。所谓多电平逆变器是指输出电压波形中的电平数等于或者大于3的逆变器，如三电平、五电平、七电平等。多电平逆变器降低了两电平对开关器件两端的电压，可通过合适的调制方式减少开关器件的开关损耗，同时保持交流侧较低的谐波。

1. 多电平与两电平相比的优点

（1）损耗对比：两电平中主开关承受电压为全部母线电压，三电平为直流侧电压的一半，五电平为直流侧电压的四分之一，功率器件两端的电压越高，内阻越高，开关频率越高，损耗就越大。近年来推出的三电平、五电平结构，电压只有两电平的一半和四分之一，开关频率也可以减少到两电平的一半和四分之一，因此多电平技术可以减少损耗。

（2）输出谐波：输出电平台阶越多，波形越趋近与正弦波，带出的谐波减少，三电平和五电平的滤波电感容量仅为两电平的一半和四分之一，系统效率可以得到提升。

2. 多电平与两电平相比的缺点

三电平、五电平和两电平器件数量相比，要多几倍，随着器件的增加，主电路线路变长，系统杂散电感增加，系统的可靠性降低，控制算法也变得很复杂。

综合起来，要想把逆变器体积降低，一个途径是使用碳化硅材料的功率开关器件，提高开关频率，降低电感的体积。但碳化硅技术目前还不是非常成熟，价格较贵，容量也比较小，应用受到限制。另一个途径是采用软开关和多电平技术，降低器件的电压，减少损耗，从而减少散热器的体积，还可以间接提高开关频率，降低电感的体积。但是这个方案元器件增加几倍，增加了系统的风险。

有没有一种器件，既有碳化硅材料的低内阻，又有三电平结构的低电压，整个系统的元器件还不能多，而且好安装好控制，可靠性也好，价格也不能太贵。集成这么多优势的元器件到底有没有？

这种功率器件还真有，它就是集成多个元器件的功率模块。图4–7所示是Vincotech公司推出的用于光伏逆变器的功率模块，它结构紧凑，将多个分立器件集成到一个模块中，减少了器件之间连线的寄生阻抗。功率模块驱动回路与主功率回路从不同的管脚分别引出，减少了IGBT主功率回路对驱动回路的电磁干扰。模块配置了NTC电阻，可以精准地检测模块内部温度。

如图4–7（a）所示，前级DC–DC电路由2个高速IGBT、4个碳化硅二极管和1个温度传感器等7个元器件组成，包含双路Boost模块，额定电流为50A，可以支持25kW的MPPT回路。

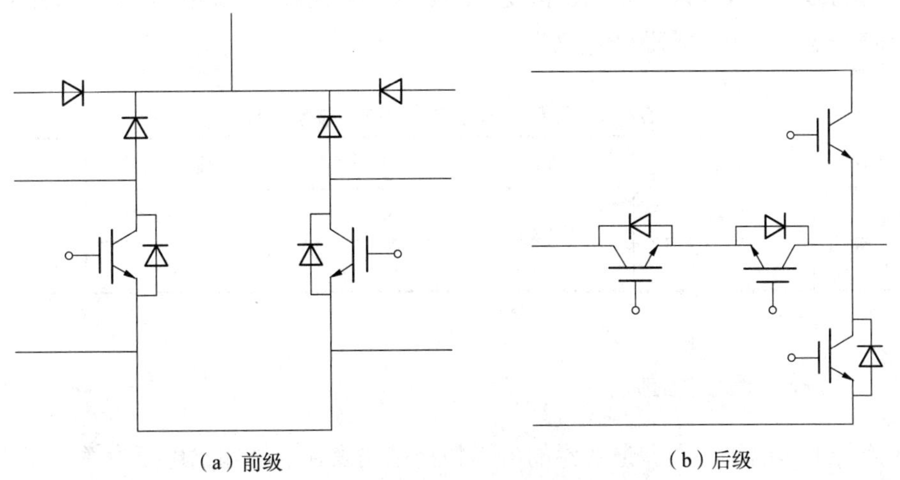

（a）前级　　（b）后级

图4–7　功率模块电路示意图

如图4–7（b）所示，后级采用高效MNPC三电平IGBT模块，由4个50~80A的IGBT组成，一个模块相当于8个分立器件。采用中点钳位型的T形三电平结构，损耗低效率高，元器件承受的电压低、寿命长。

4.5 光伏逆变器 MPPT 技术和对系统发电量影响

在光伏系统中，逆变器的成本不到5%，却是发电效率的决定性因素之一，当组件等配件完全一致时，选择不同的逆变器，系统的总发电量有5%~10%的差别。这个差异的主要原因就是逆变器造成的。而MPPT效率是决定光伏逆变器发电量关键的因素，其重要性甚至超过光伏逆变器本身的效率，MPPT的效率等于硬件效率乘以软件效率，硬件效率主要由采样电路的精度、MPPT电压范围、MPPT路数来决定，软件效率主要由控制算法来决定。

最大功率点跟踪（maximum power point tracking，MPPT）是光伏发电系统中的一项核心技术，它是指根据外界不同的环境温度、光照强度等特性来调节光伏阵列的输出功率，使得光伏阵列始终输出最大功率。

4.5.1 MPPT 采样电路精度

MPPT的实现方法有很多种，但不管用哪种方法，首先要测量组件功率的变化，再对变化做出反应。这其中最关键的元器件就是电流传感器，它的测量精度和线性误差将直接决定硬件效率，电流传感器做得比较好的厂家有瑞士的LEM、美国的VAC和日本的田村等，有开环和闭环两种，开环的电流传感器一般是电压型，体积少，重量轻，无插入损耗，成本低，线性误差1%，精度1%左右。闭环的电流传感器，频带范围宽，精度高，响应时间快，抗干扰能力强，线性误差0.1%，精度0.4%。开环和闭环传感器技术参数见表4-4。天气剧烈变化时，使用闭环传感器有优势。

表4-4 开环和闭环电流传感器技术参数

电流传感器	精度	线性误差	输出信号	温度范围	带宽
闭环	0.4%	0.1%	0~20mA 电流信号	-40~105℃	DC~100kHz
开环	1%	1%	0~5V 电压信号	-25~85℃	DC~25kHz

4.5.2 MPPT 电压范围

逆变器的工作电压范围和逆变器的电气拓扑结构及逆变器输出电压有关，组串式逆变器和集散式逆变器是双级电气拓扑结构，MPPT工作电压范围在250~850V之间，集中式逆变器是单级结构，输出电压有270、315、400V等规格，输入MPPT电压范围有450~850V、500~850V、570~850V等多种，还有一种单级结构的组串式逆变器，只有一级DC/AC逆变器，输出电压是400V，MPPT输入电压范畴是570~850V。从应用的角度来看，各有优势和缺点。

（1）从逆变器角度上讲，输出电压越高的逆变器，相同功率等级，电流越低，效率也就越高。单级比双级结构简单，可靠性高，成本低。

（2）从系统角度上讲，逆变器MPPT电压范围宽，可以早启动晚停机，发电时间长。

（3）根据电压源串联原理，系统输出电压相加，电流不变。光伏组件串联后，输出电流是由最少的电池板来决定的，受到组件原材料、加工工艺、阴影、灰尘等影响，一块组件功率降低，这一串的组件功率都会降低，因此组件串联数目要尽量少，并联的数目尽量多，才能减少由于组件的一致性而带来的影响。

4.5.3 MPPT 的路数

目前组串式逆变器MPPT路数有1~5路不等，工频集中式逆变器也有1~3路MPPT，集散式逆变器把汇流箱和MPPT升压集成在一起，有多路MPPT。还有一种高频模块化集中式逆变器，每一个模块有一路MPPT，这个方案最早由爱默生于2010年推出，可能当时技术还不是非常成熟，市场反应不是太理想。

图4-8所示是在两个不同的地方，选择不同MPPT逆变器实际发电量的示意图。由图可以看出，在平地无遮挡、光照好的地区，两种逆变器发电量相差不多；在山地或者屋顶有遮挡、光照条件一般的地区，双级多路MPPT的逆变器发电量更高。

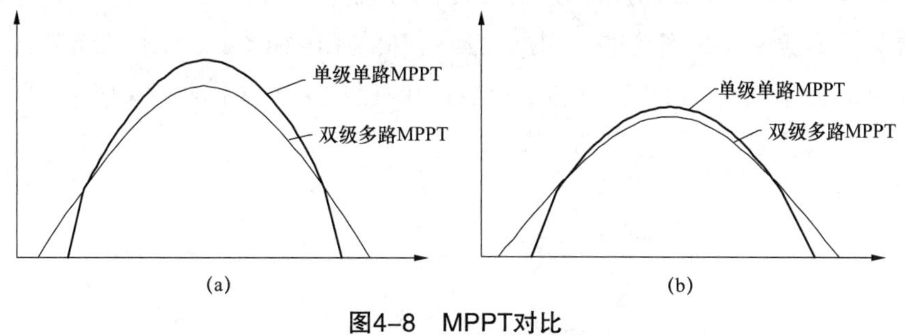

图4-8 MPPT对比

（a）平地无遮挡，光照好；（b）山地有遮挡，光照一般

逆变器MPPT技术的多样性，给电站设计带来了极大的便利。应结合实际科学设计，根据不同的地形、光照条件，选择不同的逆变器，降低电站成本，提高经济效益。复杂山丘电站和多面屋顶电站，存在朝向不一致和局部遮挡的现象，且不同的山丘遮挡特性不一样，带来组件失配问题，建议选择2路以上MPPT逆变器，可以增加早晚发电时间。比较平的山丘电站和中大型屋顶电站，建议选择2路MPPT逆变器，可以兼顾系统稳定性和发电量；平地无遮挡、光照条件好的地区，建议选择单路MPPT，单级结构的逆变器，可以提高

系统可靠性，降低系统成本。

4.6 逆变器对电网的保护功能

逆变器的作用是调整相序，调整电压幅值和相位，调整电流相位，使和电网保持一致。当检测到所有的参数都一致时，并网开关闭合，光伏组件产生的电能经过逆变器的调节，源源不断地输送给电网。

逆变器工作期间，时时刻刻检测电网是不是也在工作，一旦确认电网失电，就会在几个周期内与电网断开并停止运行，这就是防止孤岛效应功能。通常有被动式或者主动式两种检测方法。被动式孤岛效应防护：实时检测电网电压的幅值、频率和相位，当电网失电时，会在电网电压的幅值、频率和相位参数上产生跳变信号，通过检测跳变信号来判断电网是否失电。主动式孤岛效应防护：通过逆变器定时产生小干扰信号，以观察电网是否受到影响作为判断依据， 如脉冲电流注入法、输出功率变化检测法、主动频率偏移法和滑模频率偏移法等。当电网有电时，该扰动对电网电压的频率没有任何影响，当电网失电时，该扰动将会引起电网电压频率发生较大变化，从而判断电网是否失电。

经过多年的不断探索，现在并网逆变器防孤岛技术已完全成熟，在任何条件下都可以准确判断电网是否失电，因此分布式光伏电站不需要再配置别的任何防孤岛装置。

零（低）电压穿越功能：当电力系统出现事故或扰动，引起光伏发电站并网点电压出现电压暂降，在一定的电压跌落范围内和时间间隔内，光伏发电站能够保证不脱网连续运行，这个功能是由逆变器来实现的。引起电压暂降的原因如图4–9所示，当某支路D出现短路故障时，电流急剧增大，这时候故障支路D中的保护装置动作将故障点隔离，于是电压

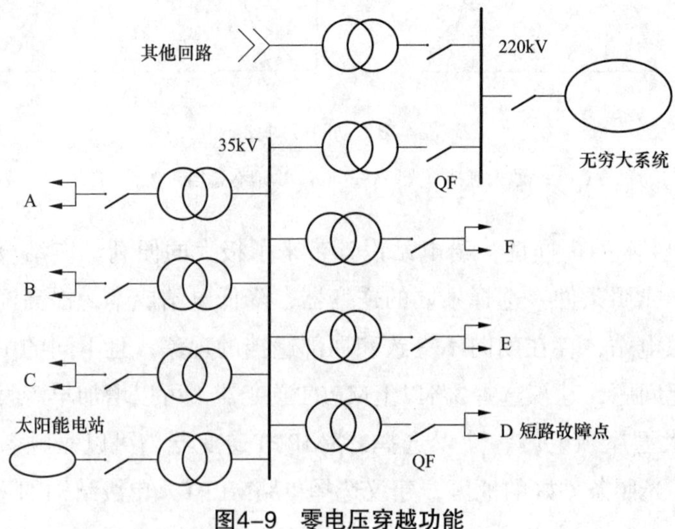

图4–9 零电压穿越功能

又恢复正常。从故障产生到检测及断开，需要一段时间，会导致ABCEF各支路电压骤然降低，形成了短暂的电压降低。这个时候如果太阳能电站立刻切除，就会对电网的稳定性产生影响，甚至其他无故障的支路也断开，会造成大面积电网停电事故。这时候需要光伏逆变器能够支撑一段时间（1s内），直到电网电压恢复正常。

低电压穿越功能是指当电网电压跌落时并网逆变器能够正常并网一段时间，“穿越”这个低电压时间（区域）直到电网电压恢复正常。防止孤岛效应是指当电网断电时并网逆变器立即停止并网发电，保护时间不超过0.2s。可以看出，防止孤岛效应与低电压穿越是相互矛盾的，两种功能不能同时并存，需要根据电站规模和要求进行选择，一般原则如下：

对于大中型光伏电站，太阳能发电全部上网，不直接提供给负载，并网逆变器对电网的影响较大，在电网故障时会对电网的稳定性产生实质性的影响，所以应具备一定的低电压穿越能力，即此时并网逆变器应选择低电压穿越功能。

对于小型光伏电站，并网逆变器在电网中所占的容量较小，对电网的影响较小，在电网故障时不会对电网的稳定性产生实质性的影响，所以应具备快速监测孤岛且立即断开与电网连接的能力，即此时并网逆变器应选择防止孤岛效应功能，不需要低（零）电压穿越功能。如图4-10所示，太阳能发电采用自发自用，余量上网，当负载端发生触电、短路、接地等故障，引起支路电压降低或者总开关QF1跳闸，这时候逆变器应该立即停止运行，防止事故进一步恶化。

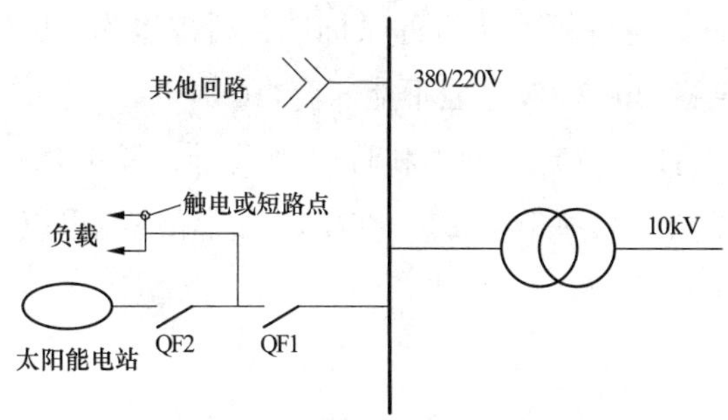

图4-10　分布式电站不需要零电压穿越功能

在一些有冲击性负载的工业厂房分布式光伏电站，如有大型吊车、电焊机等重型负荷启动的地区，也会造成电压暂降，其特征是幅度少，非规则矩形，持续时间长。这时候逆变器会频繁启停，但逆变器的低（零）电压穿越功能解决不了这个问题，需要使用带隔离变的逆变器或者电能质量仪（AVC）来解决。

在分布式光伏电站中，不需要再配单独的防孤岛装置，那是画蛇添足，增加系统成本，并网逆变器有足够的能力判断电网是否在工作；也不需要零电压穿越功能，那样会雪上加霜，让事故进一步恶化。在地面电站，则以零电压穿越功能优先。

4.7 世界各国电网结构与逆变器的选型

美国、英国、德国是世界上较早有电的三个国家，世界上的电压标准大致都从这三国沿袭而来。美国是最早采用交流发电机的国家，当时受发电机绝缘材料的限制，只能造出110V的交流发电机，所以建立了110V电网，这一标准后来影响到日本和中国台湾地区（110V）。受美国影响较深的一些周边国家和地区，如加拿大、墨西哥、古巴、哥伦比亚、开曼群岛等，也采用110~120V左右的标准。

后来随着技术进步，造出了220V的交流发电机，因此后建立电网的欧洲国家就直接采用了当时最先进的220~240V技术，而已采用110~127V的国家由于全部更换为220V的电力系统代价过高，因而只好沿用至今。客观地说，220V系统要比110V的更经济，还可以不用变压器直接从动力电380V中分相分出220V单相电供民用，比110V的更先进。

英国早期电压是240V，后来为了和欧盟标准相统一而改到230V。大多数英联邦国家和英国海外领地都继承这一标准，比如澳大利亚、新西兰、印度、尼日利亚等为240V，马来西亚、新加坡、巴基斯坦等为230V。不过也有例外，比如加拿大、牙买加等国，因受美国影响而是110V；香港使用中国大陆输来的电源，故采用220V标准。中东国家在19世纪末至20世纪初，多属于英国的势力范围，因此电压大多也采用英国标准，在230~240V左右。

德国电压为230V，受其影响，几乎整个欧洲大陆的电压都在220~230V。它们在亚洲、非洲、拉丁美洲的前殖民地多数也采用这一标准。前苏联国家多为220V（俄罗斯现在逐渐改成230V），中国、蒙古、越南等因执行苏联标准，所以也为220V。光伏并网逆变器输出电压较宽，一般都可以兼容220~240V，但不能兼容110V。

我国的三相电网结构有IT、TT、TN-C和TN-S等几种，其中TT、TN-C和TN-S需要接零线，IT不需要接零线（见图4-11~图4-14）。TN-C零线和地线可以接在一起，TN-S零线和地线不能接在一起，并且不能接错。

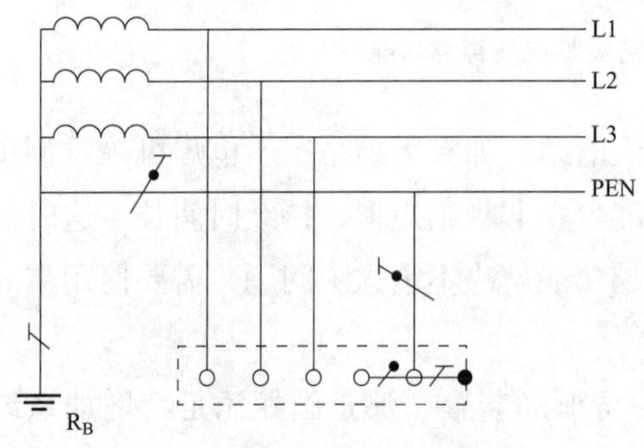

图4-11 TN-C系统，三相四线，零线和地线接地一起

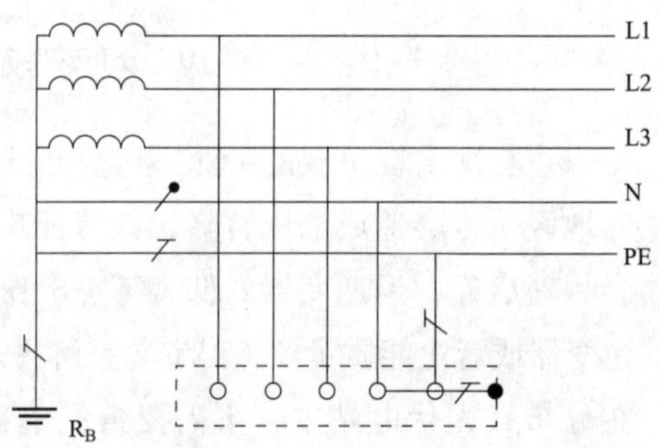

图4-12 TN-S系统，三相五线，零线和地线分开

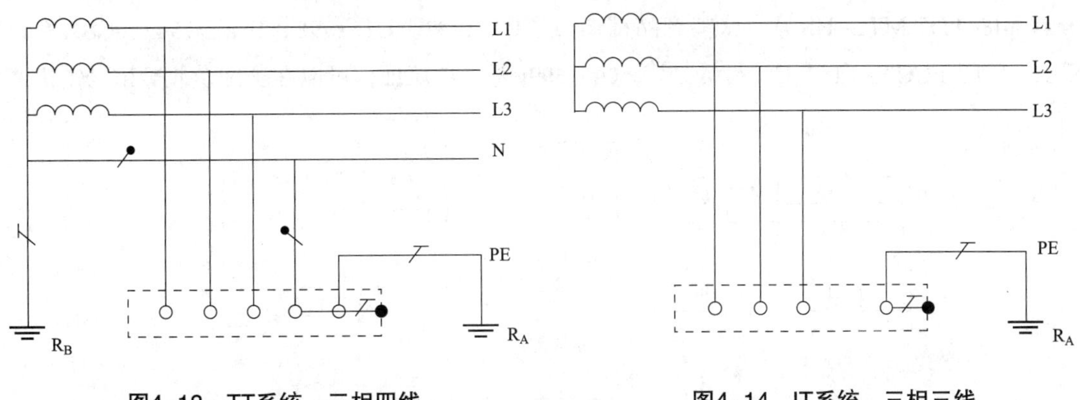

图4–13　TT系统，三相四线　　　　图4–14　IT系统，三相三线

我国的工商业电网一般采用三相五线的TN-S系统或者三相三线的IT系统，并网逆变器输出一般采用星形三相五线制或者三角形三相三线制。逆变器和电网连接时，如果出现以下故障（以古瑞瓦特逆变器为例），是逆变器的输出和电网没有匹配好。

（1）逆变器显示交流各相电压相差很大，而用万用表测量各相电压基本一致。

原因：电网是三相三线的IT系统，逆变器输出是三相五线，但没有接零线，造成交流电压采样不准。解决办法：通知售后，把逆变器的输出制式改为三相三线制。

（2）逆变器显示“ERROR111”零地误接故障。

原因：电网为三相五线的TN-S系统，逆变器输出零线和地线接反了。解决办法：把零线和地线拆下来重新按照要求连接。

美国的电网结构：美国的低压电网电压有两个系统，按照美国的国家标准（ANSI C84-la-1980）的规定：一为Split Phase系统，电压为120/240V（见图4–15）：二为Delta 3 Phase系统480/277V三相系统（见图4–16）。

美国家用电器一般电压是110V，但是进户配电箱大部分都采用Split Phase系统，即有两根相线。美国三相电压有208V和480V两种。

图4–17为单相逆变器和美国Split Phase系统电网的连接方法，逆变器型号有Growatt 1.5–3K-US、Growatt 2–3K HF-US、Growatt3.6–5K MTL-US、Growatt4–7.6K MTLP–US、

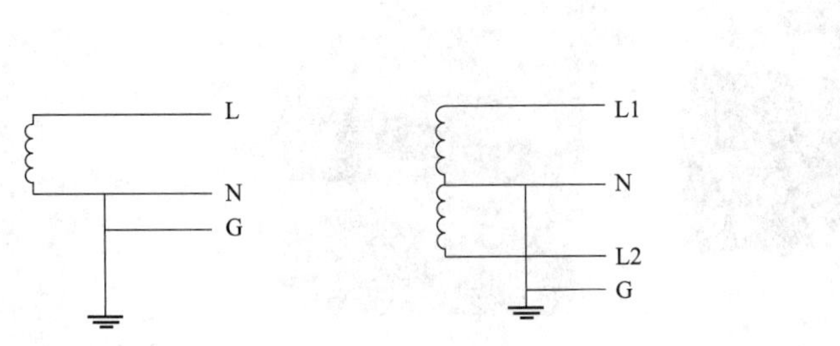

图4–15　Split Phase系统

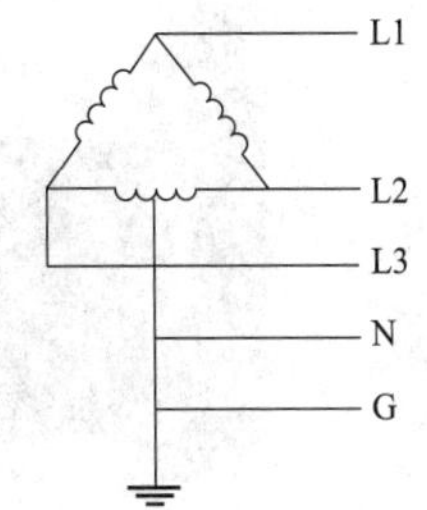

图4–16　Delta 3 Phase 480/277V三相系统

Growatt8-11K MTL-US等，这些产品都通过了UL 1741、UL 1998、IEEE 1547、CSA C222 No107 1-1、FCC Part 15（Class A&B）、UL 1699B等多项认证，可以在美国及北美市场销售。

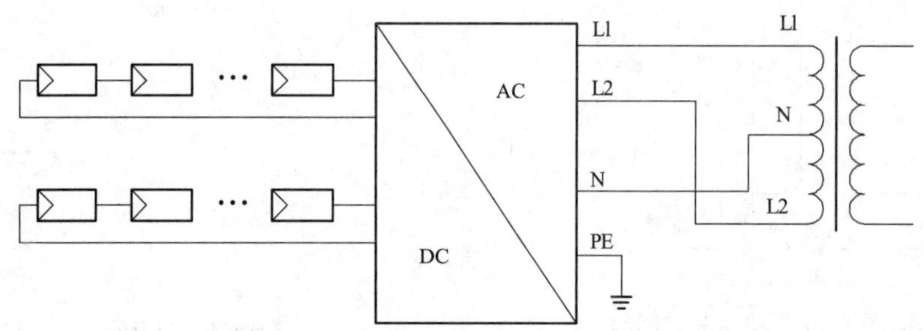

图4-17　单相逆变器和分相系统连接方法

美国的三相电网有208、240、480V三种电压，208V和240V一般是家用系统，图4-18是单相逆变器和三相208、240V的连接方法。工厂三相电压一般是480V/277V，图4-19所示为美洲逆变器的机型。

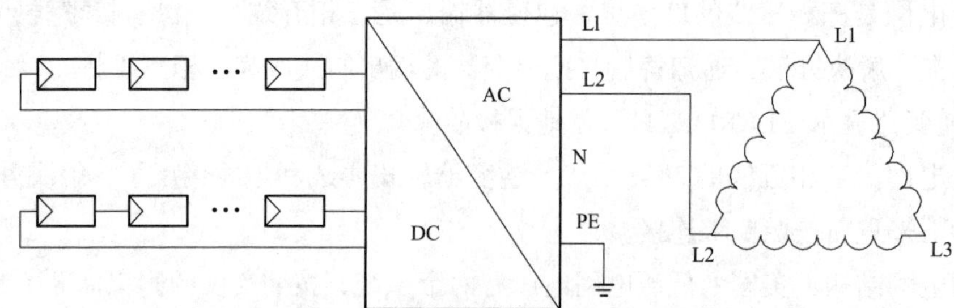

图4-18　单相逆变器和美国三相系统连接方法

（a）　　（b）

图4-19　美洲逆变器机型

（a）Growatt 10-20K TL3-US；（b）Growatt 33-40K TL3-US

总结：虽然美国的电压等级和国内不一样，但是把逆变器改造一下，还是可以用的，关键是要取得美国UL认证。世界各国主要电压等级如下：

（1）110~120V：美国、加拿大、牙买加、墨西哥、古巴、哥伦比亚等美洲地区，开曼群岛、日本、中国台湾等国家和地区。

（2）230~240V：英国及大多数英联邦成员国，大多数英国海外领地，大多数中东国家。

（3）220~230V：中国大陆、俄罗斯、欧洲大陆国家及他们的大多数前殖民地；前苏联加盟国，以及受苏联影响较深的国家。

4.8 光伏认证

一个完整的光伏认证体系包括认证标准、认证机构、检测实验室等。

（1）认证标准，包括安规、性能和并网要求。中国、欧洲、澳大利亚等多个国家和地区都采用IEC 62109标准。

（2）认证机构，如中国的CQC、CGC，欧洲TÜV、BV、VDE， 美国的UL，日本的JET，澳大利亚的SAA。

（3）检测实验室，如中检集团南方测试股份有限公司、国家太阳能光伏产品质量监督检验中心、上海电器科学研究所。

4.8.1 认证标准

每一个国家都有自己的并网标准，可以分为两大体系——北美和欧洲，见表4-5。

表4-5 世界各国主要认证标准

地区		适用标准
北美	基本要求	安规：UL1741；CSA C22.2 No.107.1-01 软件：UL1998
	并网要求	IEEE1547；IEEE1547.1 IEEE C62.41.2；IEEE C62.45-Surge IEEE C90.2-EMI
	FCC	FCC Part 15
	能效测试	加利福尼亚能效测试：CEC-300
欧洲、澳洲	基本要求	安规：IEC/EN 62109-1；IEC/EN 62109-2 软件：IEC/EN 60731-1 EMC: EN 61000-6-1；EN 61000-6-2 EN 61000-6-3；EN 61000-6-4；EN 55011 EN 61000-3-2；EN 61000-3-12 性能：IEC 61683，IEC 62116，IEC61727

续表

地区		适用标准
欧洲、澳洲	并网要求	德国：VDE 0126-1-1；VDE-AR-N-4105；VDE V 0124-100 奥地利：OVE E-8001-4-712 意大利：ENEL 2010 Ed.2.1；CEI 0-21 英国：G83；G59 西班牙：RD1663； RD1699 欧洲其他国家：EN50438 澳大利亚：SAA
中国		CQC，CGC

4.8.2 认证机构

认证机构是独立于制造厂、销售商和使用者（消费者）的、具有独立法人资格的第三方机构，故称认证为第三方认证。我国认证机构的主管部门是国家认证认可监督管理委员会（CNCA）。

1. 金太阳认证

金太阳认证源于金太阳工程，2009年7月，财政部、科技部、国家能源局联合印发了《关于实施金太阳示范工程的通知》，通知要求财政补助资金支持的项目"采用的光伏组件、控制器、逆变器、蓄电池等主要设备必须通过国家批准认证机构的认证"。获得金太阳认证，可申请国家"金太阳工程"补贴，亦可作为工程招标中的认证依据，如图4-20为金太阳证书标志。

图4-20　金太阳证书标志

2. CGC和 CQC

CGC和 CQC认证是我国唯一认可的光伏认证证书，光伏系统要并网，申请国家补贴，系统内的设备和器件如组件和逆变器必须取得CGC和 CQC认证。

2013年金太阳示范工程结束，中国实施集中式光伏标杆上网电价与分布式光伏两种度电补贴方式。太阳能产品认证工作由中国质量认证中心和北京鉴衡认证中心两家共同承担，目前都是采用国家能源局2013年发布的NB/T 32004—2013《光伏发电并网逆变器技术规范》。由于历史原因，通过北京鉴衡认证中心（CGC）的证书，还会有金太阳标志，有人习惯称之为金太阳认证。中国质量认证中心（CQC）则有"太阳能产品认证"标志（见图4-21）。由于引用的标准一样，两个机构都发的证书效果也是一样的。

图4-21　CQC认证标志

3. CCC认证和CQC认证

CCC是指“中国强制认证”，是国家针对涉及人类健康和安全、动植物生命和健康，以及环境保护和公共安全的产品实行的认证制度。CCC认证的英文名称为“China Compulsory Certification”，缩写为“CCC”，因此简称“3C”。

CQC是指“产品自愿认证”。我国从2002年5月1日起实行3C强制认证制度并颁布了“第一批3C认证产品目录”，对列入该目录的产品实行强制认证。但对于未列入该目录的产品，若需要进行认证，可采用自愿认证的方式，就是CQC认证。CQC认证的英文名称为“ China Quality Certification Control”。

光伏逆变器没有列入3C认证产品目录，因此不能做3C认证，只能做CQC自愿认证。

4. 国外的主要光伏认证机构

TÜV是进入中国最早做光伏认证的国外认证机构，影响力很大，以致很多人以为欧洲的光伏产品认证就是TÜV认证。在欧洲，除了TÜV外，还有必维、天祥、VDE等机构也可以做光伏产品认证，并且具有相同的作用。

（1）必维国际检验集团（BV），法国国际检验局成立于1828年，在全球设有850个办公室和实验室，员工超过33000人。

（2）Intertek天祥集团（英国），是世界上规模最大的消费品测试检验和认证公司之一，可依据CE、UL、CSA、IEC、EN标准进行检测，包括性能检测和安全检测，涉及晶体硅太阳能组件、薄膜太阳能组件、充电控制器、变频器等。

（3）TÜV德国技术监督协会，TÜV标志是德国TÜV专为元器件产品定制的一个安全认证标志，在德国和欧洲被广泛接受，现在德国最大的TÜV 集团有3个。最大的为TÜV SUD南德意志集团，由南部的四个州合并而成，总部在德国慕尼黑，全球超过10000 多人。其次是TÜV莱茵，是德国三个州合并的，全球不到10000人，其最先进入中国，因此在中国知名度最高，很多人误认为TÜV 就是莱茵。最后一个是北德，是北方几个州合并而成，在中国北方地区影响力比较大。

（4）UL（美国保险商实验室）是美国最权威的认证机构之一，世界上从事安全试验和鉴定的较大的民间机构，是独立的、非营利的、为公共安全做试验的专业机构。UL是一家全球性的独立从事安全科学事业的公司，在创新性安全解决方案领域拥有逾一个世纪的专业知识，从公众用电到具有突破性的可再生新兴能源及纳米技术，UL涵盖各学科的方方面面，致力于为公众创造更安全的生活与工作环境，保障公众、产品及场所的安全，从而推动全球贸易并让广大公众安心。UL提供认证、检验、测试、验货、审核、咨询和培训等服务。

（5）VDE（德国奥芬巴赫），是欧洲最有经验的第三方测试认证机构。产品测试涵盖完整的光伏系统、光伏组件、功率逆变器、安装系统、连接器和电缆。服务内容包括根据VDE和IEC标准的安全测试、环境试验、现场符合性监督/检查，并能颁发VDE、VDE-GS、VDE-EMC、CB证书。

4.8.3　检测机构

检测机构是根据认证机构提供的标准，对产品进行测试的机构。国内主要的光伏检测实验室有：

（1）中检集团南方电子产品测试（深圳）股份有限公司，其前身是深圳电子产品质量检测中心，拥有具备国际先进水平的实验室、完善的环境与可靠性试验室，以及与世界先进水准同步的性能测试室等。所配置的仪器设备、测试系统均属当今世界一流品牌、一流水准，并拥有一支高学历、高素质、高效率、业务精通、经验丰富的专业检测（科研）队伍和宽松的检测场地。

（2）无锡国家光伏质检中心，隶属于国家市场监督管理总局，主要开展太阳能光伏产品（含光伏组件、光伏系统与电站、原辅材料、接线盒、控制器、逆变器、储能电池、应用产品等）检测与认证、光伏产品标准研究与制定、国际国内技术交流及相关信息发布等工作。

（3）上海市质量监督检验技术研究院，其检测实验室和检查机构满足ISO/IEC 17025和ISO/IEC 17020的要求，获中国合格评定国家认可委员会（CNAS）的实验室认可和检查机构认可、国家认监委和上海市质量技术监督局的CAL和CMA资质认定，出具的检验报告获得国际实验室认可合作组织多边互认协议（ILAC-MRA）的50多个成员互认。

（4）中国赛宝实验室即工业和信息化部电子第五研究所，始建于1955年，是中国最早从事可靠性研究的权威机构。实验室总部位于广州市天河区，占地面积22万m^2，拥有各类试验、分析测试和计量等仪器设备7000多套。

认证标准制定、认证、检测一般是由3个不同的机构来做，但也有例外，如：VDE既参与制定认证标准，又是认证机构；TÜV是认证机构，下面也有很多认证测试实验室；UL则兼具制定标准、认证机构、测试实验室。

4.9 逆变器设计

光伏逆变器竞争激烈，百花齐放、百家争鸣，各个厂家都在费尽心机，让自己的产品与众不同。有的厂家以控制成本为主，价格上做到极低；有的厂家以控制功率密度为主，把尺寸做到极小；有的厂家着重提升效率；有的厂家喜欢新型器件；有的厂家追求自然冷却，把无风扇进行到底。

光伏逆变器涉及电力电子、智能控制、机械结构、电能质量等多个学科，是一个系统工程。逆变器的体积、重量、效率、噪声、电压范围、温度等每一个参数指标都很重要，如果单纯片面追求某一两个技术指标的完美，会牺牲逆变器的其他性能，使综合性能变差。

以适度超前为原则，均衡发展为目标，从实际出发，采取新老技术相结合的方式，从用户的角度出发，在生命周期内实现收益最大化，才是逆变器设计选型的中庸之道。

4.9.1 适度超前

1. 功率模块的技术突破让组串式逆变器产生质的飞跃

2013年以前，一般在地面电站使用集中式逆变器，分布式小电站使用组串式逆变器。随着组串式逆变器功率越做越大，大型地面电站也开始使用组串式逆变器， 有关两种方案的争论也一直没有停过，两种方案各有优缺点：集中式逆变器优势是功率器件少，可靠性高，缺点是MPPT数量少，电压范围窄；组串式逆变器优势是MPPT数量多，电压范围宽，缺点是功率器件多，可靠性低。

功率开关器件是逆变器最核心的器件之一，承担电流的转换工作，长时间工作在高温、高电压、大电流状态，是逆变器最容易出故障的器件，每一个功率器件都是一个故障点。光伏逆变器中的功率开关器件主要是指分立器件功率MOSFET和功率模块IGBT。早期的中功率组串式逆变器一般采取分立器件，由于功率MOSFET电流都比较少，一般都采取多个器件并联的方式。50kW逆变器采用分立器件来设计，需要60多个，这么多开关器件堆在一起，会产生一系列的问题，如均流、电磁干扰等。

功率开关管的失效模式是过压、过温、过流。分立元器件由于器件多，元器件之间距离比较远，所以电路杂散电感大，造成工作时尖峰电压高，元器件容易出现过压损坏。多个元器件并联，阻抗不一致，每一个元器件电流就不一样，阻抗低的元器件电流大，很容易过流。分立器件单端固定，接触面积小，散热很难保持一致，很容易过温。

早期采用分立元器件的中功率组串式逆变器，在运行过程中出现过多故障，让人们对中功率组串式逆变器的前程产生了怀疑。直到Vincotech和Infineon先后推出了包含多个元器件的功率模块，才改变了这一现状。

图4–7（a）所示为Vincotech专为中功率组串式逆变器推出的IGBT功率模块，前级升压

采用双Boost功率模块，由2个IGBT和4个二极管组成，除包含Boost模块的开关器件和二极管外，还包含跨接二极管。电压为1200V，电流为50A，一个模块相当于8个分立器件，模块具有很高的灵活性。由于把大功率的Boost电路一分为二，它在得到Boost电路的升压、高效优势的基础上，通过选择双Boost电路的并联方式（直接并联、交错正向并联、交错反向并联）和占空比的大小，可以取得理想的双Boost电路纹波和减少磁性元器件体积。

后级采用高效MNPC三电平IGBT模块，由4个50~80A的IGBT组成，一个模块相当于8个分立器件，见图4-7（b）。采用中点钳位型的T形三电平结构，损耗低效率高，元器件承受的电压低、寿命长。

相对于MOSFET，IGBT饱和压降低，容易实现高压、大电流化，在中大功率逆变器中占主导地位，而IGBT模块比分立的IGBT单管具有更高的可靠性和安全工作区。光伏逆变器前级采用双BOOST升压的IGBT功率模块，后级采用三电平IGBT功率模块，是目前中功率光伏逆变器的最佳方案。

（1）减少功率器件的个数，50kW采用功率器件只要5个，数量比同规格的集中式逆变器还少，而采用分立器件来设计，前级升压需要15个，后级三电平逆变需要48个。整体面积缩小30%以上，可以提高整机功率密度。

（2）单个功率模块的安装面积比分立元器件散热面积大，在安装上也有很多优势，双端紧固，一体化专用夹具，相对于分立器件单端固定，接触面积更大，应力更小，可靠性更好。功率模块内部集成一个温度感应器，测量精度高，能更准确地检测器件结温，有利于过热保护。

（3）IGBT和母线电容连接，导线会产生杂散电感，在IGBT关断的过程中，由于电流快速变化，在IGBT上产生电压尖峰会造成严重的电磁干扰，增大器件电压应力。寄生电感会随着电流的增加、连接导线尺寸增大、距离增长而增大。功率模块结构紧凑，各功率开关器件之间连接线很短，可以减少电路中的杂散电感，提高逆变器的可靠性。

（4）1200V 的IGBT和1200V的SIC二极管相结合，开关频率更高，可以提高效率，减少电感的容量。

（5）相对于分立器件，功率模块的不足之处是单位面积热耗大，整体散热面积小。功率在30kW以上如果采用自然冷却的方式散热，在环境温度高于40℃时会出现过热保护，但采用强制风冷的方式散热，就可以完全避免这个问题。

2. 薄膜电容让组串式逆变器不再有短板

逆变器作为电子产品，电容是最基本的元器件，直流母线支撑电容主要的作用是储能和滤波，要承受很高的脉冲电流和脉冲电压，是逆变器寿命最短的器件之一，直流母线电容现有铝电解电容和薄膜电容两种，各有优势，电解电容的主要优势是单体容量大，价格低，薄膜电容优势是单体电压高。

电解电容的寿命一般是2000~3000h，长寿命的有5000~6000h，并且容易发生漏液。薄膜电容寿命一般在100000h以上，而且薄膜电容还具有自愈效应，电容内部微小部分产生短路时，短路产生的能量会熔融和蒸发损坏的电极，从而使该短路点恢复绝缘状态。

电解电容耐压值一般为500~550V，薄膜电容耐压值一般为1000~1300V，薄膜电容能承受2倍于额定电压的浪涌电压的冲击，能长期承受反向脉冲电压。

因此，从寿命和可靠性的角度考虑，薄膜电容完胜电解电容。

3. 包含运维的监控系统为安装商解除后顾之忧

光伏电站监控现在有两种形式：一是第三方监控平台，如淘科、英臻；二是逆变器厂家开发的监控平台。这两种形式各有好处，采用第三方监控平台，可以监控多家公司的逆变器，适应于有多个厂家的安装公司；逆变器厂家开发的监控平台只能监控自己公司的逆变器，有局限性，但好处也明显，界面更有针对性，故障处理更快，远程升级更方便。

自主开发的监控设备和云平台，操作简单方便，界面友好，即便没有经验的人，5min内也可以注册成功。通过监控系统可以查看每一台逆变器的运行情况，界面友好，更重要的是十分方便，客户最关心的逆变器工作状态、实时功率、每天发电量显示在每一台逆变器下面，如果哪一台机有问题可以一目了然。在线客户系统还可以提供主动服务，具备发现问题、故障预警、问题远程诊断和处理功能。

光伏系统出现故障时，先查看出故障逆变器的报警信息，再根据信息找到相应的故障处理方法，大部分问题都可以当场解决。如果还解决不了，可以选择向客服提问，服务器端在线客服会耐心解答。如果是系统软件问题，可以远程在线升级，如果是逆变器硬件问题，在线客服会第一时间转到客服中心，相关的技术工程师诊断后会决定采用维修或者换机等最佳解决方案。

采用功率模块和母线薄膜电容的组串式逆变器，兼具了集中式逆变器功率器件数量少、薄膜电容寿命长、整体可靠性高的优点，以及组串式逆变器MPPT电压范围宽路数多，逆变器体积小、重量轻、搬运安装方便等优点。因此说功率模块的出现，在新技术出现之前，可以让组串式逆变器和集中式逆变器之间的路线之争暂告一段落。

4.9.2 安全至上

1. 组串监测

在光伏系统运行过程中，由于组件的质量、外部环境影响或者安装施工操作不当，会造成组件损伤、电路故障等问题。如果没有组串监测功能，监控光伏输入每一个组件的电压和电流，有些小问题前期检测不到，最后造成大问题，有些问题还需要专门人员去现场排查，耗费时间长，发电量损失大。

通过在逆变器中集成PID防护模块，可以有效地避免组件发生PID现象，减少电站发电

量损失。同时，PID模块具有修复功能，可以对已发生PID问题的组件进行修复，使组件各项指标参数恢复正常。

2. 直流电弧检测

火灾是光伏电站经济效益损失最大的事故，如果是安装在厂房或者民居屋顶上，还很可能危及人身安全。光伏电站一旦发生火灾，不能直接用水来灭火，而要以最快的速度切断电源。光伏电站中的火灾事故因素很多，直流拉弧是主要的原因。AFCI电路保护装置主要作用是防止故障电弧引起火灾。它有检测并区别逆变器在启停或开关时产生的正常电弧和故障电弧的能力，发现故障电弧后及时切断电路。

3. 直流熔丝不可或缺

由于器件选型不当、安装方式不对，或者熔丝质量问题，在一段时间内光伏电站直流侧熔丝故障事故频发，给客户造成一定的损失，其实这并不是熔丝本身有问题，现在已有解决方案。有的逆变器生产厂家因此取消了直流端熔丝保护，改为采取每路MPPT中只有两路组串并联和使用防反二极管作为过电流保护。熔断器作为一种过电流保护器件，在系统出现短路故障时，能以最快速度切断故障回路，避免更大的损失。直流熔丝在光伏系统中不可或缺，完全取消直流熔丝保护，是一种不负责的做法。

逆变器系统由多路MPPT输入回路组成，每路MPPT接两路组串，各光伏组串通过Boost升压电路后并联在一起，前级Boost升压电路一般都并联旁路元件，目的是当电压升高到一定值后将Boost升压电路旁路，提高系统的效率。这时候就相当于只有一路MPPT，前级所有的回路都连到一起，如此时某一路发生短路，电压会下降，其他组串的电流就会流到这一路，造成短路的回路电流扩大几倍，如果没有熔断器保护，就会引起火灾。

逆变器的熔丝在设计选型和安装时要注意以下几点，可以有效减少熔丝无故障熔断带来的影响：①熔断器要选择正规生产厂家的合格产品、合适的额定电流，电流过小容易误判，电流过大起不到保护作用；②熔断器安装地点选用进风口、温度低的地方；③熔断器不裸露，外部有防电弧罩，以防止熔断器产生电弧起火。

4.10 逆变器在光伏系统中的作用

一般认为，逆变器的主要作用就是把直流电转换为交流电，殊不知，逆变器在光伏系统中还担当多个非常重要的角色，如诊断光伏组件和线路，在危险的时候及时断开电路，记录每天的运行状态，对外发送和接收信息。

1. 厨师

由于天气变化无常，太阳能组件发出来的直流电不规则，一般不能直接使用。和一个一流的厨师把食材经过切炒蒸煮等加工过程，最后变成可口的食物类似，逆变器先是跟踪分析太阳能的光照情况，再经过直流升压、逆变、滤波等一系列程序，最后转换成为能被电网接受的纯正弦波交流电（见图4-22、图4-23）。和厨师手艺有高有低，做出来的菜味道有差别一样，不同厂家的逆变器，品质也有很大的差异，主要表现在太阳能利用效率、安全稳定性等方面。

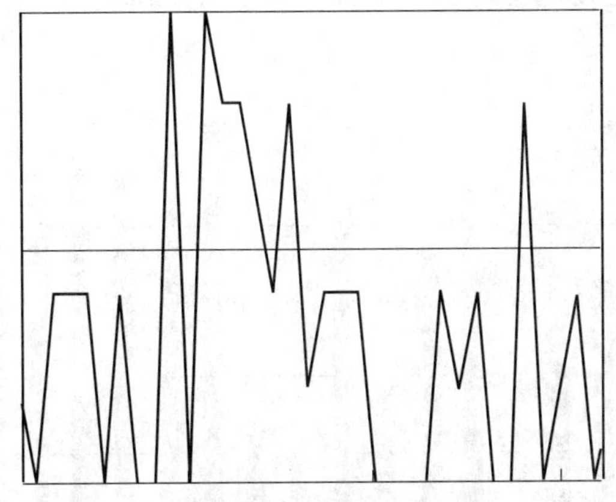

图4-22　太阳能组件发出来的直流电

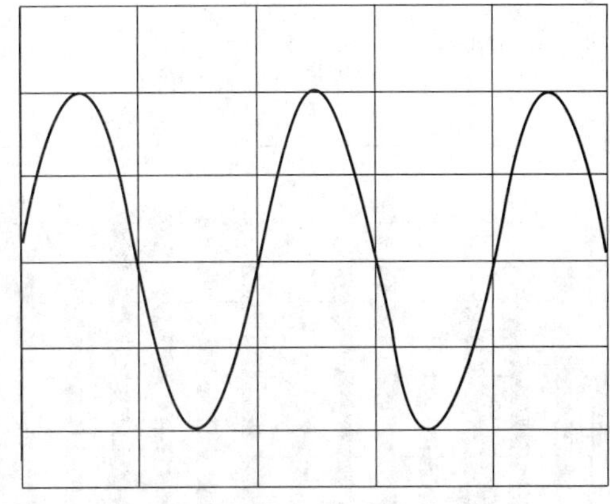

图4-23　逆变器出来的交流电

2. 诊断医生、安全管家

太阳电光伏发电系统关系到人身、电网和设备的安全，设计选型和施工不当会造成系统出现短路等情况，所以需要太阳能逆变器时刻检测系统安全。逆变器有电压、电流、频率、绝缘检查功能，当诊断系统出现故障时会立即报警。如果是安全性的事故，有可能危害人身和电网时立即停止发电，切断组件和电网之间的联系，防止事故进一步扩大。光伏系统常见故障见表4-6。

表4-6　光伏系统常见故障

序号	故障类型	可能原因
1	无电网	逆变器和电网没有连接上
2	光伏直流过压	光伏面板电压太高
3	绝缘故障	光伏组件或者线路对地不绝缘
4	漏电保护器故障	漏电流过高
5	电网频率故障	电网频率超出范围
6	电网电压故障	电网电压超出范围

逆变器是光伏发电对外唯一的接口，根据显示的故障类型，可以很方便地找到故障点发生的地方，再采取相应的措施排除故障。所以说光伏系统出现故障不发电，不一定是逆变器的问题，也有可能是组件、线路、电网的问题。

3. 书记员

逆变器记录了光伏系统实时的光伏输入电压、电流、功率、输出电压、每天的发电量、每月的发电量、总的发电量，用户可以随时查看。通过数据，可以了解组件的质量、光伏安装角度对发电量的影响、一年中每个月发电量对比，也可以方便用户和生产厂家沟通（见图4–24）。

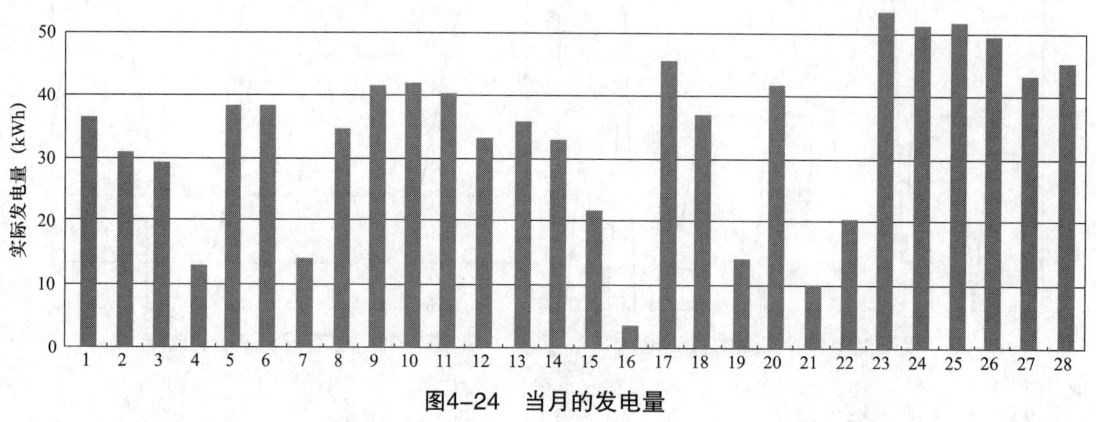

图4–24　当月的发电量

4. 通信员

逆变器有RS232、RS485、USB等通信接口，通过接入一个数据采集器，可以很方便对外进行通信，远程监控光伏系统。用手机、电脑可以随时随地察看光伏电站发电情况，非常方便（见图4–25）。

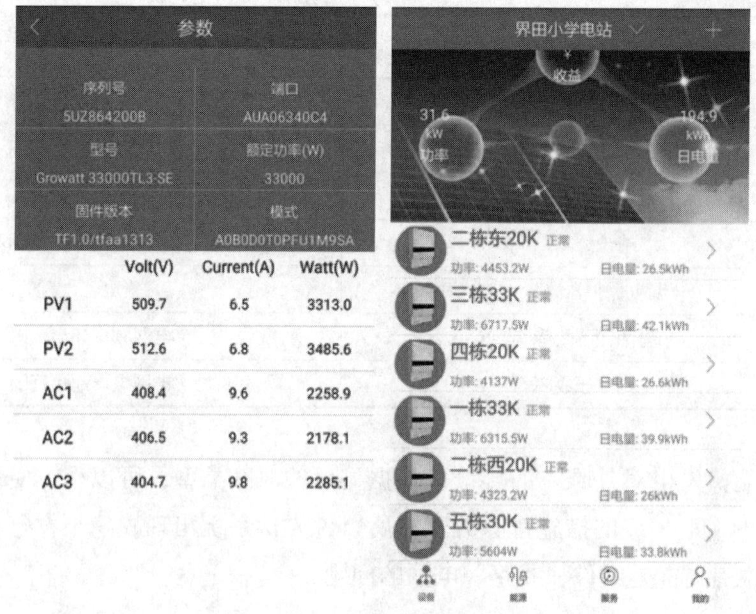

图4–25　手机监控图

逆变器在光伏系统中承担这么多重要作用，所以在设备选型时要仔细考虑，不能图便宜而选择劣质产品。

4.11 太阳能组件和逆变器配比

光伏组件容量和逆变器容量比，习惯称为容配比。合理的容配比设计，需要结合具体项目的情况综合考虑，主要影响因素包括辐照度、系统损耗、逆变器的效率、逆变器的寿命、逆变器的电压范围、组件安装角度等，由于逆变器只占系统成本的5%左右，在分布式光伏系统中逆变器超配的投资收益几乎可以忽略不计，具体分析如下。

4.11.1 光照条件因素

1. 不同区域辐照度不同

根据国家气象局风能太阳能评估中心划分标准，我国太阳能资源地区分为四类，不同区域辐照度差异较大。太阳高度角越大，穿越大气的路径就越短，大气对太阳辐射的削弱作用越小，到达地面的太阳辐射越强；太阳高度角越大，等量太阳辐射散布的面积越小，太阳辐射越强。在太阳能资源好的地区，由于晴天云少、空气质量好、大气透明度高，太阳到达组件表面的辐射比资源差的地区要高很多。

2. 安装海拔

海拔越高，空气越稀薄，大气对太阳辐射的削弱作用越小，则到达地面的太阳辐射越强。例如，青藏高原是我国太阳辐射最强的地区。而空气越稀薄的地方，逆变器散热就越差，海拔超过一定的高度，逆变器就要降额运行。此消彼长，在高海拔的地方，逆变器一般要考虑少配组件。

4.11.2 安装场地因素

1. 直流侧系统效率

光伏系统中，能量从太阳辐射到光伏组件，经过直流电缆、汇流箱、直流配电到达逆变器，当中各个环节都有损耗。不同的安装方式，直流侧损耗大不一样，集中式地面电站，由于前面直流电缆较长，还有汇流箱、直流配电柜和防反二极管、直流开关等设备和器件，直流侧系统效率通常为90%左右 ，而分布式光伏系统由于组件直流接入逆变器，没有别的配件，如果逆变器就近安装，直流电缆可以很短，直流侧系统效率可以达到98%。

2. 逆变器散热条件

逆变器一般要安装在通风好、避免阳光直射的地方，这样有利于散热。如果由于场地限制，逆变器不得不安装在封闭不利于散热的地方，就要考虑逆变器的降额问题，要少配组件。

3. 电网电压变化

逆变器的额定输出功率是在额定输出电压时的最大功率，并不是一成不变的，如果在用电高峰期，电网电压会下降，这时逆变器就达不到额定功率，如某公司33KTL逆变器，最大输出电流是48A，标称额定功率是33kW，这是额定输出电压400V的功率，48A × 400V × 1.732=33254W≈33kW，如果电网电压降到360V则逆变器输出功率48A × 360V × 1.732=29929W≈30kW。

4.11.3 组件因素

（1）功率正公差：为了满足光伏组件衰减25年不超过20%，很多组件厂对刚出厂的组件都有0~5%的正公差，如265W的组件刚出厂的实际功率可能有270W。

（2）负温度系数：组件的功率温度系数约-0.41%/℃，组件温度下降，组件的功率会升高。一块250W的组件，在不考虑设备损耗的情况下，在我国阳光最好的地区如宁夏北部、甘肃北部、新疆南部等地区，最大输出功率有可能超过250W。

（3）双面组件：双面组件不仅可以接收正面阳光的辐射功率，背面还可以接收阳光反射辐射功率。不同物体在不同的光谱波段对阳光的反射率不同，雪地、湿地、麦田、沙漠等不同的地物在同一波段其反射率不同，同一地物对不同波段反射率也不同。

4.11.4 逆变器因素

（1）逆变器效率：逆变器的效率并不是恒值，有功率开关器件损耗和磁性损耗，在低功率时效率比较低，在40%~60%功率时效率最高，超过60%时效率又逐渐降低。因此，要把光伏功率的总功率控制在逆变器功率的40%~60%，获得最佳效率（见图4-26）。

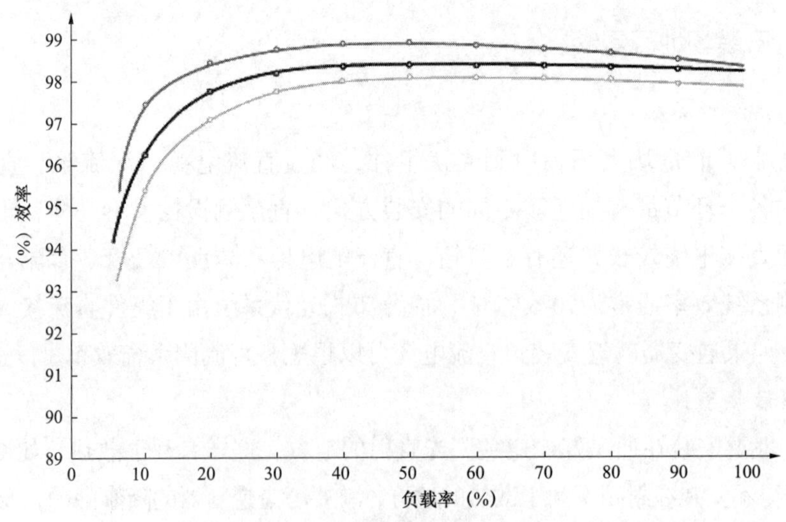

图4-26 逆变器效率图

（2）逆变器的寿命：光伏逆变器是电子产品，其可靠性和逆变器运行温度有很大关系，其中电容、风扇、继电器等元器件温度提高10℃，失效率会提高50%以上。而运行温度又和功率相关，据统计，逆变器长期工作在功率80%~100%比工作在功率40%～60%，寿命要低20%左右。

（3）逆变器的最佳工作电压范围：工作电压在逆变器的额定工作电压左右，效率最高，单相220V逆变器输入额定电压为360V，三相380V逆变器输入额定电压为650V。如3kW逆变器配260W组件，工作电压30.5V，配12块工作电压366V，功率为3.12kW为最佳。30kW逆变器配260W组件，接126块组件，每一路21串，电压为640.5V，总功率为32.76kW为最佳。

（4）逆变器的输出功率和超载能力：不同品牌同一个功率段的逆变器，输出功率也是不一样的，如某公司40KTL逆变器，额定输出功率只有36kW，不但没有超载能力，反而还要降载到90%。

综上，逆变器和组件的配比不是简单的事，要综合考虑各种因素，如果组件是贵重货物车，逆变器是一匹马，宁愿大马拉小车，也不要小马拉大车。

4.12 并网逆变器如何开创智能电网时代

中国的光伏产业，从最初仿制国外产品开始，产品原材料进口、销售出口两头在外的模式，发展成为世界光伏产业第一大国，自主研发掌握核心技术，每年都会有新产品问世。而逆变器作为光伏系统的一个重要组成部分，根据时代的变化，功能也在不断优化和扩展中。

4.12.1 金太阳时代

2008年到2013年是光伏安装初级阶段，光伏发电在电网容量占比很少，以工商业电站的金太阳工程为主，逆变器以集中式逆变器为主，用电形式以自发自用为主。

逆变器关注点：关注逆变器本身，以安全可靠、性价比高为主要卖点，逆变器的转换效率和PHOTON测评是主要卖点（见图4–27）。

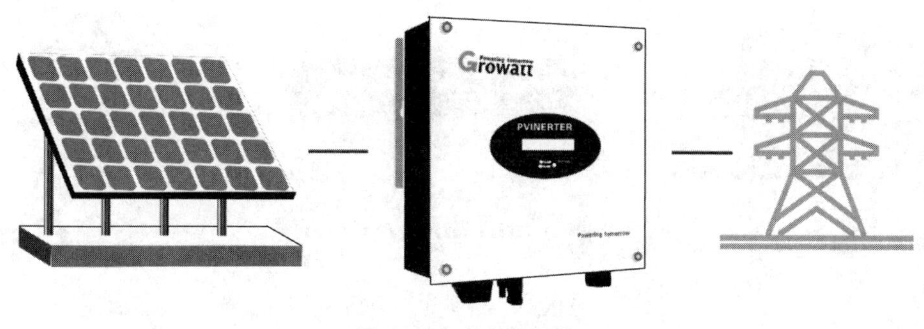

图4–27 金太阳时代

4.12.2 度电补贴时代

从2013年到2016年，光伏系统各种应用方式百花齐放，电站有集中式地面、山区领跑者、工商业和户用光伏，逆变器有集中式和组串式及微型逆变器，用电方式有整体上网、自发自用、自发自用余量上网三种，光伏发电在电网容量占比逐步上升。

逆变器关注点：除了关注逆变器本身之外，还关注组件及直流电缆的安全及性能，如绝缘阻抗、漏电流、组件PID防护、组串监测、直流电弧检测、多路MPPT、防雷模块等（见图4-28）。

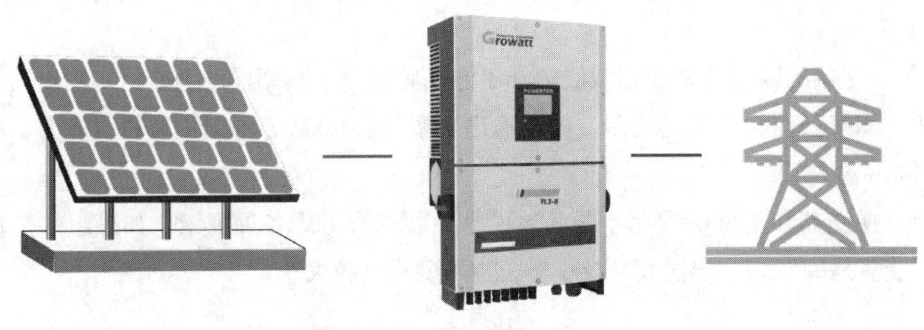

图4-28 度电补贴时代

4.12.3 智能电网时代

2017年之后，分布式光伏全面爆发，大型地面电站逐渐退出市场，用电方式以自发自用余量上网为主，逆变器以组串式逆变器为主，光伏发电在电网容量占比到达临界值，逐渐饱和。

逆变器关注点：并网逆变器成为智能电网中的一部分，全面切入对电网的检测、收集及电能质量调节，除了测量常规的电压频率，参与电网调节功率因数无功补偿，还可以收集电网电压谐波、闪变等信息，并对这些信息做出预判或补偿，实现电能质量的优化（见图4-29）。

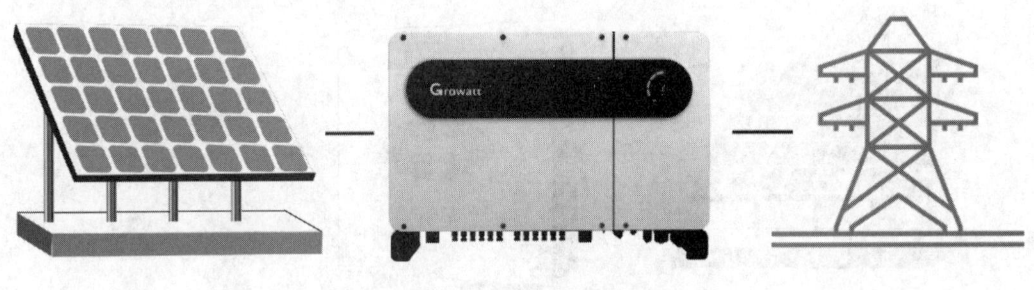

图4-29 智能电网时代

4.12.4 逆变器3.0时代让电网更坚强

分布式光伏接入出现潮流返送后，会引起并网点电压升高。分布式光伏发电的接入增大了母线电压波动幅度，虽未越限，但增加了配电网电压调节难度。利用光伏逆变器无功输出功能，可以控制母线电压波动幅度。

当光伏安装容量大于负荷时，给用户及配电网电压质量带来较大影响，中午时刻潮流大量倒送引起并网点电压大幅升高，出力突变引起用户电压波动频繁。

常见的整改措施有：

（1）在变压器侧进行无功补偿，SVC价格低，效果不明显，SVG效果好，价格低。

SVC可以被看成一个动态的无功源。根据接入电网的需求，它可以向电网提供容性无功，也可以吸收电网多余的感性无功，把电容器组通常是以滤波器组接入电网就可以向电网提供无功，当电网并不需要太多的无功时，这些多余的容性无功就由一个并联的电抗器来吸收。SVC功率因数补偿自动投切装置是根据常规用户负荷性质稳定的特性而制定的，且投切并非平滑变化，而是以投入电容器的数量决定补偿容量，无功补偿不能连续可调，只能输出容性。

SVG以大功率电力电子设备为核心，通过调节逆变器输出电压的幅值和相位，或者直接控制交流侧电流的幅值和相位，迅速吸收或发出所需的无功功率，实现快速动态调节无功功率的目的。SVG无功补偿装置响应速度快，谐波含量少，无功调节能力强，目前已成为无功补偿技术的发展方向，SVG外形如图4-30所示。

图4-30 SVG外形

（2）限制光伏出力，成本低，影响经济性。

当光伏输出功率比负载消耗的功率大时，电流出现反向，引起电网电压升高，这时逆变器限制输出功率，控制电流不出现反向。

（3）改变接入系统方案，汇集升压后经10kV并网，影响经济性。

变压器费用是0.2元/W，效率是95%，一个100kW的升压变压器要2万元，损耗5%，100kW的如果每天发电400kWh，变压器消电20kWh，按照补贴加电费1元/kWh计算，一年要损失20×365=7300（元）。

（4）每户逆变器进行自适应无功电压调节，技术复杂，成本低。

逆变器的价格约增加5%，损耗不变，但对逆变器要求高。各种无功调节方式对比见表4–7。

表4–7　各种无功调节方式对比

方式	价格	损耗	技术难度
SVC/SVG	增加 25%	1%	较高
限制逆变器功率	0	1%~30%	较低
加升压变压器	增加 20%	5%	低
逆变器自调	增加 5%	元	高

未接入3.0逆变器前：①影响用户功率因数考核（力率考核），导致电费罚款；②严重时出现电压超出限值，导致逆变器脱网，或者烧毁家用电器。

接入3.0逆变器后：①提高用户电压合格率、功率因数合格率；②可治理农村电网低电压问题。

4.12.5　逆变器 3.0 时代需要更强的大脑

功率加大，MPPT路数扩充，带来了功率器件增加，既要处理逆变器本身，又要处理组件、直流电缆和电网的各种信息。多种功能的加入，对逆变器的稳定性、响应速度、多接口、准确性提出了严重的挑战。MAX系列新一代控制平台，采用双控制芯片DSP+可编程逻辑器件CPLD模式+ARM，拥有充足的控制资源、更高的运行速度、更好的稳定性、更强的可扩展性，以及支持现场升级和远程升级。

DSP即数字信号处理专家，侧重于计算。由国际最先进的国际品牌TI公司出品，一个负责控制PV侧MPPT跟踪和升压，一个负责AC侧逆变转换，双核各负其责又协同作战，使系统更稳定可靠。

CPLD即多任务处理专家，侧重于响应和分析，拥有多个对外数字和模拟接口，不管外面发生多少事，都可以实时处理、快速反馈和控制。

ARM即通信处理专家，侧重于事务管理，采用知名品牌ST的ARM芯片，实现与控制芯片间信息交互、运行监控、数据存储及外部通信，远程更新数据频率更快，软件更新时间更短。

在传统的配电室中，由于建造时间长，对于电网和设备的运行状态，一般没有安装远程监控，运行记录也不方便查看。

智能时代逆变器可以侦测完整的电网信息，包含电网电压、频率等传统参数，还可以收集电网电压谐波、闪变等信息，并对这些信息做出预判或补偿，实现电能质量的优化，通过实时录波功能传递现场任意时刻的电能质量信息给终端用户。

4.13 光伏逆变器中的黑科技

光伏逆变器是光伏系统非常重要的一个设备，主要作用是把光伏组件发出来的直流电变成交流电，除此之外，逆变器还承担检测组件、电网、电缆运行状态，和外界通信交流，系统安全管家等重要功能。在光伏行业标准NB/T 32004—2013《光伏发电并网逆变器技术规范》中，逆变器有100多个严格的技术参数，每一个参数合格才能拿到证书。国家质检总局每一年也会抽查，对光伏并网逆变器产品的保护连接、接触电流、固体绝缘的工频耐受电压、额定输入输出电流电压、转换效率、谐波和波形畸变、功率因数、直流分量、交流输出侧过/欠电压保护等9个项目进行了检验。一款全新的逆变器，从开发到量产要两年多时间才能出来，除了过/欠电压保护等功能外，逆变器还有很多鲜为人知的黑科技，如漏电流控制、散热设计、电磁兼容、谐波抑制、效率控制等，需要投入大量的人力和物力去研发和测试。

4.13.1 光伏逆变器散热设计

1. 逆变器散热原因

在寒冬季节，很多人都在担心逆变器能不能挨冻，实际上很少有逆变器被冻坏的，逆变器最重要的问题是散热的问题。世界上著名调查BCC报告，目前大部分电子产品失效55%的原因是由于散热做得不好，电子器件工作的可靠性对温度十分敏感，器件温度在70~80℃水平上每增加1℃，可靠性就会下降5%。温度过高将会使逆变器的寿命缩短，机器可靠性降低。

2. 逆变器散热的几种方式

散热系统占了逆变器硬成本的15%左右，主要包括散热器、冷却风扇、导热硅脂等材料。目前逆变器散热方式主要有两种：一是自然散热；二是强制散热。

（1）自然散热。

自然散热的冷却方法是指不使用任何外部辅助能量的情况下，实现局部发热器件向周围环境散热以达到温度控制的目的，通常都包含了导热、对流和辐射三种主要传热方式，其中对流以自然对流方式为主。自然散热或冷却往往适用对温度控制要求不高、器件发热的热流密度不大的低功耗器件和部件，以及密封或密集组装的器件不宜（或不需要）采用其他冷却技术的情况下。目前单相逆变器和30kW以下的三相逆变器，大部分厂家都可以实现自然散热，少部分厂家100kW的三相逆变器也可以实现自然散热。

（2）强制散热。

强制散热的冷却方法主要是借助于风扇等强迫器件周边空气流动，从而将器件散发出的热量带走。这种方法是一种操作简便、收效明显的散热方法。如果部件内元器件之间的空间适合空气流动或适于安装局部散热器，就可尽量使用这种冷却方法。提高这种强迫对流传热能力的方法，是增大散热面积和在散热表面产生比较大的强迫对流传热系数。增大散热器表面的散热面积来增强电子元器件的散热，在实际工程中得到了非常广泛的应用。工程中主要是采用肋片来扩展散热器表面的散热面积以达到强化散热的目的。散热器本身材料的选择跟其散热性能有着直接的关系。目前，散热器的材料主要是铜或铝，其扩展散热面经折叠鳍/冲压薄鳍等工艺制成。

（3）两种散热方式对比。

自然散热没有风扇，噪声低，但散热速度慢，一般用于小功率的逆变器；强制风冷要配置风扇，噪声大，但散热速度快，一般用于大功率的逆变器。在中功率的组串式逆变器中，两种方式都有。通过组串式逆变器散热能力对比试验发现，50kW功率等级以上的组串式逆变器，强制风冷的散热效果要优于自然冷却散热方式，逆变器内部电容、IGBT等关键部件温升降低了20℃左右，可确保逆变器长寿命高效工作，而采用自然冷却方式的逆变器温升高，元器件寿命降低。强制风冷也有采用高速风扇和中速风扇两种，采用高速风扇可以减少散热器的体积和重量，但会增加噪声，风扇寿命也比较短；采用中等调速风扇，散热器稍微大一些，但是在低功率时风扇不转，在中功率时风扇低速运行，实际上逆变器满功率运行时间不是很多，因此风扇的寿命可以很长。

3. 逆变器散热设计

逆变器散热系统主要任务是：选择合理的散热和冷却方法，设计有效的散热系统，把电子元器件的温度控制在规定的数值之下，在热源与外部环境之间提供一条低热阻通道，以确保热量能够顺利地散发出去。

（1）损耗计算。

要设计散热系统，首先要计算逆变器的热量，逆变器主要产生热量的器件是功率开关管、滤波电感、变压器。其中变压器和滤波电感的效率可以和生产厂家协商定制。功率开关管的损耗可以由软件仿真计算出来，其损耗大小和输出电流、直流电压、功率因数、过载系数、调制系数、输出频率有关。

英飞凌公司的损耗仿真软件IPOSIM拥有界面友好、容易使用、功能丰富、不需要其他软件平台来支持运行等很多优点。它能够计算基于正弦输出电流条件下IGBT和续流二极管的导通损耗和开关损耗，进而分析其温度特性。

（2）冷却方法选择。

电子设备的热设计，首先要从确定设备的冷却方法开始，冷却方法的选择应根据热流密度、温升要求、可靠性要求及尺寸、重量、经济性和安全性等因素，选择最简单、有效的冷却方法。强迫风冷散热工作可靠，易于维护保养，成本相对较低，是一种较好的冷却方法，所以在需要散热的电子设备冷却系统中被广泛采用，同时也是高功率器件采取的主要冷却形式。

（3）热设计步骤。

对于具有散热器的强迫风冷散热设计比较复杂，以下就这种情况给出基本方法和步骤：

1）综合考虑设备结构、风压、成本和散热效率等因素，并结合热仿真软件仿真结果，确定散热器结构参数；

2）由发热量并根据热平衡方程，初步确定风机；

3）利用风机和设计合理的风道对整机进行热设计；

4）利用热仿真软件进行热设计仿真，若最终确定的元器件温度超过了允许值，则还需调整散热器结构参数、重新选择风机并重复上述步骤。最终的设计使机箱内各器件温度控制在允许值以下，并达到散热系统的最优化。

（4）散热器设计。

散热器的设计要综合考虑电子设备的结构要求、成本、风压、散热效率和加工工艺等条件。散热器的肋片以薄为宜，但过薄则加工困难。在散热器外形尺寸一定时，肋片间距越小则热阻越小，但间距过小会增大风阻，反而影响散热。增大肋片高度可增大散热面积，也就是可增大散热量。但对于等截面直肋，肋片高度增加到一定程度后，传热量就不再增加了，若再继续增加肋高则会导致肋片效率急剧下降，并且会增大风阻。

（5）整机风道设计。

风道设计的基本原则如下：①应尽量增大穿过散热器肋片间的空气流量和流速，以提高散热效果；②要减少风道风阻，以防止气流的压力损失过大；③出口风道还应保证热气流能顺利排出。

（6）热设计仿真。

常用的热仿真软件有Flotherm、FloEFD、Icepak和6SigmaET等，利用软件可比较真实地模拟系统的热状况，在设计过程中就能预测到各元器件的工作温度值，这样就可纠正不合理的布排，取得良好的布局，从而缩短设计的研制周期，降低成本，提高产品一次成功率，并可以对电子设备进行有效的热控制，使其在规定的温度极限内工作，从而可以提高电子设备的可靠性。

逆变器本身是一个发热源，所有的热量都要及时散发出来，不能放在一个封闭的空间，否则温度会越升越高。逆变器要放在一个空气流通的空间，要尽量避免阳光直射。多台逆变器装在一起时，为了避免相互影响，逆变器和逆变器之间要留有足够的距离。

4.13.2 光伏逆变器漏电流控制技术

1. 光伏系统漏电流产生原因

光伏系统漏电流又称方阵残余电流，本质为共模电流，其产生原因是光伏系统和大地之间存在寄生电容，当寄生电容、光伏系统、电网三者之间形成回路时，共模电压将在寄生电容上产生共模电流。当光伏系统中安装有工频变压器时，由于回路中变压器绕组间寄生电容阻抗相对较大，因此回路中共模电压产生的共模电流可以得到一定抑制。然而在无变压器的光伏系统中，回路阻抗相对较小，共模电压将在光伏系统和大地之间的寄生电容上形成较大的共模电流即漏电流（见图4–3）。

2. 漏电流的危害

光伏系统中的漏电流包括直流部分和交流部分，如果接入电网，会引起并网电流畸变、电磁干扰等问题，对电网内的设备运行产生影响。漏电流还可能使逆变器外壳带电，对人身安全构成威胁。

3. 漏电流的标准及检测方法

根据NB/T 32004—2013标准中7.10.2条规定，在逆变器接入交流电网，交流断路器闭合的任何情况下，逆变器都应提供漏电流检测。漏电流检测应能检测总的（包括直流和交流部分）有效值电流、连续残余电流，如果连续残余电流超过以下限值，逆变器应该在0.3s内断开并发出故障信号：①对于额定输出小于或等于30kVA的逆变器，300mA/kVA；②对于额定输出大于30kVA的逆变器，10mA/kVA。

光伏系统漏电流有两个特点：一是成分复杂，有直流部分，也有交流部分；二是电流副值很少，毫安级别，对精度要求极高，需要专用的电流传感器。国家能源局的光伏标准规定：对于光伏漏电流的检测须采用Type B，也就是交直流漏电流均能测量的电流传感器（见图4–31）。

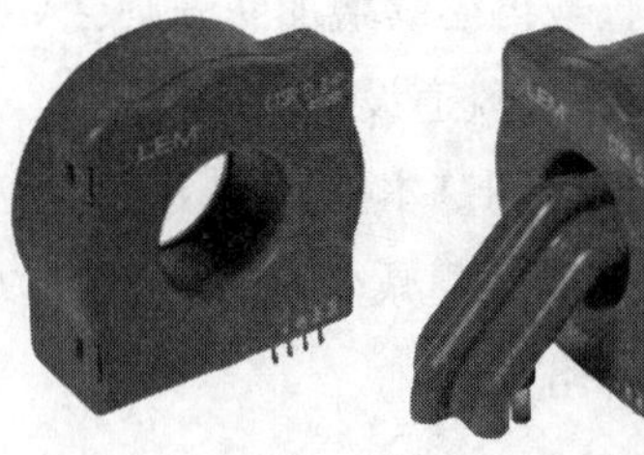

图4–31 漏电流传感器

漏电流传感器安装在逆变器对外地线输出接口，检测逆变器输出地线的电流。

4. 漏电流控制技术

目前，漏电流抑制技术已成为光伏并网系统研究中的热点问题，各高校、研究机构和厂家都在研究。漏电流的大小取决于光伏PV和大地之间的寄生电容C_{pv}和共模电压变化率。寄生电容其值与外部环境条件、光伏电池板尺寸结构等因素有关，一般在50~150nF/kW，共模电压变化率则和逆变器的拓扑结构、调制算法等因素有关。

对于传统单/三相无变压器型光伏并网逆变器拓扑，共模电流（漏电流）有效抑制的两个基本条件为：各桥臂电感值选取一致；采用非零矢量合成参考矢量，使得共模电压保持恒定。

（1）H4全桥拓扑。为了解决全 H 桥光伏逆变器中漏电流的问题，可以使用双极性 PWM 调制。这种调制消除了共模电压对板的高频成分，共模电压一般只有一次谐波的低频分量，从而减少漏电流的影响，如图4-32所示。

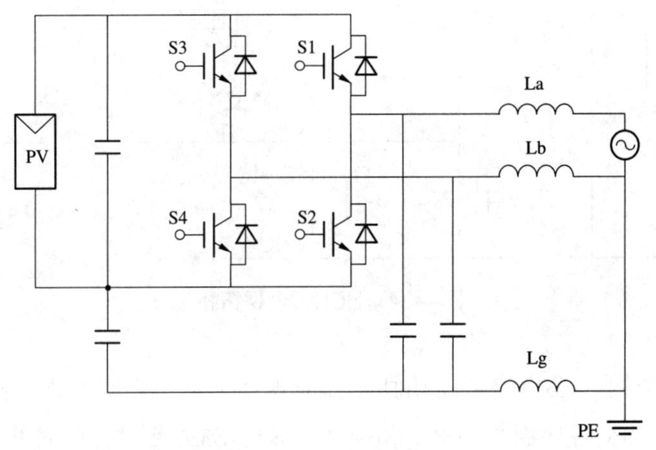

图4-32　H4全桥拓扑

（2）H5拓扑结构。这种拓扑结构相比于全桥只需要增加一个晶体管，这就是它命名为H5的原因。电流续流期间将光伏电池从电网断开，以防止面板两极对地电压随开关频率波动，从而保持共模电压几乎不变（见图4-33）。

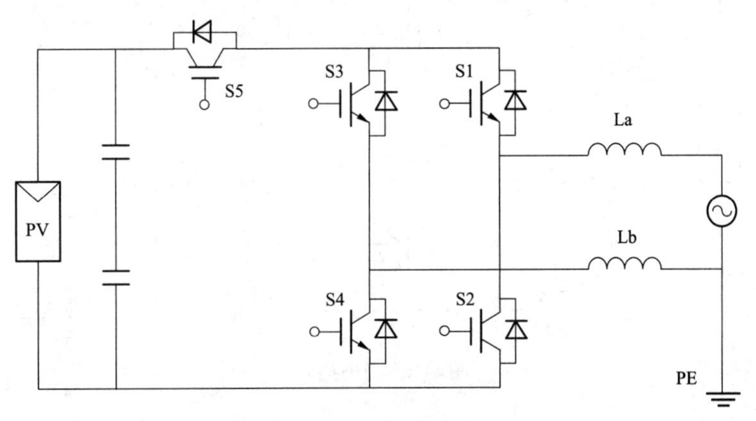

图4-33　H5拓扑

（3）HERIC拓扑。HERIC交流旁路拓扑工作原理如下：正半周期内，开关S5始终关断而S6始终导通、S1和S4以开关频率调制。当S1和S4导通时，电压分别为U_{dc}和0，此时共模电压= $U_{dc}/2$；当S1和S4关断时，电流经S6、S5反并联二极管续流，电压均为$U_{dc}/2$，此时共模电压= $U_{dc}/2$（见图4-34）。

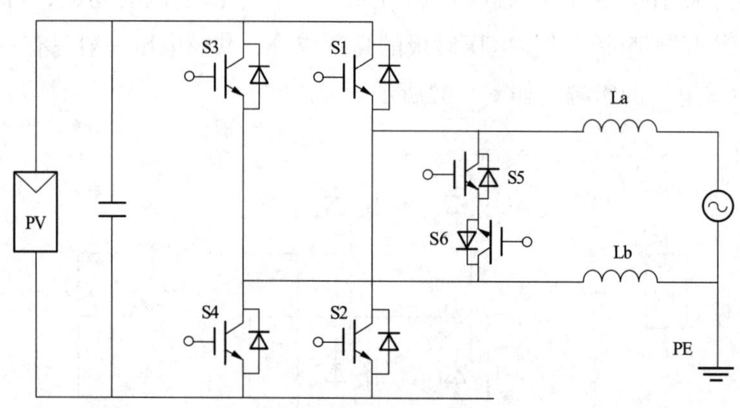

图4-34　HERIC全桥拓扑

（4）H6拓扑结构。H6直流旁路拓扑工作原理如下：正半周期内，开关S1和S4始终导通，S5、S6和S2、S3交替导通。当S5、S6导通，S2、S3关断时，此时共模电压= $U_{dc}/2$；当S2、S3导通，S5、S6关断时，电流续流路径有2条：① S1、S3反并联二极管；② S4、S2反并联二极管。二极管D7和D8将电压钳位至$U_{dc}/2$，此时共模电压= $U_{dc}/2$。负半周期内共模电压也是$U_{dc}/2$，因此漏电流可以得到有效抑制（见图4-35）。

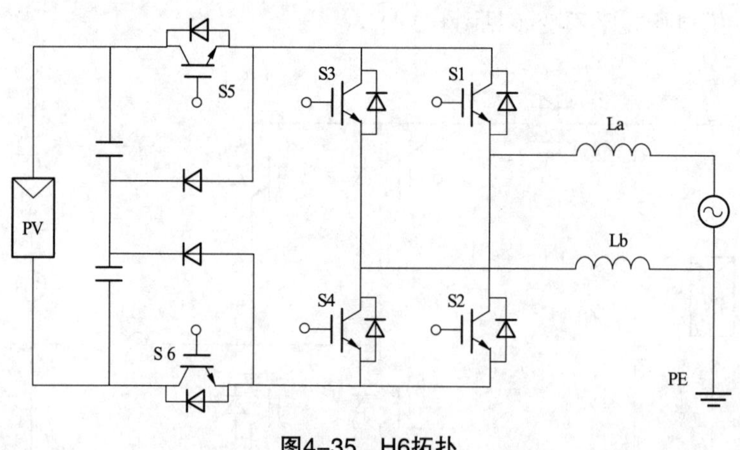

图4-35　H6拓扑

（5）H6.5拓扑结构。H6.5拓扑在HERIC的基础上有所改进，相比传统的HERIC少一个二极管，因此效率相比HERIC会有所提高。在无功交换没有经过母线电容，开关状态时工模电压为二分之一母线电压，因此工模电流会很小（见图4-36）。

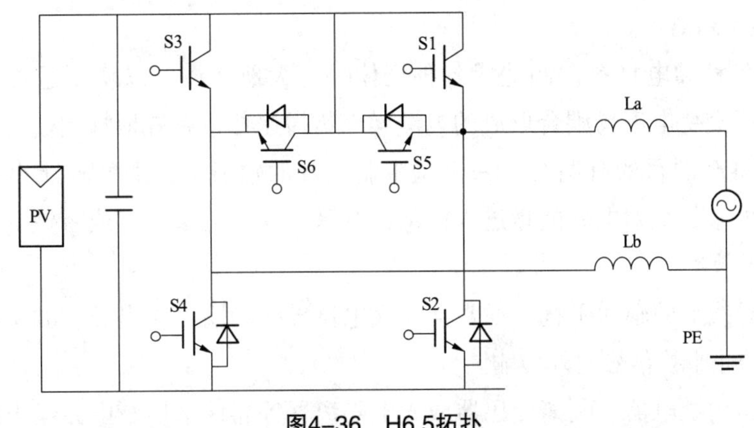

图4-36 H6.5拓扑

以上的几个拓扑结构，都是采用降低共模电压的方式来降低漏电流。采用三电平或者五电平等多电平技术，也可以降低组件正负极对地的电压，从而减少漏电流。

5. 系统安装时要注意的事情

漏电流都是通过逆变器地线的电流来检测的，因此在安装时逆变器的地线要接牢靠，并且不能和逆变器的零线及组件的安全防雷地线接在一起，否则会影响检测的精度，造成逆变器判断错误。

4.13.3 逆变器的电磁兼容设计技术

1. 电磁兼容定义

电磁兼容性（EMC）是指设备或系统在其电磁环境中符合要求运行并不对其环境中的任何设备产生无法忍受的电磁干扰的能力。因此，EMC包括两个方面的要求：一方面是指设备在正常运行过程中对所在环境产生的电磁干扰不能超过一定的限值；另一方面是指器具对所在环境中存在的电磁干扰具有一定程度的抗扰度，即电磁敏感性。

判断光伏逆变器的电磁兼容做得好不好，要看三个方面：①不能对外界的设备造成干扰；②外界的干扰不能影响逆变器的运行；③不能自己干扰自己，后两者是逆变器的可靠性体现。如果电磁干扰做得不好，轻则运行不稳或者重启，重则停机甚至炸机。

2. 逆变器消除电磁干扰的方法

系统要发生电磁兼容性问题，必须存在三个因素即电磁干扰源、耦合途径、敏感设备。在遇到电磁兼容问题时，要从这三个因素入手，对症下药，消除其中某一个因素，就能解决电磁兼容问题。逆变器的电磁干扰源是高频变化的功率开关电路，这是没有办法消除的；敏感设备是外部的，不受逆变器控制；所以最关键的是切断耦合途径。电磁干扰传输途径有传导和辐射两种方式，所用方法有屏蔽（隔离）、滤波和接地三种方法。

（1）屏蔽（隔离）。

主要运用各种导电材料，制造成各种壳体并与大地连接，以切断通过空间的静电耦合、感应耦合或交变电磁场耦合形成的电磁噪声传播途径，有效地抑制通过空间传播的电磁干扰。采用屏蔽的目的有两个，一个是限制内部的辐射电磁能量外泄出控制区域，另一个就是防止外来的辐射电磁能量进入内部控制区。逆变器采用铝或者铁等导体全金属封装，达到屏蔽的效果。

为了减少导线上的辐射干扰，通常会在大电流导线和输入输出导线如滤波电感的连接线上加磁环，防止干扰信号向外传输。

隔离主要运用继电器、隔离变压器或光电隔离器等器件来切断电磁噪声的传播途径，其特点是将两部分电路的地线系统分隔开来，切断通过阻抗进行耦合的可能。

（2）滤波。

在逆变器的输入接口和输出接口，均设计有EMI滤波器（见图4-37），其目的是控制EMI传导干扰，只允许直流和工频的理想低通电流通过。它同时又是一种双向滤波器，既可以避免逆变器向外部发出噪声干扰，同时又可以抑制外部干扰进入系统。滤波器包括C_x电容、C_y电容、共模电感。共模电感是在同一个磁环上，由绕向相反、匝数相同的两个绕组组成，使流经过绕组时产生的磁场同相叠加，对干扰电流呈现较大的感抗，以此来抑制共模干扰。共模电容将共模电流不经过电网直接引入大地。

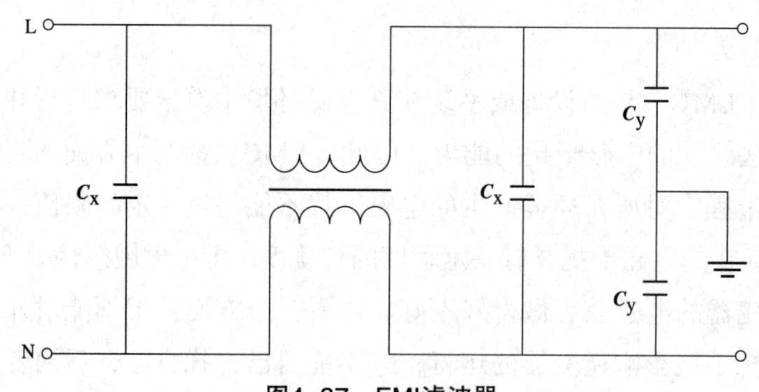

图4-37　EMI滤波器

（3）接地。

不论采用何种方法抑制EMI干扰，最终都要通过接地把静电泄放，因此逆变器的接地非常重要。接地包括接地、信号接地等。接地体的设计、地线的布置、接地线在各种不同频率下的阻抗等不仅涉及产品或系统的电气安全，而且与电磁兼容和其测量技术关联。

3. 逆变器消除内部干扰

逆变器内部要注意两方面的电磁干扰问题：一是PCB板的电磁兼容性，二是主回路的电磁兼容性。PCB板常用的电磁兼容性设计的方法有：选择合理的导线宽度，导线尽可能短，采用正确的布线策略，最好采用井字形网状布线结构，一面横向，另一面纵向，交叉孔用金属化孔相连，配置去耦电容。弱电方面，检测电路、控制电路采用RC滤波设计。强电方面，主回路方法有：采用合适的缓冲电路或者软开关电路，利用叠层母排技术减少分布式电容。软件方面可以采用数字滤波技术。

4. 逆变器的电磁兼容标准

国家对光伏逆变器电磁兼容性有严格的标准。家用或直接连接到住宅的低压供电网设施中使用的逆变器应满足GB 4824—2013中1组B类限值（表1-1），光伏逆变器的电磁辐射大约和笔记本电脑差不多，低于电磁炉、电吹风和冰箱，因此不用担扰。

4.13.4 逆变器的谐波抑制技术

1. 谐波

我们正常用的电都是正弦交流电，方向和大小都会产生周期性的变化。我国的交流电频率是50Hz，就是每秒钟方向变化50次，按照这种频率变化的波形叫基波，电网97%以上都是基波。还有一部分就是谐波（harmonic wave），是指电流中所含有的频率为基波的整数倍：频率为基频2倍的谐波称为二次谐波；频率为基频3倍的谐波称为三次谐波；频率为基频*n*倍（以>1的整数倍）的谐波称为*n*次谐波。频率为基频的奇数倍的那些谐波，统称为奇次谐波；频率为基频的偶数倍的那些谐波，统称为偶次谐波。

2. 光伏逆变器抑制谐波的原因

谐波不但没有用途，还有十分严重的危害。由于大部分设备都是包括电动机在内的感性设备，只能吸收基波，高次的谐波会转化为热量或者振动，造成电气设备过热、产生振动和噪声，并使绝缘老化，使用寿命缩短，甚至发生故障或烧毁。在电力传送过程中，谐波由于频率高，产生的阻抗大，因此会多消耗电能，造成电能生产、传输和利用的效率降低。谐波可引起电力系统局部并联谐振或串联谐振，使谐波含量放大，造成电容器等设备烧毁，或者某些频段的设备不能正常工作。谐波还会引起继电保护和自动装置误动作，使电能计量出现混乱。对于电力系统外部，谐波会对通信设备和电子设备产生严重干扰。

3. 逆变器如何减少谐波含量

组件发出来的是直流电，经过逆变桥变化之后，大小和方向都发生了改变，但还不是纯正弦波交流电，电流和电压都不是连续的，含有大量谐波，要经过处理才能变成纯正弦波交流电，这个过程就是滤波。光伏逆变器输出谐波分为两部分：一是高次谐波，来源于调制方式；二是低次谐波，来源于开关死区效应、器件参数漂移、采样误差、控制参数不匹配等。

逆变器主要从硬件上和软件上两个方面去抑制谐波：

（1）硬件上主要是滤波电路，目前逆变器常用的滤波方式有L、LC、LCL等三种方式。电感的主要特性是电流不能突变，利用这个特性，可以把逆变桥不连续的电流转变为连续的电流；电容的特性是电压不能突变，利用这个特性，可以把逆变桥不连续的电压转变为连续的电压（见图4–38）。

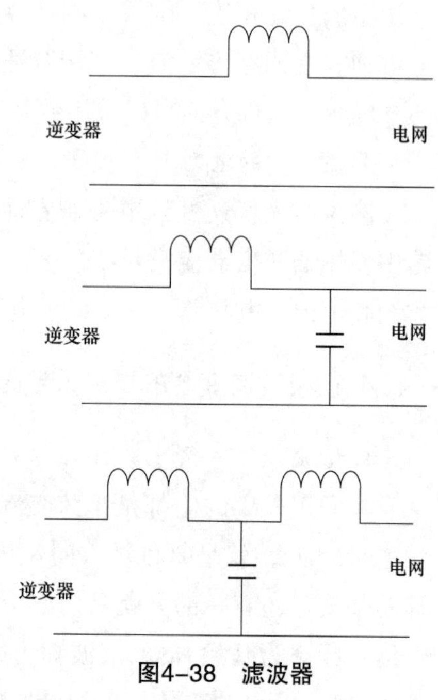

图4–38　滤波器

L为单电感滤波器，结构简单，价格便宜，对低频谐波抑制作用明显，但对高频谐波抑制不够理想，需要较大的电感或者较高的频率来降低谐波电流，因此单电感滤波器通常用于小功率离网逆变器。LC为二阶滤波，增加了一个电容，具有较高的滤波能力，一般用于集中式大功率逆变器，后面接隔离变压器，因为最后是电容，多台并联会引起环流。LCL为三阶滤波，增加一个电容和一个电感，抑制高频谐波能力强，滤波器的电感输出可以多台并联，通常应用于中大功率组串式逆变器，但逆变器控制算法复杂，容易导致系统不稳定。

（2）逆变器软件上采取的主要方法有：

1）提高开关频率。逆变器的开关频率越高，控制带宽越宽，对于宽范围的电流谐波抑制更充分。为保证稳定性，逆变器的控制带宽通常取开关频率的1/10左右。逆变器控制算法中输出电压为正弦波，当经过逆变器调制输出PWM波有畸变时，将影响逆变器的输出谐波与控制效果。提高开关频率与输出PWM电平数有助于降低PWM波形的畸变率。

2）并机谐波抵消能力。一个方阵多台组串式逆变器距离升压变压器距离不一样，线路阻抗会有差异。线路阻抗会等效改变并网LCL滤波器中的电感，不同的滤波器参数会改变谐波的相位。当多台组串式逆变器并联工作时，谐波成分将会由于相位的差异而部分相互抵消，降低系统整体的谐波值。

3）消除谐波的软件控制技术。由于逆变器采用高速度的数字处理器，可以采用很复杂的算法，如重复控制的电流控制器算法，原理是任何周期性的信号都可以分解为直流、基波及各次谐波之和，因此只要在控制系统的前向通道中的这些频率处加入无穷大的增益，就可以实现对这些频率处指令的无静差跟踪和扰动抑制。

4. 逆变器的谐波标准

中国和国外关于并网逆变器的标准（鉴衡金太阳标准、IEEE 1547、IEC6 1000-3-12、

VDE0126），以及并网光伏电站的标准（GB/T 19964—2012、GB 14549、GB 24337、VDE4105、BDEW）中对逆变器或光伏电站的谐波电流绝对值进行要求。对于逆变器不同负载率下的谐波电流，要求绝对值不大于满载下的谐波电流绝对值。中国金太阳标准中规定了逆变器在额定功率运行时，注入电网中的谐波电流THDi不超过5%，同时，在30%、50%、70%负载点处的谐波电流不超过额定功率运行时的值。

4.13.5 逆变器中的IGBT保护技术

IGBT是一种功率器件，在逆变器中承担着功率变换和能量传输的作用，是逆变器的“心脏”。同时，IGBT又是逆变器中最不可靠的元器件之一，对器件温度、电流、电流非常敏感，稍有超标便失效，而且不可修复。IGBT损坏就意味着逆变器需要更换或者大修，因此IGBT是逆变器重点保护对象。

图4-39是IGBT失效的三个模式：①最常见的是电气故障，因为IGBT承担电流电压转换，而且频率很高，IGBT主电路过高、驱动电压过高、外界产生的尖峰电压都有可能造成过压损坏；逆变器输出过载、短路有可能导致过流。②其次是温度故障，IGBT在运行过程中会产生大量的热量，这些热量如果不及时散发出去，就有可能因为过热而损坏。③机械故障是有可能在生产加工和运输安装过程中，这种情况比较少见。

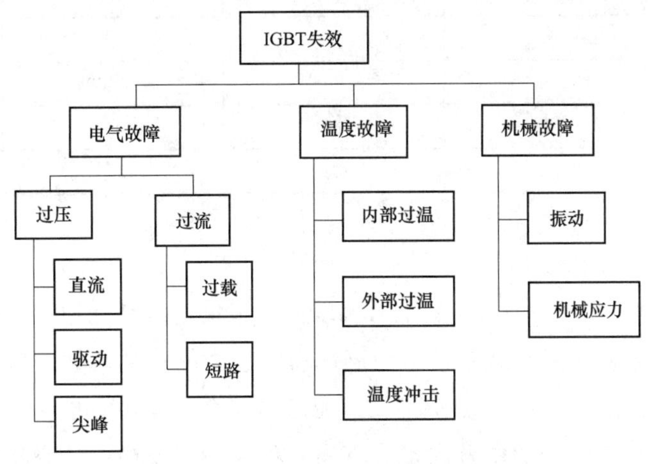

图4-39 IGBT失效原因

1. IGBT驱动保护

IGBT本身是一个电流开关的器件，什么时候开，什么时候关，开关多长时间是由逆变器的CPU来控制的，但是DSP输出是一个PWM信号，速度很快但功率不够。驱动器最主要的作用是放大PWM信号，IGBT驱动保护原理如图4-40所示。

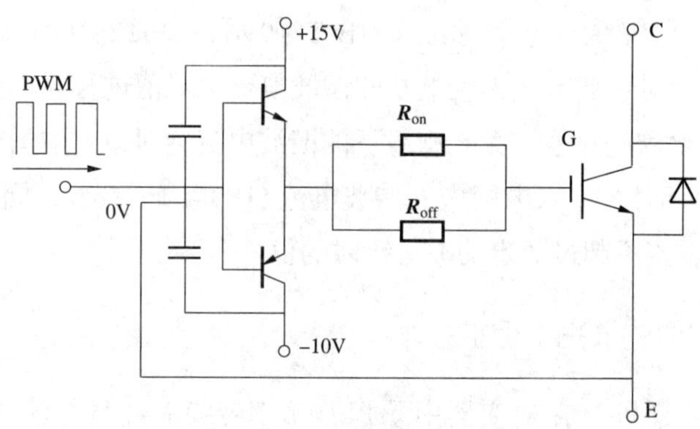

图4-40　IGBT驱动保护

IGBT控制很大的高频大电流，会产生电磁干扰信号，驱动器又和IGBT离得很近，因此驱动电路要有隔离功能，目前驱动隔离方案有光耦、光纤、脉冲变压器、磁耦等几种。各种方式的优缺点见表4-8。

表4-8　IGBT驱动隔离方案对比

驱动隔离方案	光耦	光纤	脉冲变压器	磁耦
信息带宽	全信息带宽	全信息带宽	边沿信息	全信息带宽
抗干扰能力	强	强	弱	强
绝缘隔离	一般	强	强	一般
适用模块电压	≤ 1200V	≥ 1700V	≤ 6500V	≤ 1200V
延迟时间	较大	较大	小	小
成本	一般	高	低	一般

2. IGBT过电流/短路保护

IGBT在设计时，电流一般都会留有10%以上的裕量。但是，逆变器在工作时，由于组件、负载短路，负载侧故障导致过流，负载侧有特别大的感性负载，启停时有很大的谐波电流，这时候逆变器输出电流会急剧上升，导致IGBT的工作电流也会对应急剧上升。IGBT短路分为两种情况：变流器的桥臂内发生直通，称为一类短路；变流器短路点发生在负载侧，等效短路阻抗较大，称为二类短路。二类短路一般也可认为是逆变器发生较严重的过流。在短路发生时刻，如果不采取相关措施，就会导致IGBT快速进入退饱和，瞬态功耗超过限值而损坏，因为IGBT可以承受过电流的时间仅为几微秒。因此，当发生短路时要尽快关断IGBT，而且关断的速度要平缓，保证电流变化速率在一定范围，避免关断过快引起电压应力超过限值而损坏IGBT，有源钳位的方案中增加快速响应措施，使IGBT驱动能够尽快动作。

3. IGBT过温保护

如果逆变器环境温度过高、逆变器散热不良，持续过热均会导致IGBT损坏。如果器件持续短路，大电流产生的功耗将引起温升，若芯片温度超过硅本征温度（约250℃），器件将失去阻断能力，栅极控制就无法保护，从而导致IGBT失效。在设计时主要从两个方面去考虑：①加强完善IGBT管的散热条件，包括风道设计、散热器的设计制作，加强制冷等；②设计过热检测保护电路，用IGBT模块上内置的热敏电阻来测量IGBT散热温度是很准确的，当温度超过设定值时关断IGBT使其停止工作。

4. IGBT机械故障保护

为了散热方便，IGBT都是通过螺钉连接，安装在散热器上，这个螺钉的连接强度非常有讲究，要恰到好处。如果力量太大，会损坏IGBT。如果力量太轻，在运输和安装过程中，由于振动会造成接触不良，热阻增加，器件过温损坏。在安装IGBT时，都会使用专门的螺丝刀，根据IGBT型号，采用相应的扭力，保证IGBT既连接牢固又不会损坏。

结论：IGBT是逆变器中最娇气、最敏感、最容易损坏的器件，同时也是逆变器中最昂贵、最关键的器件，必须采取很多措施去保护它。

4.13.6 逆变器如何提升效率

逆变器的效率直接关系系统的发电量，因此是客户高度关注的一个重要指标。2018年1月，工信部发布的《光伏制造行业规范条件》要求：含变压器型的光伏逆变器中国加权效率不得低于96%，不含变压器型的光伏逆变器中国加权效率不得低于98%。单相二级拓扑结构的光伏逆变器相关指标分别不低于94.5%和96.8%，微型逆变器相关指标分别不低于94.3%和95.5%。这个标准不算高，是入门级的，大部分厂家都可以达到。效率的不断提升，是逆变器生产厂家一直追求的目标。集中式逆变器的效率，2010年平均约96%，2018年上升到99%。

1. 逆变器转换效率的重要性

提高逆变器的转换效率非常重要，比如500kW的逆变器提高1%的转换效率，平均每天算4h，逆变器每天可以多发出将近20kWh，那么一年即可以多发出将近7300kWh，十年即可多发出73000kWh。这样就相当于一台5kW逆变器的发电量。这样客户可以节省一台5kW逆变器。所以为了提高客户的利益，需要尽可能提高逆变器的转换效率。

2. 逆变器效率的影响因素

提高逆变器效率唯一的措施就是降低损耗，逆变器的主要损耗来自于IGBT、MOSFET等功率开关管及变压器、电感等磁性器件。损耗和元器件的电流、电压及选用的材料、采取的工艺有关系。

IGBT的损耗主要有导通损耗和开关损耗，其中导通损耗和器件内阻、经过的电流有关，开关损耗和器件的开关频率、器件承受的直流电压有关。各种损耗因素见表4–9。

表4–9　各种损耗因素

器件	类型	影响因素	采取措施
IGBT	开关损耗（动态）	开关频率、直流电压	多电平、控制策略
	导通损耗（静态）	电流、器件内阻	软开关、新型器件
电感	铁损（空载损耗）	容量、磁阻	提高开关频率、导磁材料
	铜损（负载损耗）	电流、内阻	良好的导电材料

电感的损耗主要有铜损和铁损。铜损指电感线圈电阻所引起的损耗，当电流通过线圈电阻发热时，一部分电能就转变为热能而损耗，由于线圈一般都由带绝缘的铜线缠绕而成，因此称为铜损。铜损可以通过测量变压器短路阻抗来计算。铁损包括两个方面：一是磁滞损耗，二是涡流损耗。铁损可以通过测量变压器空载电流来计算。

3. 如何提升逆变器效率

目前有三种技术路线：①采用空间矢量脉宽调制等控制方式降低损耗；②采用碳化硅材料的元器件降低功率器件的内阻；③采用三电平、五电平等多电平电气拓扑及软开关技术，降低功率器件两端的电压，降低功率器件的开关频率。

（1）电压空间矢量脉宽调制（SVPWM）。

SVPWM是一种全数字控制方式，具有直流电压利用率高、易于控制等优点，被广泛应用于逆变器中。直流电压利用率高，可以在相同大小的输出电压下，采用更低的直流母线电压，从而降低了功率开关器件的电压应力，器件上的开关损耗更小，逆变器的变换效率得到了一定的提升。在空间矢量合成中，有多种矢量序列组合方法，通过不同的组合和排序可以获得减小功率器件开关次数的效果，从而能够进一步减小逆变器功率器件的开关损耗。

（2）采用碳化硅材料的元器件。

碳化硅器件单位面积的阻抗仅为硅器件的1%。利用碳化硅材料制作的IGBT（绝缘栅双极晶体管）等功率器件，其通态阻抗减为通常硅器件的1/10，碳化硅技术可以有效减小二极管反向恢复电流，从而能降低功率器件上的开关损耗，主开关所需的电流容量也能相应减小。因此，将碳化硅二极管作为主开关的反并二极管，是改善逆变器效率的途径。

与传统快恢复硅反并联二极管相比，采用碳化硅反并联二极管后，二极管反向恢复电流显著减小，并可以改善1%的总变换效率。采用快速IGBT后，由于开关速度加快并能改善2%整机变换效率，当把碳化硅反并二极管与快速IGBT相结合后，逆变器的效率将进一步提高。

（3）软开关与多电平技术。

三电平逆变器拓扑主要应用在高压大功率场合。与传统两电平结构相比，三电平逆变器输出增加了零电平，功率器件的电压应力减半。因为这个优点，在相同的开关频率下，三电平逆变器可以比两电平结构采用更小的输出滤波电感，电感损耗、成本和体积都能有效减小。而在相同的输出谐波含量下，三电平逆变器可以比两电平结构采用更低的开关频率，器件开关损耗更小，逆变器的变换效率得到提高。

总结：光伏行业不能一味依赖政府补贴，要实现平价上网才有可能发展。要实现这个目标，一是要降低成本，二是要提高发电量收益。当前光伏行业各个产业链，包括组件和逆变器厂家都在不遗余力地为此努力。为了提高收益，从系统层面看，需要优化系统设计，从设备层面看，需要提高各部件的效率。光伏组件效率和逆变器效率每提高0.1个百分点，背后都隐含着研发人员大量的工作和创新。

4.14 光伏逆变器营销方式和技术发展探讨

逆变器是光伏系统中唯一智能化的设备，从来都是投资方和安装方关注的重点。纵观我国逆变器行业发展史，其中经历了许多艰难险阻，但仔细推断，从弱到强不外乎技术推动和市场推动，促进了逆变器的技术进步和产业升级。到了2018年，随着分布式光伏的发展，各种常规的技术升级和市场营销手段都已用尽，很多人认为逆变器的市场已经开始固化，第一阵营和第二阵营占据了各自的市场制高点，市场份额超过90%，其他的厂家做大的机会很小了，事实果真如此吗？

4.14.1 技术推动与价格战

2010年左右，国内众多电力电子制造企业奔着逆变器高达200%~300%的利润蜂拥入场，与国外品牌进行了一场绝对零和博弈，最终大获全胜。国产逆变器使出了价格武器，短短两三年的时间内，集中式逆变器便从1.2元/W降至0.4元/W。2012年以后，在国内市场已经很难见到国外的品牌了。有代表性的事件是赛康倒闭，艾默生光伏业务被上能电气收购。

赶走“外敌”后，国产逆变器内部混战，其主要方式还是价格战。光伏市场仍以地面电站为主，经过本轮洗牌，华为、阳光电源、上能电气三家企业逐步占有了80%的地面电站市场份额，主要客户如国投电力、国华电力、华润电力、中广核等发电集团被三家公司瓜分，别的公司只能做一些零星市场，很难对上面三家公司构成威胁。

如果光伏市场一直如此，逆变器的市场就这么固化了，但到了2016年下半年，分布式光伏市场突然爆发，让很多大厂措手不及，逆变器市场又进入混战阶段。早在2014年，国家能源主管部门为促进分布式光伏产业健康发展，从出台指导性、规范性政策，到开展调研、召开各种座谈会，动作频频。各级地方政府认真贯彻落实有关政策要求，因地制宜，出台鼓励措施，努力创新分布式光伏发展模式，2014年新增装机容量10.6GW，分布式2.05GW（其中还有很多是大型电站），效果不是很明显，到了2015年新增装机容量15.13GW，分布式却只有1.39GW，分布式光伏发展不明朗，很多厂家对形势出现错判，认为分布式光伏在国内发展不起来，没有把主要精力放到户用逆变器的研发和市场推广上面来，从而失去了先机。

4.14.2　分布式改变营销格局

2016年新增装机容量34.54GW，分布式新增装机容量4.24GW，2017年光伏新增装机53.06GW，其中光伏电站33.62GW，同比增加11%；分布式光伏19.44GW，同比增长3.7倍。到了2016年下半年，分布式光伏突然爆发，出乎很多人意料。分布式户用光伏的客户群体和地面电站的客户群体完全不一样，原来的营销手段用不上，掌握话语权的是中小型安装商、经销商或代理商，他们多为民用企业，实际安装经验并不是很丰富，率先入场的古瑞瓦特、三晶、固德威等逆变器企业举办光伏培训班，创办光伏学院等技术培训机构，与安装商一起对最终业主进行培训，在市场上取得领先优势。

截至2018年底，全国光伏发电装机达到174GW，较上年新增44.26GW，同比增长34%。其中分布式光伏新增20.96GW，同比增长71%。逆变器的竞争也到了一个新的高度。从技术角度上讲，逆变器前5名的产品返修率小于1%，大功率逆变器效率普遍超过99%，成本也低于0.2元/W，小功率逆变器效率普遍超过98%，成本也低于0.5元/W，在质量和成本上已做到极致。而在营销上，逆变器各厂家每年的培训及宣讲会不下百次，前期参与项目开发、做方案，后期参与安装施工、运维管理，品牌和服务也已做到极致。

经过一年多的发展，户用光伏安装商发展到几千多家，从业人员达几十万人，价格战、营销战不停地打。到了2018年初，安装商经过几轮的洗牌，也涌现出几家大公司。当研发工程师和营销经理的工作做到极致，后来的逆变器公司如果没有特别的手段和突破性的技术，很难有发展前景，市场已经开始固化。

从产品的角度出发，把性能做到极致，价格做到极低，是传统产品的做法，当大家都在拼价格拼营销的时候，我们要改变一下思路。国产光伏逆变器，从2008年开始到2018年，除了性能调整、价格下降，没有根本性的变化。其实在这几年中，外围已经发生了很多变化，组件功率一直在加大，功率器件也在变大，逆变器也可以做出一些根本性的变化。产品经理应重新规划产品、引导市场，做出革命性的产品，才能打破局面。

4.14.3　300W+ 组件的户用逆变器

逆变器有个参数——组串输入电流，这个参数是根据组件来定的。2010年前，主流组件约200W，电流在7~8A，逆变器的组串输入电流也就在9~10A。到了2015年，主流组件为250~280W，电流在8~9A，逆变器的组串输入电流在10~11A。到了2018年，主流组件为

300~360W，电流在9~10A，双面组件的电流能达到11~12A，有些大功率组串式逆变器厂家的逆变器组串输入电流达到了12~13A，但是户用逆变器的很多厂家还没有意识到，因此并没有做改动。组件功率的上升给逆变器的影响，不单是输入组串电流的增加，逆变器的功率等级、户用光伏系统的推广也会发生根本性的改变。

表4–10　组件功率和组串功率变化对比

逆变器类型	现有的组串及功率等级	2018 年后的组串及功率等级
单相 220V 逆变器	单路 3kW	单路 4kW
	双路 6kW	双路 8kW
	三路 8kW	三路 12kW
三相 380kW 逆变器	单路 5kW	单路 6kW
	双路 10kW	双路 12kW
	三路 15kW	三路 18kW
	四路 20W	四路 24W
	五路 25kW	五路 30kW
	六路 30kW	六路 36kW

以单相逆变器而言，组件串联数量以12个为最佳，接300W组件，一路组串功率为3.6kW，两路组串为7.2kW，如果是双面组件，则可以达到4kW和8kW。三相逆变器，组件串联数量以20~22个为最佳，一路组串功率为6~7kW，两路组串为12~13kW，三路组串为18~19kW，四路组串为24~25kW，五路组串为30~31kW，六路组串为36~37kW（见表4–10）。所以逆变器的整个体系的功率等级都要做相应的改变。

随着组件的功率增大，组件价格下降，光伏补贴下调，人工费上涨，原有的以功率为单位的营销模式，已经不适应新的形式，如果以投资额或者装机面积去营销，更能打动客户。表4–11把2013年和2018年三种方式进行对比：2013年主流组件是多晶250W，价格约4.5元/W，人工费1元/W，安装费约8元/W；2018年主流组件是单晶300W，价格约2.5元/W，人工费1.5元/W，安装费约6.6元/W。

表4–11　2013年和2018年安装光伏对比

年份	2013 年	2018 年
按 5kW 装机容量	总投资 4 万元，每年收入 5080 元，约 7.8 年收回投资	总投资 3.3 万元，每年收入 4650 元，约 7.1 年收回投资
按 4 万元投资额	可安装 5kW，每年收入 5080 元，约 7.8 年收回投资	可安装 6.3kW，每年收入 6100 元，约 6.7 年收回投资
按 $40m^2$ 面积	可安装 5kW，每年收入 5080 元，约 7.8 年收回投资	可安装 6.0kW，每年收入 5800 元，约 6.9 年收回投资

4.14.4 多功能户用逆变器

逆变器在光伏系统中，除了把光伏组件的直流电转化为交流电外，还承担许多责任如电站安全监管、电站数据采集与传送等功能。逆变器能不能像苹果手机一样，不单纯是通信功能，再开发一些其他功能，也给逆变器增加一些附加值。

如果把户用逆变器当作一个家用电器，确实可以增加很多功能，如可以在逆变器的外壳加一个LED灯，晚上逆变器不工作时可以当照明灯用。把LED灯的位置设计成12个点位，组成一个圆圈，逆变器还可以当钟表用。利用逆变器的数据采集和传输功能，再增加一个摄像头，逆变器可以变成一个网络监控设备。利用逆变器的通信卡，逆变器也可以打电话。

未来的逆变器=普通逆变器+照明灯+挂钟+网络监控+电话

一个气象站需要投资很多钱，还需要专人去维护，所以目前的气象站数量不是很多，采集精度有限。逆变器可以采集气温和阳光强度，而且逆变器的安装数量是气象站的几千倍、几万倍。如此大的安装规模，如果把逆变器的数据提供给气象部门，一方面可以减少成本，另一方面可以增加很多采集点。

4.14.5 集串式逆变器

逆变器的主流是集中式逆变器和组串式逆变器，两种方式各有优点和缺点。集中式逆变器单机功率大，优点是单级电子变换，元器件数量少，可靠性高，缺点是直流线路长短不一。一台500kW逆变器，组件安装面积超过6000m^2，组件最远可能有100多米，最近只有几米，线路阻抗影响MPPT功能。组串式逆变器则刚好相反。目前在户用市场，由于功率小，都是用组串式逆变器，在中大型电站则两种逆变器都可以选。

其实这两种逆变器是可以合在一起的，那就是单极的组串式逆变器。这种逆变器只有一级变换DC/AC变换，使用三电平和功率模块，一个50kW的逆变器只有3个功率开关器件，和集中式逆变器一样，50kW逆变器周边组件安装面积600m^{2}左右，最远的距离不到25m，直流损耗非常少。目前单极组串式逆变器在市面上也有，但没有应用在大电站，其原因是输出电压是AC400V，输入电压范围变窄了，只能在580~850V，限制了应用范围。其实稍加变通就可以解决这个问题，可把输出电压改为315V，和集中式逆变器一样，输入电压范围也就能达到500~850V，后面接升压变压器，应用范围就很广了。

集串式逆变器=组串式外形+集中式内芯+功率模块+315V

第5章　分布式光伏常用部件

5.1　光伏支架

光伏支架作为光伏电站重要的组成部分，承载着发电主体，支架的选择直接影响着光伏组件的运行安全、破损率及建设投资。选择合适的光伏支架不但能降低工程造价，也会减少后期养护成本。

5.1.1　光伏支架类型

根据光伏支架主要受力杆件所采用材料，可将其分为铝合金支架、钢支架及非金属支架，其中非金属支架使用较少，而铝合金支架和钢支架各有特点（见表5–1）。

表5–1　铝支架和钢支架对比

支架性能	铝合金支架	钢支架
防腐性能	一般采用阳极氧化（>15 μm）；铝在空气中能形成保护膜，后期使用不需要防腐维护；防腐性能好	一般采用热浸镀锌（>65 μm）；后期使用中需要防腐维护；防腐性能较差
机械强度	铝合金型材变形量约是钢材的 2.9 倍	钢材强度约是铝合金的 1.5 倍
材料重量	约 2.71g/ m²	约 7.85g/ m²
材料价格	铝合金型材价格约为钢材的 3 倍	
使用项目	对承重有要求的家庭屋顶电站；抗腐蚀性有要求的工业厂房屋顶电站	强风地区、跨度比较大等对强度有要求的电站

5.1.2　固定式光伏支架介绍

光伏阵列不随太阳入射角变化而转动，以固定的方式接收太阳辐射。根据倾角设定情况可以分为：最佳倾角固定式、斜屋面固定式和倾角可调固定式（见图5–1）。

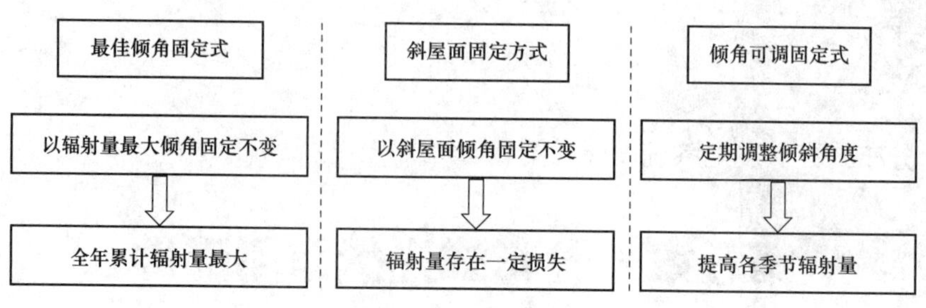

图5-1　光伏支架分类

最佳倾角固定式：先计算出当地最佳安装倾角，而后全部阵列采用该倾角固定安装，目前在平顶屋面电站和地面电站广泛使用。光伏支架安装形式见图5-2。

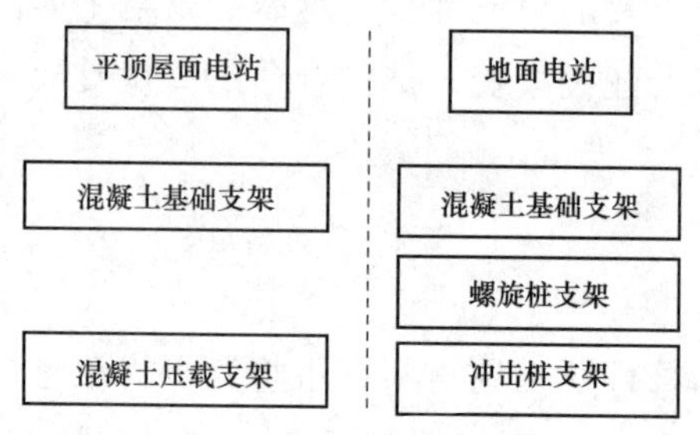

图5-2　光伏支架安装形式

1. 平顶屋面

（1）基础支架。

平顶屋面混凝土基础支架是目前平屋面电站中最常用的安装形式，根据基础的形式可以分为条形基础和独立基础。支架支撑柱与基础的连接方式可以通过地脚螺栓连接或者直接将支撑柱嵌入混凝土基础（见图5-3）。

图5-3　屋顶混凝土基础支架

优点：抗风能力好，可靠性强，不破坏屋面防水结构。

缺点：需要先制作好混凝土基础并养护到足够强度才能进行后续支架安装，施工周期较长。

（2）压载支架。

压载式支架系统根据雪荷载配置压重块，无须对屋面进行穿透，排除了漏水的可能性，大大节约安装时间。整个系统采用优质的型材和槽钢，牢固美观。独创的铝合金导轨与单元连接设计，安装快速，无须现场对零部件进行二次加工（见图5-4）。

图5-4　屋顶压载式混凝土支架

2. 斜屋面固定式

考虑到斜屋面承载能力一般较差，在斜屋面上组件大都直接平铺安装，组件方位角及倾角一般与屋面一致。根据斜屋面的不同，可分为瓦片屋顶安装系统与轻钢屋顶安装系统。

（1）瓦片屋顶安装系统。主要由挂钩、导轨、压块及螺栓等连接件组成（见图5-5）。

（2）轻钢屋顶安装系统。轻钢屋顶也叫彩钢瓦屋顶，主要用于工业厂房、仓库等。根据彩钢瓦形式不同，可以将其分为角弛型轻钢屋顶、直立锁边型钢屋顶及梯型轻钢屋顶。

角弛型轻钢屋顶和直立锁边型轻钢屋顶主要以夹具作为连接件，将导轨固定在屋面上，而梯型轻钢屋顶需要采用自攻螺栓将连接件固定在屋面。

不管哪一种屋面形式，在选择连接件时一定要进行实地测量“角弛”“直立边”“梯形”尺寸，确保连接件和屋面匹配。在梯型轻钢屋顶支架安装时还要做好防水措施，避免螺栓钻孔处发生漏水。

图5-5　琉璃瓦光伏支架

目前彩钢屋面多为坡屋面，常见的坡度为5%和10%。屋面板为压型钢板或压型夹芯板，下部为檩条，檩条搭设在门式钢架等主要支撑结构上。在国内，此种类型的屋面安装光伏系统实例较多。对于此种屋面，光伏组件可沿屋面坡度平行铺设，也可以设计成一定倾角进行布置。上部支架可通过不同的连接件、紧固件与屋面承重结构连接。图5-6所示为彩钢瓦光伏架。

图5-6 彩钢瓦光伏支架

5.1.3 钢材与铝材的比较和选择

1. 材料强度方面

支架一般采用Q235B钢材与铝合金挤压型材6063 T6，6063 T6铝合金强度大概为Q235B钢材的68%~69%，所以一般在强风地区、跨度比较大等情况下，钢材优于铝合金型材。

2. 挠度变形方面

结构的挠度变形与型材的形状尺寸、弹性模量（材料固有的一个参数）有关系，与材料的强度没有直接联系。

在同等条件下，铝合金型材变形量是钢材的2.9倍，重量是钢材的35%。同等重量下，铝材造价是钢材的3倍。所以造价方面钢材优于铝合金型材。

3. 防腐蚀方面

目前支架主要的防腐蚀方式是钢材采用热浸镀锌55~80 μm，铝合金采用阳极氧化5~10 μm。铝合金在大气环境下处于钝化区，其表面形成一层致密的氧化膜，阻碍了活性铝基体表面与周围大气相接触，故具有非常好的耐腐蚀性，且腐蚀速率随时间的延长而减小。钢材在普通条件下（C1~C4类环境），80 μm镀锌厚度能保证使用20年以上，但在高湿度工业区或高盐度海滨甚至温带海水里则腐蚀速度加快，镀锌量需要100 μm以上，并且需要每年定期维护。

4. 外观

铝合金型材有很多种表面处理方式，如阳极氧化、化学抛光、氟碳喷涂、电泳涂漆等，外表美观并能适应各种强腐蚀作用的环境。

钢材则一般采用热浸镀锌、表面喷涂、油漆涂层等方式，外观比铝合金型材差，在防腐蚀方面也比铝型材差。

5. 截面多样性

铝合金型材一般加工方式有挤压、铸造、折弯、冲压等方式。挤压生产是目前主流生产方式，通过开挤压模的方式，可以生产出任意任意截面型材，并且生产速度比较快。

钢材则一般采用辊压、铸造、折弯、冲压等方式。目前辊压是生产冷弯型钢的主流生产方式。截面则需要通过辊压轮组来调节，但一般机器定型后只能生产同类产品，尺寸方面无法调节，截面形状无法改变如C型钢、Z型钢等截面。辊压生产方式则比较固定，生产速度比较快。

6. 材料的回收

钢结构的维护成本每年增长3%，而铝结构的支架几乎不需要任何的保养与维护，且铝材在30年后依然有65%的回收率，铝价格预计每年上涨3%，钢结构在30年后基本上无回收价值。

7. 综合性能对比

（1）铝合金型材重量轻，外表美观，防腐蚀性能极佳，一般用于对承重有要求的家庭屋顶电站、强腐蚀环境。

（2）钢材强度高，承受荷载时挠度变形小，一般用于普通电站或受力比较大的部件。

（3）造价方面：一般情况下，基本风压在0.6kN/㎡，跨度在2m以下，铝合金支架造价为钢结构支架的1.3~1.5倍。在小跨度体系（如彩钢板屋顶）中，铝合金支架与钢结构支架造价相差比较小，并且铝合金比钢支架要轻很多，所以非常适合用于家庭屋顶电站。

5.2 光伏系统储能电池原理及应用

储能电池是太阳能光伏发电系统不可缺少的存储电能的部件，其主要功能是存储光伏发电系统的电能，并在日照量不足时、夜间及应急状态下为负载供电。常用的储能电池有铅酸蓄电池、碱性蓄电池、锂电池、超级电容，它们分别应用于不同场合或者产品中。目前应用最广是铅酸蓄电池，从19世纪50年代开发出来至今已经有160余年的历史，目前衍生出来很多种类，如富液铅酸电池、阀控密封铅酸电池、胶体电池、铅碳电池等。发展最快的是锂电池，目前主要有磷酸铁锂电池和三元锂电池（镍钴锰酸锂LiNiCoMn）。

5.2.1 铅酸蓄电池工作原理和基本结构

铅酸电池是用铅和二氧化铅作为电极活性物质，以稀硫酸为电解质的化学储能装置，具有电能转换效率高、循环寿命长、端电压高、安全性强、性价比高、安装维护简单等特点，目前是各类储能、应急供电、启动装置中首选的化学电源。铅酸电池的主要构成如图5–7所示。

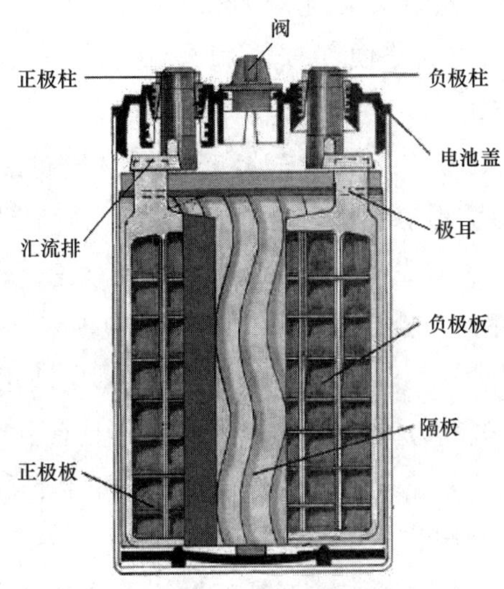

图5–7 铅酸蓄电池主要部件示意图

（1）极板：正负极板均是以特殊的合金板栅涂覆上活性物质所得，极板在充放电时存储和释放能量，确保电池的容量和性能可靠。

（2）隔板：置放于电池正负极中间的隔离介质，防止电池正负极直接接触而短路。不同类型的铅酸电池隔板材质不同，阀控类电池主要以AGM、PE、PVC为主。

（3）电解液：铅酸电池的电解液是用蒸馏水配制的稀硫酸，电解液在充放电时起到在正负极间传输离子的作用，因而电解液必须没有杂质。

（4）容器（电池壳盖）：电池包覆的容器，电解液和极板均在容器内，主要起支撑作用，同时防止内部物质外溢，外部物质进入结构内部污染电池。

5.2.2 铅酸蓄电池的种类

铅酸蓄电池的工作原理就是通过电化学反应，使电能和化学能相互转化。电极主要由铅及其氧化物制成，电解液是硫酸溶液。放电状态下，正极主要成分为二氧化铅，负极主要成分为铅；充电状态下，正负极的主要成分均为硫酸铅。应用在光伏储能系统中比较多的铅酸蓄电池有三种：富液型铅酸蓄电池（flooded lead-acid，FLA）、阀控式密封铅酸蓄电池（valve-regulated lead acid battery，VRLA）、铅碳蓄电池。

1. 富液型铅酸蓄电池

铅酸电池的电解液中的硫酸直接参与电池充放电反应过程，传统铅酸电池中电池槽内除去极板、隔板及其他固体组装部件的剩余空间完全充满硫酸电解液，电解液处于富余过量状态，故被称为“富液式”电池，电池极板完全浸泡在硫酸电解液中。富液式蓄电池顶部有一个能够通气而又能够阻挡液体溅出的盖子，在使用过程中由于水分的蒸发和分解损失，需要定期将盖子打开补加蒸馏水及调整电解液密度，所以习惯上被称为“开口式”蓄电池。富液型铅酸蓄电池特点是价格便宜、寿命长，缺点是需要经常维护。

2. 阀控式密封铅酸蓄电池

又称免维护电池，分为AGM密封铅蓄电池和GEL胶体密封铅蓄电池两种。

AGM型电池使用纯的硫酸稀溶液作为电解液，大部分存在于玻璃纤维膜之中，同时极板内部吸有一部分电解液。AGM式密封铅蓄电池电解液量少，极板的厚度较厚，活性物质利用率低于开口式电池，因而电池的放电容量比开口式电池要低10%左右。与当今的胶体密封电池相比，其放电容量要小一些。与富液型相同规格蓄电池相比价格较高，但AGM型电池具有以下优点：①循环充电能力比铅钙蓄电池高3倍，具有更长的使用寿命；②在整个使用寿命周期内具有更高的电容量稳定性；③低温性能更可靠；④降低事故风险，减少环境污染风险（由于酸液100%密封封装）；⑤维护很简单，减少深度放电。

胶体密封铅蓄电池（GEL型电池）是对液态电解质的普通铅酸蓄电池的改进，用胶体电解液取代了硫酸电解液，在安全性、蓄电量、放电性能和使用寿命等方面较普通电池有所改善。其电解液是由硅溶胶和硫酸配成的，硫酸溶液的浓度比AGM式电池要低，电解液的量比AGM式电池要多，跟富液式电池相当。这种电解质以胶体状态存在，充满在隔膜中及正负极之间，硫酸电解液由凝胶包围着，不会流出电池。

其优点如下：①GEL型胶体电池用电解质凝胶，没有游离电液，漏酸的概率比前一种电池小得多；②其灌注量比稀硫酸多，失水少，所以胶体电池不会因失水造成失效；③胶体的灌入增加了隔板的强度，保护了极板，弥补了隔板遇酸收缩的缺陷，使装配压力不明显降低，这是其具有较长电池寿命的原因之一；④胶体填充了隔板与极板之间的空隙，降低了电池的内阻，充电接受能力可因此而改善。所以胶体电池的过放电、恢复能力和低温充放性能都比AGM型电池优越。

胶体铅酸蓄电池的优异特性如下：①可以明显延长蓄电池的使用寿命；②自放电性能好，在同样的硫酸纯度和水质情况下，蓄电池的存放时间可以延长2倍以上；③在严重缺电的情况下，抗硫化性能很明显；④在严重放电情况下的恢复能力强；⑤抗过充能力强；⑥后期放电性能好。

3. 铅炭电池

铅炭电池是一种电容型铅酸电池，是从传统的铅酸电池演进的技术，是在铅酸电池的负极中加入了活性炭，能够显著提高铅酸电池的寿命。

铅炭电池是一种新型的超级电池，是将铅酸电池和超级电容器两者合一：既发挥了超级电容瞬间大容量充电的优点，也发挥了铅酸电池的比能量优势，且拥有非常好的充放电性能。而且由于加了碳（石墨烯），阻止了负极硫酸盐化现象，改善了电池失效的一个因素，延长了电池寿命。铅炭电池的度电成本可低至0.5元/kWh，在规模化生产的基础上，铅炭电池甚至有望将成本降至0.4元/kWh以下。

铅炭电池是铅酸蓄电池领域最先进的技术，也是国际新能源储能行业的发展重点，具有非常广阔的应用前景。储能电池技术是制约新能源储能产业发展的关键技术之一。光伏电站储能、风电储能和电网调峰等储能领域，要求电池具有功率密度较大、循环寿命长和价格较低等特点。

5.2.3 铅酸蓄电池技术参数解释与系统配置

蓄电池的技术参数对系统设计非常重要，下面以铅酸蓄电池为例，解释蓄电池的关键参数如容量、放电深度、循环次数等。在蓄电池和逆变器选型设计时，要注意蓄电池的最大充放电电流，锂电池和铅酸蓄电池的参数有所不同。

1. 铅酸蓄电池关键技术参数

（1）电池容量。

电池容量由电池内活性物质的数量决定，通常用安时（Ah）或者毫安时（mAh）来表示。例如标称容量250Ah（10h，1.80V/单体，25℃），指在25℃时10h以25A的电流放电，使单个电池电压降到1.80V所放出容量，技术参数见表5-2。

表5-2 铅酸蓄电池技术参数

额定电压	容量（10h，1.80V/单体，25℃）	重量	最大放电流（A）	最大充电流（A）
12V	250Ah	72kg	$30I_{10}$（3min）	≤ $0.25C_{10}$

（2）额定电压。

电池正负极之间的电势差称为电池的额定电压。常见的铅酸蓄电池额定电压是2、6、12V三种，单体的铅酸蓄电池是2V，12V的蓄电池是由6个单体的电池串联而成的。

蓄电池的实际电压并不是一个恒定的值，空载时电压高，有负载时电压会降低，当突然有大电流放电时电压也会突然下降。蓄电池电压和剩余电量之间存在近似线性关系，只有在空载的情况下才存在这种简单关联。加负载时，电池电压就会因为电池内部阻抗所引起的压降而产生失真。

表5-3是蓄电池的蓄电池电压和剩余电量的参考值，假定蓄电池满荷电时的电压为12.8V，可以看到，额定电压为12V的蓄电池，当电压为12V时，剩余电量在50%左右，当电压低于12V时，剩余电量会急速下降。

表5-3　蓄电池的蓄电池电压和剩余电量的参考值

电压（V）	10.5	11.3	11.6	11.8	12.0	12.2	12.4	12.8
剩余电量	2%	10%	20%	30%	50%	60%	80%	100%

（3）最大充放电电流。

蓄电池电流是双向的，有充电和放电两个状态。不同的蓄电池，最大充放电电流不一样。电池充电电流一般以电池容量C的倍数来表示。举例来讲，如果电池容量C=100Ah，充电电流为0.15C则为0.15×100=15（A）。胶体铅酸电池的最大充电电流为0.15C左右，充电电流过大会影响电池的使用寿命，铅炭电池在负极中加入了活性炭，使充电性能大大增加。0.25C_{10}这个参数，表示在10小时内最大充电电流是0.25×250=62.5（A）。表5-2中铅炭电池最大放电电流30I_{10}，其中10I_{10}=C_{10}，表示在10小时内最大放电电流是30×25=750（A）。胶体铅酸电池放电电流一般为3I_{10}左右。

蓄电池充放电电流和系统有很大关系，如果设计得不好，会影响系统的性能。充电电流和组件功率有关，如一个系统的组件是5kW，蓄电池组电压是48V，那么蓄电池最大充电电流约为100A，如果是普通铅酸蓄电池，最大电流为0.1C，则蓄电池容量至少为1000Ah，如果是铅炭蓄电池，最大电流为0.25C，则蓄电池容量至少为400Ah。

放电电流和负载功率有关，如一个系统中负载是10kW，蓄电池组电压是48V，那么蓄电池组最大放电电流要达到200A，30I_{10}铅炭电池超过80Ah就可以了，胶体铅酸电池要800Ah。

（4）放电深度与循环寿命。

在电池使用过程中，电池放出的容量占其额定容量的百分比称为放电深度（depth of discharge，DOD）。放电深度的高低与电池寿命有很深的关系，放电深度越深，其充电寿命就越短，因此在使用时应尽量避免深度放电。

蓄电池经历一次充电和放电，称为一次循环（一个周期）。在一定放电条件下，电池工作至某一容量规定值之前，电池所能承受的循环次数称为循环寿命。各种蓄电池使用循环次数都有差异，传统固定型铅酸电池为500~600次，启动型铅酸电池为300~500次。阀控式密封铅酸电池循环寿命为1000~1200次。

蓄电池放电深度在10%~30%为浅循环放电；放电深度在40%~70%为中等循环放电；放电深度在80%~90%为深循环放电。蓄电池长期运行的每日放电深度越深，蓄电池寿命越短，放电深度越浅则蓄电池寿命越长。

图5-8所示为铅炭电池的放电深度与寿命曲线，当放电深度为50%时循环寿命是4880次，寿命超过12年；当放电深度是70%时，循环寿命是3760次，寿命超过10年；放电深度是100%时，循环寿命是998次，寿命不到3年。浅循环放电有利于延长蓄电池寿命。蓄电池浅循环运行，有两个明显的优点：①蓄电池一般有较长的循环寿命；②蓄电池经常保有较多的备用安时容量，

使光伏系统的供电保证率更高。根据实际运行经验，较为适中的放电深度是60%~70%。

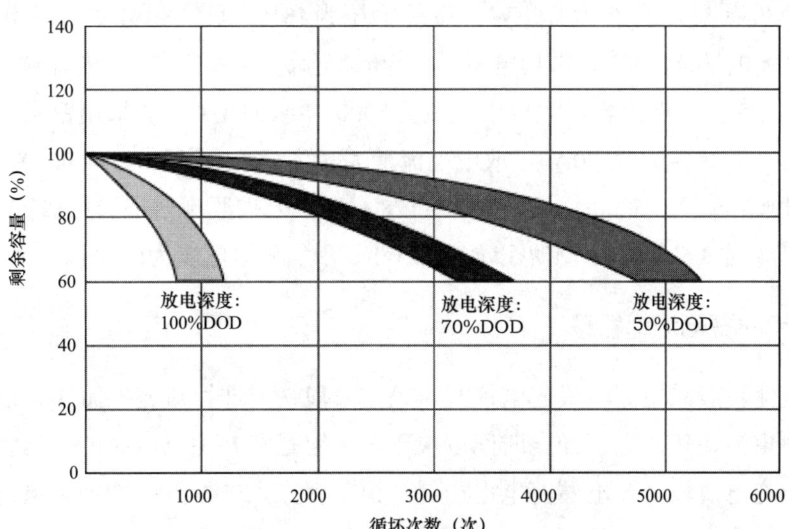

图5–8　放电深度与循环寿命

（5）蓄电池的能量。

电池的能量是指在一定放电深度下蓄电池所能给出的电能，通常用瓦时（Wh）表示。电池的能量分为理论能量和实际能量，如一个12V 250Ah的蓄电池，理论能量就是12×250=3000（Wh）也就是3kWh电，表示蓄电池可以保存的电量，如果放电深度是70%，实际能量就是3000×70%=2100（Wh）也就是2.1kWh电，是可以利用的电量。

电池的能量还和温度有关，温度越低，电池的活性越低，容量就越低，如在–20℃时容量是60%，在0℃时容量是82%，在40℃时容量是106%，如图5–9所示。

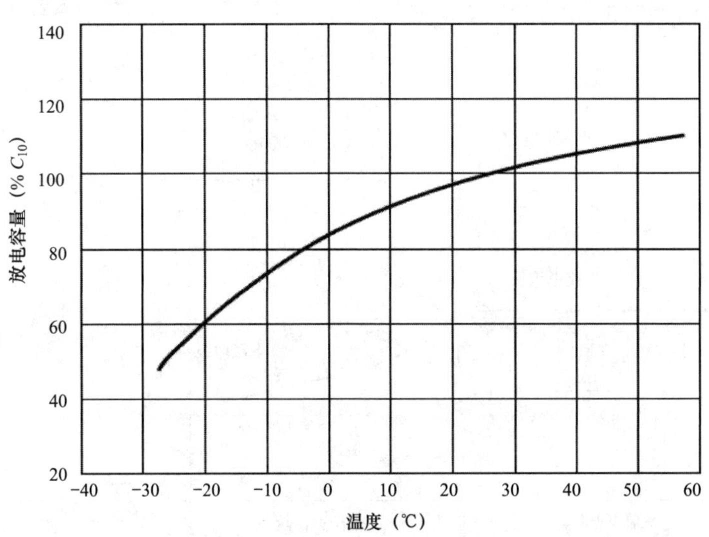

图5–9　电池的能量和温度关系

2. 蓄电池系统设计案例

某光伏离网项目，组件为3.6kW，系统电压为48V，负载为4kW，负载峰值功率为5kW，要求最大电量是8kWh，平均电量是6kWh，寿命要求6年以上。先计算最大充电电流为3600/48=75（A），再计算最大放电电流为5000/48=104（A）。采用铅炭电池，充电电流最大0.25C_{10}，最低容量为300Ah，放电电流最大30I_{10}，最低容量为35Ah，寿命要求6年以上，放电深度按70%算，6000/（48×0.7）=178（Ah）。按照规格书选用12V 200Ah的蓄电池4节，总的容量是9.6kWh，偶尔可以放电8kWh，平均放电深度为62.5%。

5.2.4 铅酸蓄电池组管理

铅酸蓄电池一般采用三段式充电模式：第一阶段快充即恒流充电阶段，以充电器最大的输出电流对电池快速充电，充电时间取决于电池容量和开始充电时的电池状态。第二阶段均充即恒压充电阶段，充电器充电电压保持恒定，充入电量继续增加，电池电压缓慢上升，充电电流下降。第三阶段浮充模式，蓄电池基本充满，充电电流下降到低于浮充转换电流，充电电压降低到浮充电压，如图5-10所示。

1. 充电电流

电池充电电流一般以电池容量C的倍数来表示，举例来讲，如果电池容量C=100Ah，充电电流为0.1C则为0.1×100=10（A）。铅酸免维护电池的最佳充电电流为0.1C左右，充电电流不能大于0.3C。充电电流过大或过小都会影响电池的使用寿命。

2. 充电电压

额定电压为2V的单体电池，一般浮充电压设置为2.2~2.3V。均充电压设置为2.3~2.5V，如果充电电压过高，电池易失水，发热变形，反之会使电池充电不足，充电电压异常，可能由充电器配置错误或因充电器故障造成。

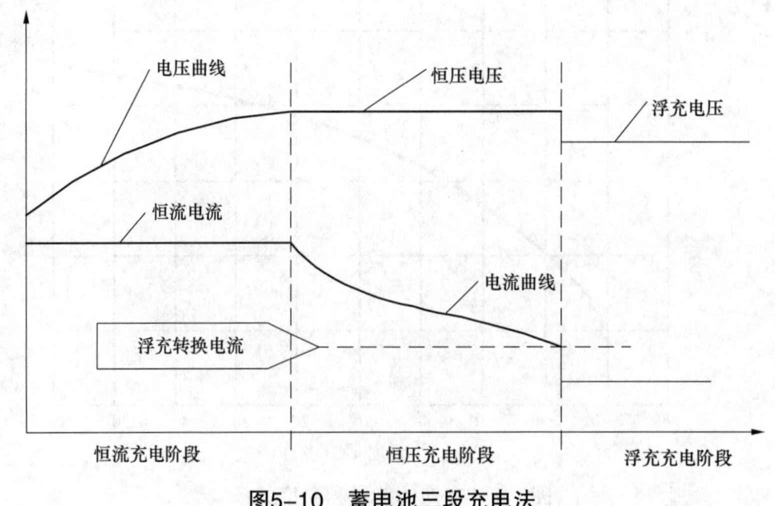

图5-10　蓄电池三段充电法

3. 蓄电池的检查

蓄电池都有自放电现象，如果长期放置不用，会使能量损失掉，因此需定期进行充放电。工程技术人员可以通过测量电池开路电压来判断电池的好坏：以12V电池为例，若开路电压高于12.5V，则表示电池储能还有80%以上。若开路电压低于12V，则表示电池储能不到30%，电池已处于“弹尽粮绝”的地步。免维护电池由于采用吸收式电解液系统，在正常使用时不会产生任何气体，此时电池内压就会增大，将电池上方的压力阀顶开，严重的会使电池鼓胀、变形、漏夜甚至破裂。这些现象都可以从外观上判断出来，如果发现上述情况应立即更换电池。

4. 电池安装

电池应尽可能安装在清洁、阴凉、通风、干燥的地方，并要避免受到阳光、加热器或其他辐射热源的影响。电池应立正放置，不可倾斜角度。每个电池之间端子的连接要牢固。

5. 环境温度

环境温度对电池的影响较大。环境温度过高会使电池过充产生气体，环境温度过低则会使电池充电不足，这都会影响电池的使用寿命，因此环境温度保持在25℃左右最好。

6. 定期保养

电池在使用一定时间后应进行定期检查，如观察其外观是否异常，测量各电池的电压是否平均等。如果长期不停电，电池会一直处于充电状态，这样会使电池的活性变差，因此即使不停电，也需要定期进行放电试验，以使电池保持活性。放电试验一般可三个月进行一次，做法是逆变器带载，最好在50%以上。放电持续时间视电池容量而定，一般为几分钟至几十分钟。

5.2.5 铅酸蓄电池的选型与设计

1. 蓄电池的容量

蓄电池组的可用电量和蓄电池的串并联没有关系，只和数量有关系，可用电量=电压×容量×数量×放电深度，如蓄电池组共4个12V/200Ah，放电深度70%，则可用电量=12×200×4×0.7=6720（Wh）。

（1）放电率对电池容量的影响。

铅蓄电池容量随放电倍率的增大而降低，也就是说放电电流越大，电池的容量就越小。比如一只10Ah的电池，用5A放电可以放2h，即5×2=10（Ah）；用10A放电只能放出47.4min的电，合0.79h，其容量仅为10×0.79=7.9（Ah）。

（2）温度对电池容量的影响。

温度对铅酸蓄电池的容量影响较大，一般随温度降低容量会下降，当电解液温度降低时，电解液黏度增大，离子受到较大的阻力，扩散能力下降，电解液电阻也增大，使电化学反应阻力增加，一部分硫酸铅不能正常转化，充电接受能力下降，导致蓄电池容量下降。

（3）终止电压对电池容量的影响。

当电池放电至某一个电压值以后，产生电压急剧下降，实际上所获得的能量非常小。如果长期深放电，对电池的损害相当大。所以必须在某一电压值终止放电，该截止放电电压叫放电终止电压。设定放电终止电压，对延长蓄电池使用寿命意义重大。

2. 光伏离网系统蓄电池配比计算

（1）组件的电压和蓄电池的电压要匹配，PWM型控制器太阳能组件和蓄电池之间通过一个电子开关相连接，中间没有电感等装置，组件的电压是蓄电池电压的1.2~2.0倍。如果是24V的蓄电池，组件输入电压在30~50V。MPPT控制器中间有一个功率开关管和电感等电路，组件的电压是蓄电池电压的1.2~3.5倍。如果是24V的蓄电池，组件输入电压在30~90V。

（2）AGM蓄电池的充电电流一般为0.1C_{10}左右，快速充电不超过0.15C_{10}，例如1节铅酸蓄电池12V 200Ah，充电电流一般在20~30A，最大不能超过40A，GEL胶体电池充电电流可以适当加大到0.2C_{10}。蓄电池的放电电流一般为0.2C_{10}~0.5C_{10}，不同类型的蓄电池放电电流相差较大，AGM蓄电池最大为C_{10}，GEL胶体电池最大可以到2C_{10}，铅碳电池最大可以到5C_{10}。

（3）光伏离网系统中，负载的用电量不是固定的，在计算蓄电池的总电量时要根据用户的要求来设计。对用电要求较高的用户，蓄电池可用电量要大于用户用电量的最高值；对于一般用户，蓄电池可用电量等于用户用电量的平均值。

（4）同一个蓄电池组，要保证蓄电池是同一个型号。尽量使蓄电池串联，使蓄电池的充电和放电均衡。蓄电池并联的个数最好不超过3组，如果超过了要考虑加入BMS蓄电池管理系统。

（5）蓄电池组电缆的设计，主要考虑线路上的最大电流，用逆变器功率除以蓄电池组电压，得出最大放电电流，或者用组件功率除以蓄电池组电压，得出最大充电电流（小于控制器的最大输出电流）。如一个3kW的逆变器，光伏控制器是48V/50A，蓄电池组电压是48V，配265W的组件12块，蓄电池组最大输出电流为3000/48=62.5（A），组件总功率为265×12=3180（W）。3180/48=66.25（A），这是理论上最大充电电流，但由于控制器是50A，实际上最大充电电流是50A，所以电缆要按62.5A来设计。如果电缆长度小于50m，可选10mm^2，如果电缆长度大于50m或者有穿管、铠装等外包装，则要选16mm^2。

表5-4所示为某蓄电池参数。

表5-4　某蓄电池参数

额定电压	12V
容量	200Ah，1.80V（单体），25℃（77 ℉）
功率	680W，1.67V（单体），25℃（77 ℉）
质量	约 62kg
参考内阻（荷电）	约 2.3mΩ，25℃（77 ℉）
最大放电电流	1240A（5s）
自放电	小于 8%，90 天，25℃（77 ℉）
温度范围	放电：-40~50℃（-40~122 ℉） 充电：-20~45℃（-4~113 ℉） 储存：-20~40℃（-4~104 ℉）
推荐温度范围	15~25℃（59~77 ℉）
最大充电电流	40A
充电电压	浮充：2.23V/ 单体均充：2.35V/ 单体 温度调节系数：-3mV/℃，25℃（77 ℉）
壳体材料	ABS
输出端子	M8
温度对容量的影响	105%（40℃） 85%（0℃） 60%（-20℃）

5.2.6　锂电池

锂离子电池是一种充电电池，它主要依靠锂离子在正极和负极之间移动来工作，一般采用含有锂元素的材料作为电池的电极，是现代高性能电池的代表。在充放电过程中，锂离子在两个电极之间往返嵌入和脱嵌：充电池时，锂离子从正极脱嵌，经过电解质嵌入负极，负极处于富锂状态；放电时则相反。

锂离子电池有着很多自身的优点：重量轻、储能容量大、功率大、无污染、寿命长、自放电系数小、温度适应范围广等。锂离子电池可应用于电能质量、可靠性控制、备用电源、削峰填谷、能量管理、可再生储能等方面。

1. 锂电池的种类

按照用途一般分为储能锂电池和动力锂电池。储能锂电池用于光伏或者UPS，内阻比较大，充放电速度较慢，一般为0.5*C*~1*C*，动力电池一般用在电动汽车上，内阻小，充放电速度快，一般能达到3*C*~5*C*，价格比储能电池贵1.5倍左右。

锂电池应用场景可分为消费、动力和储能三种。最早应用是在手机、笔记本计算机、数码相机等消费类产品，消费锂电池目前约占全球各类锂电池出货量的一半。随着全球对新能源汽车需求量的增加，动力锂电池占比逐年上升，目前约占40%以上，动力电池以后将成为锂电池的主要应用场景。储能是解决新能源风电、光伏发电间歇波动性，实现“削峰平谷”功能的重要手段之一，储能锂电池作为新兴应用场景也逐渐受到重视。

动力电池其实也是储能电池的一种，主要应用于电动汽车，由于受到汽车的体积和重量限制及启动加速等要求，动力电池比普通的储能电池有更高的性能要求，如能量密度要尽量高，电池充电速度快，放电电流大。根据标准，动力电池的容量低于80%就不能再用在新能源汽车了，普通储能电池的要求没有这么高。动力电池退役后稍加改造，还可以用在储能系统中。

目前主流储能锂电池有三元锂电池和磷酸铁锂电池两种，功率密度都比铅炭电池高很多，三元锂又比磷酸铁锂更高一些。

表5-5为三种储能电池性能对比。

表5-5　储能电池性能对比

序号	对比项目	磷酸铁锂电池	三元锂电池	铅炭电池
1	功率密度（mAh/g）	120~150	160~240	30~45
2	放电平台（V）	3.2~3.3	3.6~3.7	2.0
3	循环性能（DOD，80%）	4000~5000	4000~6000	1000~2000

在储能系统中，锂电池和铅酸电池都是储存电能，没有本质的区别，电池容量、充放电电流的设计选型是一样的。和铅酸电池对比，锂电池储能是新生事物，目前没有标准产品，不像铅酸电池那样有很多种规格型号，一般厂家是按电量来定规格的。锂电池和铅酸电池最大的区别是锂电池必须配备电池管理系统。

2. BMS电池管理系统

铅酸蓄电池拥有众多的优点，如大电流特性好、自放电小、性能稳定、安全干净，目前铅酸蓄电池的日常维护主要是通过人工完成，对蓄电池的连接状况、端电压等进行故障排查。但铅酸电池寿命短，不适合储能系统的发展。锂电池具有重量轻、储能容量大、功率大、无污染、寿命长等优点，但锂电池对过电流、过电压很敏感，大容量的电池都是由很多小容量的单体电池（如18650电池）通过大量串并联而成。并联的电池多了，容易造成各条支路电流不均衡，所以必须引入电池管理系统进行控制。

电池管理系统（battery management system，BMS）是由微计算机技术、检测技术等构成的装置，可对电池组和电池单元运行状态进行动态监控，精确测量电池的剩余电量，同时对电池进行充放电保护，并使电池工作在最佳状态，达到延长其使用寿命、降低运行成本的目的，进一步提高电池组的可靠性。电动汽车电池管理系统要实现以下几个功能：

（1）准确估测动力电池组的荷电状态（state of charge，SOC），即电池剩余电量，保证SOC维持在合理的范围内，防止由于过充电或过放电对电池损伤，随时预报混合动力汽车储能电池还剩余多少能量或者储能电池的荷电状态。

（2）动态监测动力电池组的工作状态：保障电池的安全，在电池充放电过程中实时采集电动汽车蓄电池组中的每块电池的端电压和温度、充放电电流及电池包总电压，防止电池发生过充电或过放电现象。

（3）单体电池间的均衡：单体电池均衡充电，使电池组中各个电池都达到均衡一致的状态。均衡技术是目前世界正在致力研究与开发的一项电池能量管理系统的关键技术。

3. 锂电池的选型与设计

储能系统包括双向变流器和电池系统，如一套21kW/42kWh的储能系统表示双向变流器的功率是21kW，电池系统储存的电量是42kWh。锂电池系统包括电芯和电池管理系统，由厂家统一提供。设计时要注意以下几个要点：

（1）储能锂电池有BMS系统，需要和逆变器或者双向储能变流器PCS通信，要选择具有锂电池功能并有相应的通信接口功能的设备。

（2）储能锂电池和铅酸蓄电池相比，充放电电流不一样，设计时要特别注意。

（3）锂电池目前没有统一的规格型号，每个厂家的规格不一样，BMS通信协议也不一样，要根据项目的具体要求定制。

表5-6为铅酸蓄电池与磷酸铁锂电池对比。

表5-6　12V100Ah的铅酸电池组与磷酸铁锂电池组对比

指标	铅酸电池组	磷酸铁锂电池组
电池重量	33.5kg	12.8kg
电池内阻	6.31mΩ	＜3mΩ
使用温度	-20~50℃	-20~65℃
储存温度	-20~40℃	-20~55℃
自放电	25℃下存放 90 天剩余容量为 77%	25℃下存放 90 天剩余容量大于 95%
单价	1000 元	3500 元
使用年限	5 年	20 年
每年费用	200 元 / 年	175 元 / 年

5.3 光伏系统电缆设计选型与施工

在光伏电站建设过程中除主要设备如光伏组件、逆变器、升压变压器以外，配套连接的光伏电缆材料对光伏电站整体盈利的能力、运行安全性、是否高效，同样起着至关重要的作用，下面就对光伏电站中常见的电缆及材料的用途和使用环境做详细的介绍。

5.3.1 直流电缆

直流电缆包括：①组件与组件之间的串联电缆；②组串之间及其组串至直流配电箱（汇流箱）之间的并联电缆；③直流配电箱至逆变器之间电缆。

直流电缆室外敷设较多，需防潮、防暴晒、耐寒、耐热、抗紫外线，某些特殊的环境下还需防酸碱等化学物质。

5.3.2 交流电缆

交流电缆包括：①逆变器至升压变压器的连接电缆；②升压变压器至配电装置的连接电缆；③配电装置至电网或用户的连接电缆。

交流负荷电缆在室内环境敷设较多，可按照一般电力电缆选型要求选择。

5.3.3 光伏专用电缆

光伏电站中大量的直流电缆需户外敷设，环境条件恶劣，其电缆材料应根据抗紫外线、臭氧、剧烈温度变化和化学侵蚀情况而定。普通材质电缆在该种环境下长期使用，将导致电缆护套易碎，甚至会分解电缆绝缘层。这些情况会直接损坏电缆系统，同时也会增大电缆短路的风险。从中长期看，发生火灾或人员伤害的可能性也更高，大大影响系统的使用寿命。因此，在光伏电站中使用光伏专用电缆和部件是非常有必要的。光伏专用电缆和部件不仅具有最佳的耐风雨、耐紫外线和耐臭氧侵蚀性，而且能承受更大范围的温度变化。

随着光伏产业的不断发展，光伏配套部件市场逐步形成，就电缆而言，已开发出了多种规格的光伏专业电缆产品。近期研制开发的电子束交叉链接电缆，额定温度为120℃，可抵御恶劣气候环境和经受机械冲击。又如RADOX电缆是根据国际标准IEC216研制的一种太阳能专用电缆，在户外环境下使用寿命是橡胶电缆的8倍，是PVC电缆的32倍。光伏专用电缆和部件不仅具有最佳的耐风雨、耐紫外线和耐臭氧侵蚀性，而且能承受更大范围的温度变化（–40~125℃）。

（1）电缆导体材料：光伏电站使用的直流电缆多数情况下为户外长期工作，受施工条件的限制，电缆连接多采用接插件。电缆导体材料可分为铜芯和铝芯。铜芯电缆具有抗氧化能力好、寿命长、稳定性能好、压降小和电量损耗小的特点。在施工上由于铜芯柔性好，允许的弯度半径小，所以拐弯方便，穿管容易，而且铜芯抗疲劳，反复折弯不易断裂，所以接线方便。同时铜芯的机械强度高，能承受较大的机械拉力，给施工敷设带来很大便利，也为机械化施工创造了条件。由于铝材的化学特性，铝芯电缆安装接头易出现氧化现象（电化学反应），特别是容易发生蠕变现象，易导致故障的发生。

因此，铜电缆在光伏电站使用中，特别是直埋敷设电缆供电领域具有突出的优势，可减低事故率，提高供电可靠性，施工运行维护方便。这正是国内目前在地下电缆供电中主要采用铜电缆的原因所在。

（2）电缆绝缘护套材料：光伏电站安装和运行维护期间，电缆可能在地面以下土壤内、杂草丛生乱石中、屋顶结构的锐边上布线。裸露在空气中，电缆有可能承受各种外力的冲击。如果电缆护套强度不够，电缆绝缘层将会受到损坏，从而影响整个电缆的使用寿命，或者导致短路、火灾和人员伤害等问题。电缆科研技术人员发现，经辐射交叉链接的材料，较辐射处理前有较高的机械强度。交叉链接工艺改变了电缆绝缘护套材料聚合物的化学结构，可熔性热塑材料转换为非可熔性弹性体材料，交叉链接辐射则显著改善了电缆绝缘材料的热学特性、机械特性和化学特性。

直流回路在运行中常常受到多种不利因素的影响而造成接地，使得系统不能正常运行，如挤压、电缆制造不良、绝缘材料不合格、绝缘性能低、直流系统绝缘老化或存在某些损伤缺陷，均可引起接地或成为一种接地隐患。另外，户外环境小动物侵入或撕咬也会造成直流接地故障，因此在这种情况下一般使用铠装、带防鼠剂功能护套的电缆。

5.3.4 电缆设计选型的原则

（1）电缆的耐压值要大于系统的最高电压，如380V输出的交流电缆要选用450/750V的电缆。

（2）光伏方阵内部和方阵之间连接，选取的电缆额定电流为计算所得电缆中最大连续电流的1.56倍。

（3）交流负载连接，选取的电缆额定电流为计算所得电缆中最大连续电流的1.25倍。

（4）逆变器连接，选取的电缆额定电流为计算所得电缆中最大连续电流的1.25倍。

（5）考虑温度对电缆性能的影响。温度越高，电缆的载流量就越少，电缆要尽量安装在通风散热的地方，直流电压降不要超过2%，交流电压降不要超过1.5%。

分布式光伏常用逆变器电缆选择见表5-7。

表5-7　分布式光伏常用逆变器电缆选择

线径 mm^2	电缆载流量（A）				逆变器功率
	40℃	55℃	60℃	65℃	
2.5	28	25	23	21	单相 1~3kW，三相 3~6kW
4	37	33	29	24	单相 4~5kW，三相 7~12kW
6	48	43	40	34	单相 6kW，三相 15~25kW
10	65	59	54	49	单相 8~10kW，三相 30~33kW
16	91	82	76	68	三相 40kW
25	120	108	100	90	三相 50kW
35	148	133	123	111	三相 60kW
50	187	168	155	140	三相 70~80kW
70	231	208	192	173	三相 100kW
95	283	255	235	212	三相 120kW
120	326	293	271	237	三相 150kW

注　表格里面的电缆是按国标铜线的标准定的。

如果电缆长度大于50m，请按大一号规格的电缆选用。

5.3.5　光伏发电系统的电缆施工

光伏发电工程中电缆工程建设费用一般比较大，敷设方式选择直接影响建设费用，因此合理规划、正确选择电缆的敷设方式是电缆设计工作的重要环节。

电缆的敷设方式根据工程情况、环境条件和电缆规格型号、数量等因素综合考虑，且按满足运行可靠、便于维护的要求和技术经济合理的原则来选择。光伏发电项目中直流电缆的敷设主要有直埋铺沙垫砖敷设、穿管敷设、槽架内敷设、电缆沟敷设、隧道敷设等，交流电缆的敷设与一般电力系统敷设方式差异不大。直流电缆多用于光伏组件之间、组串至直流汇流箱之间、汇流箱至逆变器之间，其截面积小、数量大，通常情况下沿组件支架绑扎或穿管直埋进行敷设，在敷设时一般要考虑以下因素：

（1）组件之间连接电缆及组串与汇流箱之间连接电缆，尽可能利用组件支架作为电缆敷设的通道与固定设施，可在一定程度上降低环境因素的影响。

（2）电缆敷设的受力要均匀适当，不宜过紧，光伏场所一般昼夜温差较大，应避免热胀冷缩造成线缆断裂。

（3）在建筑物表面的光伏材料电缆引线，要考虑建筑整体美观，敷设位置应避开在墙和支架的锐角边缘布设电缆，以免切、磨损伤绝缘层引起短路，或受剪切力切断导线引起断路。同时要考虑电缆线路遭直击雷等问题。

（4）合理规划电缆敷设路径，减少交叉，尽可能合并敷设以减少项目施工过程中的土方开挖量及电缆用量。

5.4 变压器的基本结构和工作原理

变压器是一种能改变交流电压而保持交流电频率不变的电气设备。送电时，通常使用变压器把发电机的端电压升高，对于输送一定功率的电能，电压越高，电流就越小，输送导线上的电能损耗越小。由于电流小，可以选用截面积小的输电导线，能节约大量的输电导线材料。用电时，再利用变压器将输电导线上的高电压降低，以保证人身安全和减少用电器绝缘材料的消耗。

我国的交流电压等级有三种，单相220V、三相380V称为低压，一般用于家庭和工商业。三相10、15、35kV称为中压。110、220、330、500、1000kV称为高压。国家电网公司规定8kW及以下可接入220V，8~400kW可接入380V，400kW~6MW可接入10kV，5MW~20MW可接入35kV。因此400kW以下的光伏电站可直接接入380/220V低压电网。如果电站容量超过400kW应并入中压电网，中大功率电站一般使用中功率组串式逆变器和大功率集中式逆变器，输出电压有很多种，常见的有315、400、480、500、540、690V等，后级必须接升压隔离变压器。

除功率传送和电压变换作用外，在光伏系统中变压器还有以下作用：

（1）电气隔离，隔离变压器一次侧和二次侧是靠磁路来传递能量，组件和电网电气隔离，可以阻止直流分量和漏电流进入电网，适用于组件负极接地系统。

（2）在抑制组件PID解决方案中，逆变器后面接入隔离变压器，再提升N极对地的电位，间接提升组件负极对的电位，达到抑制组件PID的目的。

（3）匹配电压，有些国家的电网电压和我国不一样，如美国是单相110V、三相220V，可以在逆变器后面加一个变压器，匹配接入国家的电压。

5.4.1 变压器的基本结构和原理

虽然变压器种类繁多、用途各异，电压等级和容量不同，但变压器的基本结构大致相同。最简单的变压器是由一个闭合的软磁铁芯和两个套在铁芯上又相互绝缘的绕组所构成。绕组是变压器的电路部分，与交流电源相接的绕组叫作一次绕组；与负载相接的绕组叫作二次绕组。

铁芯是变压器的磁路部分，主要材料有带绕铁芯类如硅钢片、坡莫合金、非晶及纳米晶合金；粉芯类如铁粉芯、铁硅铝粉芯、高磁通量粉芯、坡莫合金粉芯、铁氧体磁芯等，工频和低频变压器电抗器一般使用硅钢片，现在厚度普遍为0.23~0.35mm，硅钢片又分取向和无取向两种，取向硅钢片要求高，价格是无取向硅钢片的两倍，但损耗仅为无取向硅钢片的三分之一，抑制电流谐波效果比无取向硅钢片作用更大。

绕组是变压器的电路部分，常用的材料有铜材和铝材。习惯上把绕组由铜质制成的称为全铜变压器，把绕组由铝质制成的称为全铝变压器，两者的区别主要有：铜的导电性好于铝，相同的电流下，铝材要比铜材截面积大，因此铜变压器比铝变压器体积小；铜的重量比铝要重，相同的功率下，铜变压器比铝变压器要重；铜的价格比铝要贵。

变压器损耗主要有铜损和铁损，铜损指变压器绕组电阻所引起的损耗，当电流通过绕组电阻发热时，一部分电能就转变为热能而损耗。由于绕组一般都由带绝缘的铜线缠绕而成，因此称为铜损。铜损可以通过测量变压器短路阻抗来计算。变压器的铁损包括两个方面：一是磁滞损耗，当交流电流通过变压器时，通过变压器硅钢片的磁力线其方向和大小随之变化，使得铁芯内部分子相互摩擦，放出热能，从而损耗了一部分电能，这便是磁滞损耗。二是涡流损耗，当变压器工作时，铁芯中有磁力线穿过，在与磁力线垂直的平面上就会产生感应电流，由于此电流自成闭合回路形成环流且成旋涡状，故称为涡流。涡流的存在使铁芯发热，消耗能量，这种损耗称为涡流损耗。铁损可以通过测量变压器空载电流来计算。

当变压器一次接入交流电源以后，在一次绕组中就有交流电流流过，于是在铁芯中产生交变磁通，称为主磁通。它随着电源频率而变化，主磁通集中在铁芯内；极少一部分在绕组外闭合，称为漏磁通，它一般很小，可忽略不计。根据电磁感应定律，一次、二次绕组都将产生感应电动势。如果二次接有负载构成闭合回路，就有感应电流产生。变压器通过一次、二次绕组的磁耦合，把电源的能量传送给负载。

5.4.2 升压变压器和降压变压器

任何一种变压器在变压过程中只起能量传递作用，无论变换后的电压是升高还是降低，电能都不会增加，也不能减少。根据能量守恒定律；在忽略损耗时，变压器输出的功率P_2应与变压器从电源获得的功率P_1相等。

变压器工作时，一次、二次绕组的电流大小与一次、二次电压或匝数成反比，或者为变压器电压比的倒数。实际上，变压器在改变电压的同时也改变了电流。电流互感器就是根据这个原理制成的。

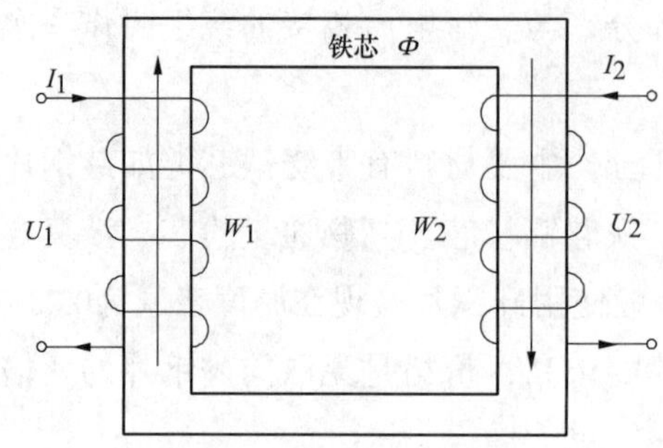

图5-11　变压器工作原理

一次电压高于二次电压叫作降压变压器，一次电压低于二次电压叫作升压变压器。在相同频率、同等容量的条件下，一台电力变压器可以作为降压变压器使用，逆转过来也可以作为升压变压器使用。

电流I_1的物理实体是二次绕组，电流I_2的物理实体是二次绕组，它们是变压器的电路部分；Φ是磁力线，它所在的物理实体是铁芯，它是变压器的磁路。

当变压器的容量P（kVA）及绕组的匝数W一定时，铁芯中的磁通量Φ（Wb）就定下来了，一台电力变压器不管作为降压变压器使用还是作为升压变压器使用，磁路的实体即铁芯及物理意义没有发生变化。

变压器的电压比等于匝数比，图5–11中$U_1/U_2=W_1/W_2$。W_1为一次绕组的匝数，W_2为二次绕组的匝数，一台变压器W_1及W_2是没有变化的，所以除了电网电压波动因素外，电压U_1与U_2也是没有变化的。如将原来的二次绕组W_2作为一次绕组W_1，那么原来一次绕组W_1改变为现在的二次绕组W_2，上面公式$U_1/U_2=W_1/W_2$反之成为$U_2/U_1=W_2/W_1$仍然完全成立。

5.4.3 变压器的主要技术参数

变压器的规格型号及其主要技术数据都标在它的铭牌上，作为使用变压器的重要依据。变压器的主要结构参数有长宽高、体积、重量，技术参数有额定电压、额定电流、额定容量和温升绝缘等级、联结组标号、效率等。

1. 额定电压

变压器一次的额定电压是指变压器所用绝缘材料的绝缘强度所规定的电压值，二次额定电压是变压器空载时，一次加上额定电压后二次两端的电压值。两个额定电压分别用U_{1N}、U_{2N}表示。单相变压器U_{1N}、U_{2N}是指一次、二次交流电压的有效值，三相变压器U_{1N}、U_{2N}是指一次、二次线电压的有效值。

2. 额定电流

额定电流是指变压器在允许温升的条件下，所规定的一次、二次绕组中允许流过的最大电流。变压器一次、二次电流分别用I_{1N}和I_{2N}表示。单相变压器的I_{1N}和I_{2N}是指电流的有效值，三相变压器是指线电流的有效值。

3. 额定容量

表示变压器工作时所允许传递的最大功率。单相变压器的额定容量是二次额定电压和额定电流之积；三相变压器的额定容量也是二次额定电压和额定电流之积（应为三相之和）。额定容量用字母S表示，单位是伏安（VA）。

4. 温升和绝缘等级

温升是指变压器在额定工作时，允许超出周围环境温度的数值。它取决于变压器绝缘材料的耐热等级，见表5–8。

表5-8　绝缘材料绝缘等级及其最高工作温度

绝缘等级	Y	A	E	B	F	H	C
最高工作温度（℃）	90	105	120	130	155	180	220

5. 联结组标号

三相绕组的联结法有星形接法和三角形接法，分别用Y、D（或y、d）表示，其中大写字母表示高压侧，小写字母表示低压侧。具体表示时高压绕组的联结法写在左，低压绕组联结法写在右。例如：高压绕组为星形接法，低压绕组为三角形接法时，我们记此三相变压器的联结法为Yd。此外，有的星形联结法可以引出中线，分别用O（高压侧）或o（低压侧）表示。把高压侧（一般是一次侧）线电动势的相量作为分针，始终指向“12”，而以低压侧线电动势的相量作为时针，它所指的数字即表示高、低压侧电动势相量间的相位差。这个数字称为三相变压器的“联结组标号”。例如：Yd11表示此变压器高压侧为星形接法，低压侧为三角形接法，高、低压侧电动势相量间的相位差为330°；Yy2表示此变压器高、低压侧均为星形接法，高、低压侧电动势相量间的相位差为60°。光伏系统升压变压器常采用Yd11接法。

5.4.4　干式变压器与油浸式变压器

相同的是都是电力变压器，都有作磁路的铁芯和作电路的绕组，而最大的区别是在油浸式与干式。也就是说两者的冷却介质不同，前者是以变压器油作为冷却及绝缘介质，后者是以空气作为冷却介质。油浸式变压器是把由铁芯及绕组组成的器身置于一个盛满变压器油的油箱中。干式变压器常把铁芯和绕组用环氧树脂浇注包封起来，也有一种现在用得较多的是非包封式的，绕组用特殊的绝缘纸再浸渍专用绝缘漆等，防止绕组或铁芯受潮。

油浸式变压器造价低、维护方便，但是可燃、可爆。干式变压器具有可以拆开运输、方便、清洁、易维护、安装不需机座、没有渗油池等优点。干式变压器由于具有良好的防火性，可安装在负荷中心区，以减少电压损失和电能损耗。但干式变压器价格高，体积大，防潮防尘性差而且噪声大。

5.4.5　美式箱式变压器与欧式箱式变压器

在光伏系统中，变压器是可靠性最稳定的电气设备之一，一般不需要专人进行维护、监管。相关人员只要注意变压器的外在特征变化，及时报告有关人员，履行告知即可。正常工作的变压器，一般都有一些轻微的振动声音，有一定温升，没有气味。一旦振动声音明显增加，出现怪味、打火等特殊现象时，就必须及时报告并远离。

箱式变压器（简称“箱变”）是一种把高压开关设备配电变压器、低压开关设备、电能计量设备和无功补偿装置等按一定的接线方案组合在一个或几个箱体内的紧凑型成套配电装置。有欧式和美式两种：欧式箱式变压器，从结构上采用高、低压开关柜，形象好比给高、低压开关柜、变压器盖了房子。美式箱式变压器，在结构上将负荷开关、环网开关和熔断器结构简化放入变压器油箱浸在油中。避雷器也采用油浸式氧化锌避雷器。变压器取消油枕，油箱及散热器暴露在空气中，形象好比是给变压器旁边挂个箱子。从体积上看，欧式箱式变压器由于内部安装常规开关柜及变压器，产品体积较大，美式箱式变压器由于采用一体化安装，体积较小。

5.4.6 双分裂变压器与双绕组变压器

光伏系统升压变压器有双分裂变压器与双绕组变压器两种，三相双绕组双分裂变压器拥有高压、低压两个绕组，并把低压绕组分裂成两部分，在电气上互不相连。这两个分裂的低压绕组可以并联运行，也可以单独运行。双分裂变压器是低压侧分裂成两个相同容量、联结组别和电压等级的绕组，前面分别接两个光伏逆变器。双分裂变压器成本虽高，但由于结构优势，实现了两台逆变器之间的电气隔离，减小了两支路间的电磁干扰及环流影响，逆变器的交流输出分别经变压器滤波，输出电流谐波小，提高了输出的电能质量。

选择用双分裂变压器还是双绕组变压器，主要看前级的光伏逆变器滤波器设计方案。一般来说，使用*LC*滤波方案的逆变器，如果是两台并联，推荐使用双分裂变压器，因为电容并联，容易在两个支路间之间产生较大的环流，影响逆变器的正常使用功能。使用*LCL*滤波方案的逆变器，为了节省成本，可以使用双绕组变压器。

5.4.7 光伏系统容量和变压器的选择

光伏上网，有使用公共变压器和光伏专用变压器两种方案。如果使用原公共的降压变压器上网，根据《国家电网公司光伏电站接入电网技术规定》4.3.1条要求：“小型光伏电站总容量不宜超过上一级变压器供电区域内的最大负荷的25%。”这成了分布式电站并网的一个硬性规定，如一个村里面的变压器是300kW，就最多就只能装60kW的户用光伏电站，光伏并网发电是先把电发到大电网上，再由电网向负载供电，因此功率和负载功率没有直接关系。在天气不好或者晚上没有光伏时，由电网直接供电，这个供电稳定性和25%的限容一点关系也没有。变压器的性能非常强大，电的传递速度是人们无法想象的，1s能绕地球好几圈。而太阳变化的速度慢得多，一台1000kVA变压器从0功率到100%功率，所用的时间不到1ms，而太阳变化的速度肯定大于1s，也就是说，当太阳光照发生变化时，变压器早就准备1000种方法来应对了。新国标GB/T 33342—2016《户用分布式光伏发电并网接口技术规范》中，删除了不高于接入变压器容量25%的规定，没有规定上限是多少，但不意味着可以无限制安装，建议不超过变压器70%的上限。另外在农村地区，单相并网比较多，要尽量控制每一相的功率，保持三相平衡。

使用光伏专用变压器上网，变压器没有别的负载，主要考虑的因素就是逆变器的最大输出功率不能超过变压器的容量，而逆变器最大输出功率和光伏组件的容量、安装方位角和倾角，以及天气条件、逆变器安装场地等多种因素有关。光伏逆变器最大输出功率一般是组件0.9左右，变压器的功率因数一般在0.9左右，所以一般要求光伏组件和变压器按1：1配置，或者变压器容量稍大于组件容量。

5.5 电气开关

在光伏系统中电气开关非常关键，主要作用有两个：一是电气隔离功能，切断光伏组件、逆变器、配电柜和电网之间的电气连接，方便安装和维护；二是安全保护功能，当电气系统发生过流、过压、短路及漏电流时，能自动切断电路，以保护人身和设备的安全。因此国家电网公司规定，分布式电源应在并网点设置易操作、可闭锁且具有明显断开点的并网断开设备。按照用途，电气开关可分为隔离开关、断路器、漏电保护开关等。

5.5.1 隔离开关

隔离开关是开关电器中使用较多的一种电器，在电路中起隔离作用。隔离开关在分断时，触头间有符合规定要求的绝缘距离和明显的断开标志。

1. 隔离开关的主要特点

没有灭弧能力，只能在没有负荷电流的情况下分、合电路：送电操作时，先合隔离开关，后合断路器或负荷类开关；断电操作时，先断开断路器或负荷类开关，后断开隔离开关。

2. 隔离开关的功能作用

（1）用于隔离电源，将高压检修设备与带电设备断开，使其间有一明显可看见的断开点。

（2）隔离开关与断路器配合，按系统运行方式的需要进行倒闸操作，以改变系统运行接线方式。

（3）用以接通或断开小电流电路。

3. 隔离开关的设计

额定电压（kV）=回路标称电压×1.2/1.1倍；

额定电流标准值应大于最大负载电流的150%。

5.5.2 断路器

断路器一般由触头系统、灭弧系统、操动机构、脱扣器、外壳等构成，能够关合、承载和开断正常回路条件下的电流，并能关合、在规定的时间内承载和开断异常回路条件（包括短路条件）下的电流的开关装置。断路器可用来分配电能，对电源线路等实行保护，当它们发生严重的过载或者短路及欠压等故障时能自动切断电路，其功能相当于熔断器式开关与过欠热继电器等的组合。

低压断路器也称为自动空气开关，可用来接通和分断负载电路。它的功能相当于闸刀开关、过电流继电器、失压继电器、热继电器及漏电保护器等电气部分或全部的功能总和，是低压配电网中一种重要的保护电器。低压断路器具有多种保护功能（过载、短路、欠电压保护等）、动作值可调、分断能力高、操作方便、安全等优点。低压断路器由操作机构、触点、保护装置（各种脱扣器）、灭弧系统等组成。

图5-12　微型断路器

按照电流分，可分为微型断路器（简称微断，见图5-12）、塑料外壳式断路器（简称塑壳断路器，见图5-13）和框架断路器（万能断路器）。微型断路器电流不超过63A。塑壳断路器电流不超过600A。框架断路器电流不超过4000A。

1. 断路器的工作原理

短路时，大电流（一般10~12倍）产生的磁场克服反力弹簧，脱扣器拉动操动机构动作，开关瞬时跳闸。当过载时电流变大，发热量加剧，双金属片变形到一定程度推动机构动作（电流越大，动作时间越短）。

图5-13　塑壳断路器

低压断路器的主触点是靠手动操作或电动合闸的。主触点闭合后，自由脱扣机构将主触点锁在合闸位置上。过电流脱扣器的线圈和热脱扣器的热元件与主电路串联，欠电压脱扣器的线圈和电源并联。当电路发生短路或严重过载时，过电流脱扣器的衔铁吸合，使自由脱扣机构动作，主触点断开主电路。当电路过载时，热脱扣器的热元件发热使双金属片上弯曲，推动自由脱扣机构动作。当电路欠电压时，欠电压脱扣器的衔铁释放，也使自由脱扣机构动作。分励脱扣器则作为远距离控制，在正常工作时其线圈是断电的，在需要距离控制时按下启动按钮，使线圈通电，衔铁带动自由脱扣机构动作，使主触点断开。

2. 断路器的参数

（1）额定工作电压（U_e）：这是断路器在正常（不间断的）的情况下工作的电压。

（2）额定电流（I_n）：配有专门的过电流脱扣继电器的断路器在制造厂家规定的环境温度下所能无限承受的最大电流值，不会超过电流承受部件规定的温度限值。

（3）短路脱扣继电器电流整定值（I_m）：短路脱扣继电器（瞬时或短延时）用于高故障电流值出现时，使断路器快速跳闸的跳闸极限I_m。

（4）断路器的分断能力：是指该断路器安全切断故障电流的能力，额定短路分断能力一般有两个，一个是极限短路分断能力I_{cu}和运行短路分断能力I_{cs}，通常I_{cs}要比I_{cu}小一些。极限短路分断能力：在规定的条件下，对开关做短路试验（电流为开关能承载的极限短路电流），开关可以不考虑能继续试验。运行短路分断能力：在规定的条件下，对开关做短路试验（电流为开关能承载的运行过程中的短路电流），开关试验后可以继续使用。

5.5.3 负荷开关

负荷开关是介于断路器和隔离开关之间的一种开关电器，具有灭弧装置，能切断额定负荷电流和一定的过载电流，但不能切断短路电流。

1. 交流负荷开关

低压负荷开关又称开关熔断器组，适用于交流电路中，用以手动不频繁地通断有载电路，也可用于线路的过载与短路保护。通断电路由触刀完成，过载与短路保护由熔断器完成。胶盖刀开关和铁壳开关均属于低压负荷开关。小容量的低压负荷开关触头分合速度与手柄操作速度有关。容量较大的低压负荷开关操作机构采用弹簧储能动作原理，分合速度与手柄操作的速度快慢无关，结构较简单并附有可靠的机械连锁装置，盖子打开后开关不能合闸及开关合闸后盖子不能打开，可保证工作安全。

2. 光伏直流负荷开关

光伏系统中常见多路电池板并联输入，这样就需要同时切断多路电池板，这些场合对直流开关的灭弧能力要求很高。交流系统灭弧容易，直流系统灭弧比较困难。因为交流电的每个周期都有自然过零点，在过零点容易熄弧，而直流电没有零点，电弧难以熄灭，因此交流开关与直流开关在结构和性能上有很大区别。相对于交流开关，直流开关需要增加额外的灭弧装置以增强灭弧能力，见图5–14。

灭弧效果是考核直流开关的重要指标之一，直流开关要有专门的灭弧装置，可以带载关断。直流开关的结构设计比较特殊，手柄和触头没有直接的连接，所以通断的时候不是直接旋转触头而断开，而是由特殊的弹簧进行连接，当手柄旋转或者移动到一个特定点时触发所有的触头“突然断开”，因而产生一个非常迅速的通断动作，使电弧持续时间比较短。

图5-14 光伏直流开关

光伏直流开关的选型一般通过关键参数初步估算并保证足够的余量。首先，光伏系统中光伏电池板本身的输出功率受到天气、环境温度、逆变器功率点跟踪等影响；其次，光伏逆变器本身有输入功率的限制和保护，有最大容许输入电压，以及电流的限制和保护；最后，直流开关本身的额定关断能力和环境温度也有关系。随着电压的升高，直流开关通断电流的能力会下降（热效应影响）。总的来说，使用的要根据天气、使用环境、逆变器的功率等来设计直流开关的容量。

5.5.4 漏电保护开关

漏电保护开关，是一种电气安全装置，其主要用途是：

（1）防止由于电气设备和电气线路漏电引起触电事故。

（2）防止用电过程中的单相触电事故。

（3）及时切断电气设备运行中的单相接地故障，防止因漏电引起的电气火灾事故。

在用电过程中，由于电气设备本身的缺陷、使用不当和安全技术措施不力会造成人身触电和火灾事故，给人民的生命和财产带来了不应有的损失。而漏电保护器的出现，对预防各类事故的发生、及时切断电源、保护设备和人身安全，提供了可靠而有效的技术手段。

1. 漏电保护器的工作原理

漏电保护器全称残余电流动作保护器，主要由三部分组成：检测元件、中间放大环节和操作执行机构。电气设备漏电时，将呈现出异常的电流和电压信号。漏电保护装置通过检测此异常电流或异常电压信号，经信号处理，促使执行机构动作，借助开关设备迅速切断电源，实施漏电保护。

2. 漏电保护器主要参数

漏电保护器有分断电路的功能，同时内部电路需要供电，因此在选择漏电保护器时首先确保频率、额定电压、额定电流满足配电网络的需求。

漏电保护器需要按照漏电流大小进行动作，因此具有三个独特的参数：

（1）额定漏电动作电流。在规定的条件下，使漏电保护器动作的电流值。例如30mA的保护器，当通入电流值达到30mA时，保护器即动作，断开电源。

（2）额定漏电动作时间。是指从突然施加额定漏电动作电流起，到保护电路被切断为止的时间。例如30mA×0.1s的保护器，从电流值达到30mA起，到主触头分离止的时间不超过0.1s。

（3）额定漏电不动作电流。在规定的条件下，漏电保护器不动作的电流值，一般应选漏电动作电流值的二分之一。例如漏电动作电流30mA的漏电保护器，在电流值达到15mA以下时保护器不应动作，否则因灵敏度太高容易误动作，影响用电设备的正常运行。

图5–15所示为100mA漏电保护开关。

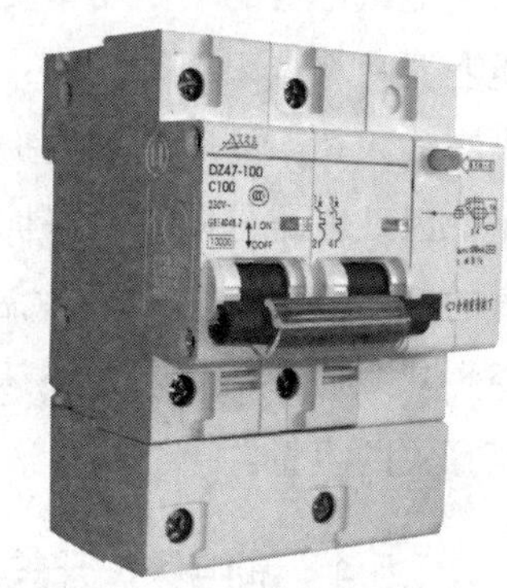

图5–15　100mA漏电保护开关

目前广泛采用了将漏电保护装置与电源开关（自动空气断路器）组装在一起的漏电断路器，这种新型的电源开关具有短路保护、过载保护、漏电保护和欠电压保护的功能。安装时简化了线路，缩小了电箱的体积，便于管理。

使用时应注意，因为漏电断路器具有多重防护性能，当发生跳闸时应具体分清故障原因：当漏电断路器因短路分断时，须开盖检查触头是否有严重烧损或凹坑；当因线路过载跳闸时，不能立即重新闭合。

当因漏电故障造成跳闸时，必须查明原因排除故障后，方可重新合闸，严禁强行合闸。漏电断路器发生分断跳闸时，手柄处于中间位置，当重新闭合时需先将操作手柄向下扳动（分断位置），使操作机构重扣合，再向上进行合闸。

3. 光伏系统如何选用漏电保护器

由于光伏组件安装在室外，多路串联时直流电压很高，组件对地会有少量的漏电流，因此选用漏电开关时，要把保护值提高到50mA以上。选择漏电保护器应按照使用目的和作业条件选用。

（1）按保护目的选用：

1）以防止人身触电为目的。安装在线路末端，选用高灵敏度、快速型漏电保护器。

2）以防止触电为目的与设备接地并用的分支线路，选用中灵敏度、快速型漏电保护器。

3）用以防止由漏电引起的火灾和保护线路、设备为目的的干线，应选用中灵敏度、延时型漏电保护器。

（2）按供电方式选用：

1）保护单相线路（设备）时，选用单极二线或二极漏电保护器。

2）保护三相线路（设备）时，选用三极产品。

3）既有三相又有单相时，选用三极四线或四极产品。

在选定漏电保护器的极数时，必须与被保护的线路线数相适应。保护器的极数是指内部开关触点能断开导线的根数，如三极保护器，是指开关触点可以断开三根导线。而单极二线、二极三线、三极四线的保护器，均有一根直接穿过漏电检测元件而不断开的中性线，在保护器外壳接线端子标有“N”字符号，表示连接工作零线，此端子严禁与PE线连接。

应当注意：不宜将三极漏电保护器用于单相二线（或单相三线）的用电设备，也不宜将四极漏电保护器用于三相三线的用电设备。更不允许用三相三极漏电保护器代替三相四极漏电保护器。

光伏系统常见开关位置如图5-16所示。

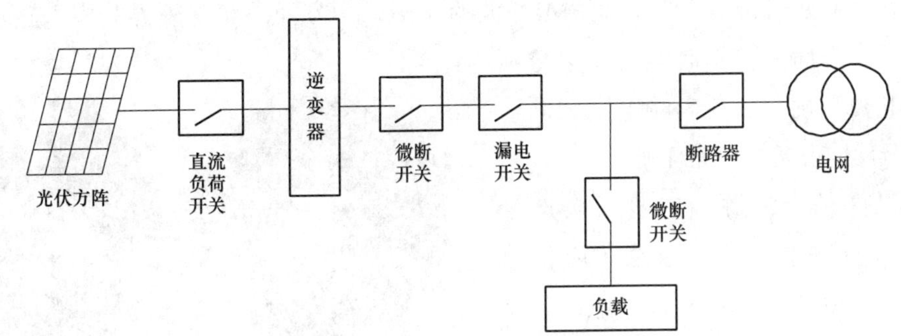

图5-16　户用光伏系统常见开关位置

常见户用光伏系统断路器额定电流和逆变器用的电缆选择见表5-9。

表5-9　常见户用光伏系统断路器特性

序号	名称	额定电流（A）	功率（kW）	导线截面积（mm^2）
1	微型断路器	6，10	1.5 单相 5.0 三相	1.5
2	微型断路器	16	2~3 单相 5~8 三相	2.5
3	微型断路器	20	3~4 单相 10~12 三相	2.5
4	微型断路器	25	4~5 单相 13~15 三相	4.0
5	微型断路器	32	5~6 单相 16~18 三相	4.0
6	微型断路器	40	20~25 三相	6.0
7	微型断路器	50	30~36 三相	10.0
8	微型断路器	63	40~44 三相	16.0
9	塑壳断路器	80	50 三相	25.0
10	塑壳断路器	100	60 三相	35.0
11	塑壳断路器	120	80 三相	50.0
12	塑壳断路器	160	100 三相	70.0

5.6　光伏逆变器中的电感器件

电感器（inductor）是能够把电能转化为磁能存储起来的元件。电感器的结构类似于变压器，但只有一个绕组。电感器具有一定的电感，它只阻碍电流的变化。如果电感器在没有电流通过的状态下，电路接通时它将试图阻碍电流流过；如果电感器在有电流通过的状态下，电路断开时它将试图维持电流不变。电感器又称扼流器（choke）、电抗器、动态电抗器。

电感器一般由骨架、绕组、磁芯或铁芯、屏蔽罩、封装材料等组成。骨架泛指绕制线圈的支架。将漆包线环绕在骨架上，再将磁芯或铜芯、铁芯等装入骨架的内腔，以提高其电感量。绕组是指具有规定功能的一组线圈，绕组有单层和多层之分。铁芯材料主要有硅钢片、坡莫合金、铁氧体、非晶合金、金属磁粉芯等。一台光伏逆变器中，通常共有4种电感：直流共模电感、升压电感、滤波电感、交流共模电感。

共模电感（见图5-17）主要起EMI滤波的作用，一方面要滤除外界共模电磁对逆变器的干扰，另一方面又要抑制逆变器本身不向外发出电磁干扰，避免影响电网和同一电磁环境下其他设备的正常工作。

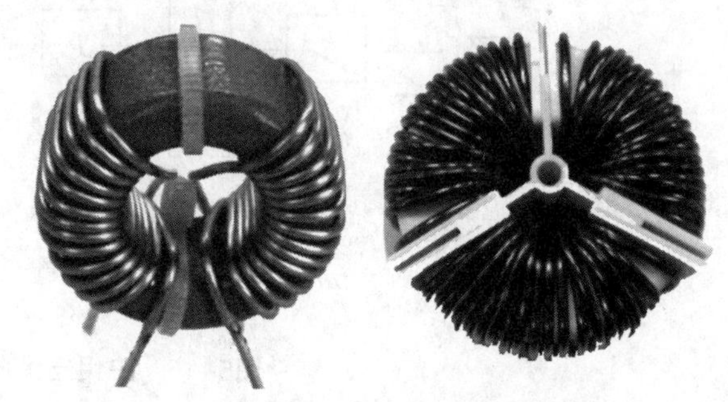
图5-17　逆变器共模电感

光伏组件是直流源，本身不会产生电磁干扰，有些逆变器厂家为了降低成本，取消了逆变器直流EMI共模电感。实际上，由于逆变器功率器件开关速度非常高，会产生较大的共模干扰电流。如果没有直流EMI共模电感，这些干扰电流信号就会传到直流电缆和组件上。这时组件就会像一个天线，产生电磁干扰，影响光伏系统周边的电信号，如有带天线的电视机和收音机等设备就会工作不良。

为了提升发电量，组串式逆变器一般为两级结构，输入电压范围较宽，单相为70~550V，三相为200~1000V。前级为BOOST升压，要配置升压电感，后级为逆变电路，要配置滤波电感（见图5-18）。升压电感和滤波电感是功率电感，从工作电流的角度来看，功率电感在其整个工作段内纹波电流相对较大并且工作温度较高，从而功率电感的直流偏置特性要求较高（尤其是高温时），提高功率电感对应铁氧体材料的高温（饱和磁通密度）B_s非常必要。另外，从损耗的角度来看，功率电感的损耗可能占到太阳能逆变系统总损耗的20%~40%，降低功率电感铁损非常必要。

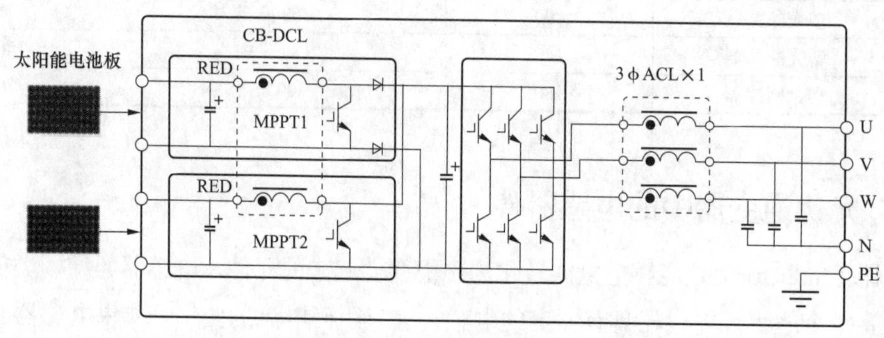

图5-18　逆变器升压电感和滤波电感

铁损主要由磁性材质的特性所决定。为了减少铁损，必须优化选取高频损耗特性好的材料。磁性材料的损耗优劣关系：铁氧体＜非晶＜铁硅铝＜铁硅＜纯铁粉芯。在各类磁性材料中，铁硅铝磁粉芯具有分布式气隙，饱和磁感应强度大，恒磁导率大，居里温度高，且在高频下具有极低的损耗，以及几近为零的磁致伸缩系数，价格适中，因此成为光伏逆变器功率电感器最佳选择。

铁硅铝磁粉芯优势：成本适当，优于钼坡莫合金/高磁通及复合合金；较低的损耗，优于铁粉芯；高饱和度，优于间隙铁氧体；几近为零的磁致伸缩，优于铁粉芯；无热老化现象，优于铁粉芯；软饱和，优于铁氧体及复合合金。

铁硅铝磁粉芯缺点：和所有的粉末冶金材料一样，铁硅铝也需要黏结剂，和硅钢片相比，存在老化开裂、温度升高时容量会下降、电流噪声较大等缺点。为了克服这些缺点，一般采取电感灌胶工艺等方法。

灌胶电感：分为铝型材组装、电感组装、初测、灌导热硅胶、固化、终测、整体封装、线束整理等多道工序，约增加30%以上的材料成本和50%的人工成本，如图5–19所示。

图5–19　逆变器灌胶电感

灌胶后的电感作为一个整体安装在逆变器后面，和把电感安装在逆变器内部相比，有三大优势：

（1）空气的导热系数为0.023W/（m·K），铝导热系数为是160 W/（m·K），硅胶导热系数约为1.2 W/（m·K）。采用灌胶工艺的电感，相当于散热面积扩大了3~4倍，散热速度提高了10多倍，因此可以降低电感温度，减少温度升高时老化开裂、容量下降等现象发生。

（2）由于电感是逆变器第二发热元器件，电感和PCBA板分开安装，热量直接向外散发，不会提升逆变器内部温度。避免逆变器其他元器件如电容、芯片、传感器温度升高而性能受到影响，降低寿命。

（3）经过硅胶和铝壳双层密封，可以降低电感的噪声。电感整体固定在逆变器框架上，可以减少逆变器在运输和安装过程中的振动，牢靠不易松动。

5.7 光伏连接器

在光伏电站中，要把大量的组件的电量汇集在一起，进入逆变器，必须依赖电缆和连接器，光伏连接器是光伏发电系统内组件、汇流箱、控制器和逆变器等各个部件之间相互连接的关键零件。

截至2018年9月底，我国光伏累计装机容量约133GW，位居全球第一。以1MW用量4000套来计算，目前国内光伏电站约有5.3亿套连接器。若以风险的角度看，意味着有至少5.3亿个风险点需要电站业主去关注。尽管如此，在电站设计、建设及运维的阶段，光伏连接器还是经常被忽视，究其原因，是大家对连接器的重视程度还不够。

5.7.1 光伏连接器历史

对于光伏连接器来说，1996年和2002年是两个十分重要的年份。1996年以前，没有专门的光伏连接器，光伏电缆采用通用的螺钉端子或者接合连接件（splice connection）进行连接，外面接绝缘胶布。这种方法费时费力，而且不可靠，随着光伏系统安装量的增加，大家希望有一个快速、安全和易操作的连接方案。

1996年，基于这些应用环境及市场需求，一种新型的插入式连接器（plug-in connector）应运而生，这就是真正意义上的光伏连接器——MC3，如图5-20所示。它的发明者是瑞士公司Multi-Contact（2002年并入史陶比尔集团），MC即品牌缩写，3则是金属芯直径的尺寸代号。MC3的主体采用TPE材料（热塑性弹性体），并通过摩擦力配合以实现物理连接。MC3更为重要的是，其连接系统采用MULTILAM技术，以保障连接的持久稳定性。

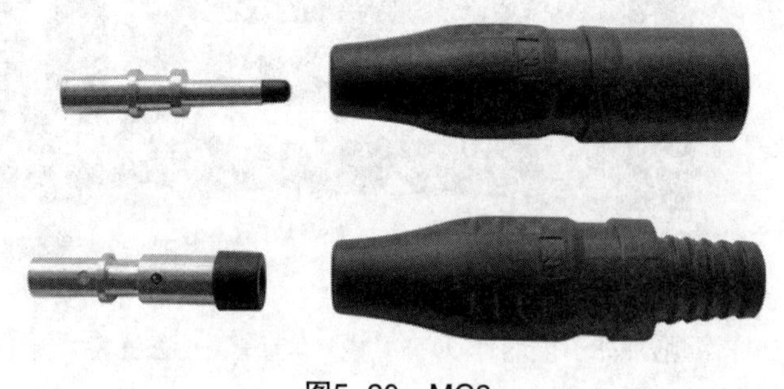

图5-20　MC3

2002年，MC4的诞生再次重新定义了光伏连接器，真正实现了“即插即用”（plug and play）。绝缘材料使用硬质塑料（PC/PA），而且在设计上更易于组装和现场安装。MC4面市后，迅速得到市场认可，逐渐成为光伏连接器的标准。

MC4连接器分为线端和板端，通常意义上，大家所说的MC4指的是线端。MC4由金属件和绝缘件两大部分组成，如图5-21所示。

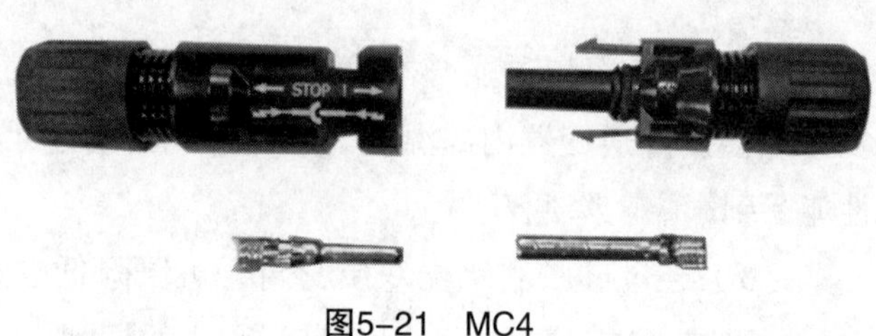

图5-21　MC4

不同厂家连接器在规格、尺寸和

公差等方面并不一致，所以根本无法100%匹配。倘若强行互插，会导致温度升高、接触电阻变化和IP等级无法得到保证，进而严重影响电阻的发电效率和安全。

由于Multi-Contact是世界上第一个做专业光伏连接器的，很多标准都是其定的，影响巨大。很多人以为光伏连接器外文名字就是MC4，其实并不是。另一个做光伏连接器的Amphenol出货量和它差不多，型号为HeliosH4，如图5–22所示。

图5–22　HeliosH4

5.7.2　光伏连接器的核心技术

光伏系统长期暴露在风雨、烈日和极端的温度变化中，连接器必须能够适应这些恶劣环境。它们不仅要防水、耐高温和对紫外线具有耐候性，而且要做到触摸保护、高载流能力及高效。同时，低接触电阻也是重要考量指标。所有这一切，还都必须贯穿于整个光伏系统生命周期，至少25年。在整个光伏系统中直流侧电压通常高达600~1000V，一旦光伏组件接头接点松脱，接触不良，就极易引起直流拉弧现象。直流拉弧会导致接触部分温度急剧升高，持续的电弧会产生1000~3000℃的高温，并伴随着高温碳化周围器件。轻者熔断熔丝、线缆，重者烧毁设备引起火灾。

1. 外壳绝缘材料

光伏连接器的应用环境一般非常恶劣，从海边盐碱地到高原荒漠等各种地形，从炎热的赤道到寒冷的高纬度地区，还有太阳辐射、雨雪以及风沙等长年侵蚀。只有外壳绝缘材料的耐候性能、耐热性能、阻燃性能、机械性能、绝缘性能等各方面性能都非常好，才能使用25年，从而保证里面的铜芯和外面绝缘。

2. 密封

光伏连接器里面是插件铜芯和电缆的铜芯，本身没有防腐功能，需要连接器让铜芯和外界保持隔离。板载的连接器还和逆变器（或者控制器）在一起，所以还要保证逆变器的密封功能，因此连接器的密封功能也要非常可靠。另外在安装时，密封螺钉要拧紧。

3. 接触电阻

光伏连接器最新国际标准IEC 62852，公母对插后的接触电阻在TC200+DH1000 测试后，增量不能大于5mΩ或者电阻终值小于初始值的150%。采用优质的光伏连接器，在连接器上消耗的功率不到系统总功率的万分之一，劣质的连接器所消耗的功率则是优质连接器的30多倍。连接器失效是引发火灾的根本原因：在通流情况下，连接器的接触电阻增大导致温升增加，并超出塑料外壳及金属件所能承受的温度范围。接触电阻主要和铜芯的材料、尺寸有关系，不同品牌的连接器规格不一样，建议不要混用。在安装时，公母连接器要插到位，正规品牌的连接器，对插到位时会有声音。

5.7.3 光伏连接器的压接方法

造成光伏连接器失效的原因，除了连接器本身的质量原因外，另外一个很重要的原因就是加工没做好，造成了连接器虚接，从而引发了直流侧拉弧，进而引发火灾。由于连接器引发的问题还有接触电阻增大、连接器发热、寿命缩短、连接器烧断、组串断电、接线盒失效、组件漏电等问题，造成系统无法正常工作，影响发电效率。

金属芯的类型及特点（见图5–23）：金属芯是连接器组成的主体，也是最主要的电流通过的路径。目前市场上光伏连接器有两种，一部分是U形金属芯，它是由铜片冲压成型的，也称为冲压型金属芯，适合自动化线束生产。另一部分光伏连接器采用O形金属芯，它是由细铜棒两端钻孔成型，也称为机加工型金属芯。O形金属芯连接可靠，对压接工具要求低，适用于用手动压接工具生产。

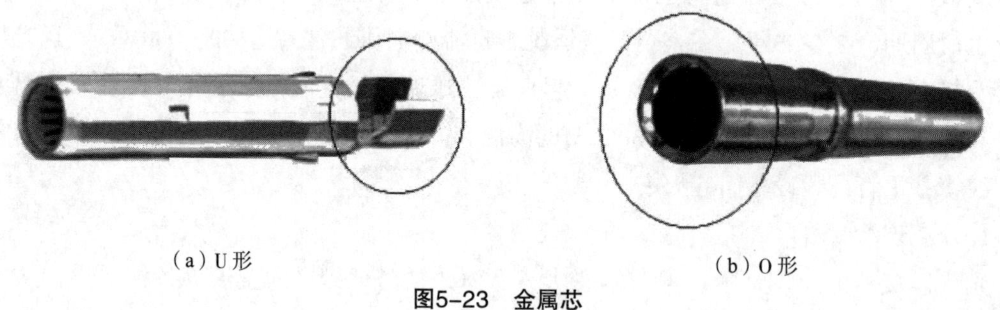

（a）U形　　（b）O形

图5–23　金属芯

还有一种极为少见的金属芯是免压接的，它靠弹簧片和电缆连接。由于不需要压接工具，所以安装相对简单方便。但是，弹簧片连接会导致接触电阻较大，且不能保证长期可靠性。一些认证机构也不认可此种金属芯。

1. 压接基础知识

压接是一种最基本和常见的连接技术。压接的可靠性很大程度上取决于工具和操作，两者共同决定了最后的压接效果是否满足标准的要求。以U形金属芯为例，其基本上是铜镀锡的材质，需要通过压接和光伏电缆连接，其压接过程如图5–24所示。

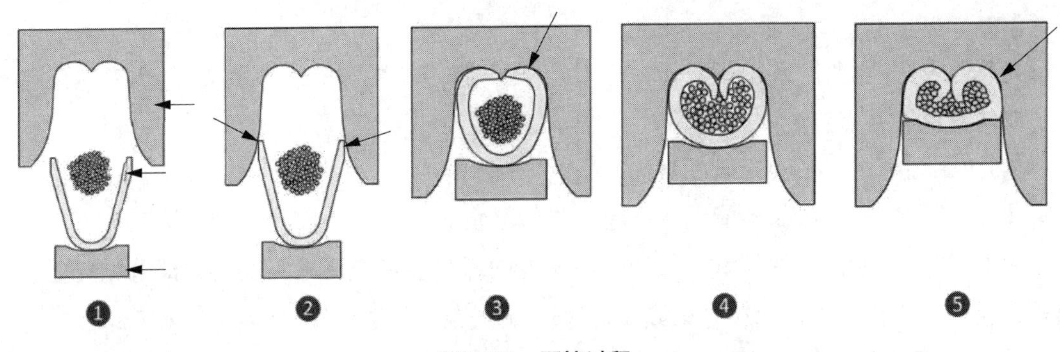

图5-24　压接过程

不难看出，U形金属芯压接是一个随着压接高度逐渐减少（同时压接力逐渐增加），铜片包裹电缆铜丝逐渐压缩的过程。在这个过程中，对压接高度的管控直接决定了压接品质的好坏。

2. 压接质量评判

行业内通常采用的评判方式如下：

（1）压接高度/宽度，在定义的范围内用游标卡尺可测量。

（2）拉脱力，即把铜丝从压接处拉出来或拉断所需要的力，比如4mm^{2}电缆，IEC 60352-2要求至少达到310N。

（3）电阻，以4mm^{2}电缆为例，IEC 60352-2要求压接处电阻小于5MΩ。

（4）横截面分析，无损切断压接区，分析宽度、高度、压缩率、对称性、有无开裂和毛边等。

3. 压接工具

绝大多数的光伏连接器是在工厂内通过自动化设备完成安装的，压接质量较高。但是，对于不得不在工程现场安装的连接器，压接只能通过压接钳（见图5-25）完成。压接必须使用原厂专业压接钳，普通的老虎钳或者尖嘴钳不能用于压接，一方面压接质量低下，另一方面生产效率低。

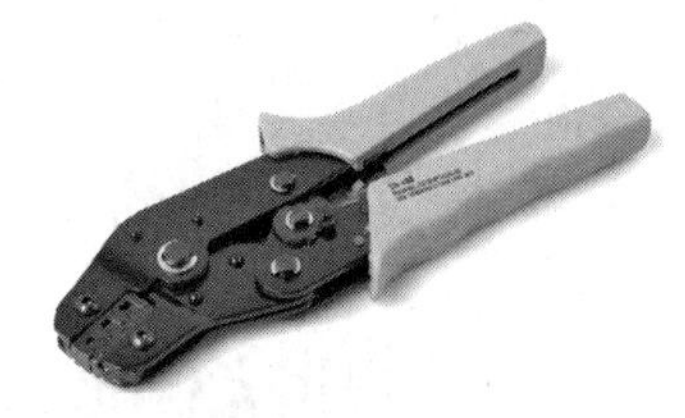

图5-25　压接钳

光伏连接器不规范的压接主要是由于现场工具和人员操作经验差距造成压接品质差，主要问题是电缆铜丝弯折，部分铜丝没有压接进去及压接部分为电缆绝缘层。

涉及压接工艺时还需要注意剥线环节，标准中对于在剥线中切断的铜丝数是有严格规定的。如果切断的铜丝较多就会影响压接及通流质量，从而造成较高的温升。

对于这个问题，建议有条件的安装商可以选购专业工具，并且给现场安装人员进行相应的培训，并成立抽检机制。

总结：

光伏连接器是光伏系统很重要的部件，要引起足够的重视，在产品选型和施工过程中，要注意以下几点：

（1）采用国内外名牌质量可靠的产品。

（2）不同厂家的产品不能混在一起，产品可能不匹配。

（3）采用专业的剥线钳和压接钳，不专业的工具会造成压接不良。如部分铜丝剪断，有些铜丝没有压接进去，误压到绝缘层，压接力量过小或者过大。

（4）连接器和电缆接好后，要检测一下，正常情况下电阻为零，双手用力拉不会断。

光伏分支电缆：当组件功率小，数量比较多时，需要2块或者多块组件汇在一起，常见的汇流套件有二汇一、三汇一、四汇一、五汇一等。按照方式可以做成注塑一体式或者线束式，如图5-26所示。

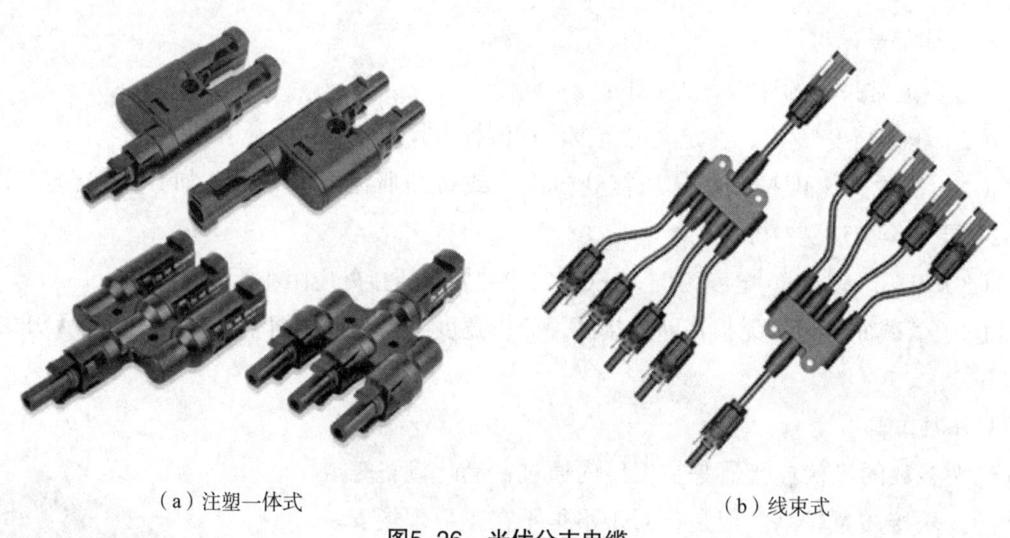

（a）注塑一体式　　（b）线束式

图5-26　光伏分支电缆

5.8　户用光伏配电箱原理及典型设计

光伏配电箱是光伏系统里面的一个重要组成部分，在总造价中占比不高，但是关系到光伏系统的安全运行和运维，是不可忽视的一部分。下面介绍户用光伏配电箱的开关和电缆等如何选型，以及典型电气设计方案。

5.8.1　户用光伏配电箱基本构成

户用配电箱一般由刀开关、自复式过欠电压保护器、断路器、浪涌保护器后备断路器/熔断器和浪涌保护器组成。

1. 断路器

断路器（空气开关，微型断路器）在线路中主要起过载、短路保护作用，同时起正常情况下不频繁开断线路的作用。主要技术参数是额定电流和额定电压，额定电流取逆变器交流侧最大输出电流的1.2~1.5倍，常见规格有16、25、32、40、50、63A等。额定电压有单相230V和三相400V等。

2. 自复式过欠电压保护器

自复式过欠电压保护器是常用的一种保护开关，主要应用于低压配电系统中。当线路中过电压和欠电压超过规定值时能自动断开，并能自动检测线路电压，当线路中电压恢复正常时能自动闭合。和逆变器自动过欠电压形成双保护，常见型号规格有20、25、32、40、50、63A等（自复式过欠电压保护器额定电流不小于主断路器额定电流）。

3. 浪涌保护器

又称防雷器，当电气回路或者通信线路中因为外界的干扰突然产生尖峰电流或者电压时，浪涌保护器能在极短的时间内导通分流，从而避免浪涌对回路中其他设备的损害。选型规则：最大运行电压U_c大于$1.15U_0$，U_0是低压系统相线对中性线的标称电压，即相电压220 V。单相一般选择275V，三相一般选择440V，标称放电电流选I_n=20kA（I_{max}=40kA）。

4. 浪涌保护器后备断路器/熔断器

当通过浪涌保护器的涌流大于其I_{max}，浪涌保护器将被击穿失效，从而造成回路的短路故障。为切断短路故障，需要加装断路器或熔断器。每次发生雷击都会引起浪涌保护器的老化，如漏电流长时间存在，浪涌保护器会过热加速老化，此时需要断路器或熔断器的热保护系统在浪涌保护器达到最大可承受热量前动作断开电涌器。一般 I_{max}大于40kA 的宜选40~63A 的，I_{max}小于40kA的宜选 20~32A的。

浪涌保护器前面的开关可选用熔断器和断路器。熔断器的特点：熔断器有反时限特性的长延时和瞬时电流两段保护功能，分别作为过载和短路防护用，就是故障熔断后必须更换熔断体。断路器的特点：断路器有瞬时电流保护和过载热保护，故障断开后可以手操复位，不必更换元件。

5. 隔离开关

主要作为不频繁地手动接通和分断交、直流电路或作隔离开关用，创造一个明显开断点，起到安全提示的作用。

选型规则：隔离开关额定电流不小于回路主断路器额定电流，常见规格型号有16、32、63A等。

配电箱必须要有一个物理隔离器件使电路有明显断点，在检修和维护的情况下保证人员的安全。这个器件叫隔离开关，俗称刀闸。

6. 交流侧电缆

交流电缆选型时，最好选择软铜线。一方面铜线的电阻率小，损耗小，载流量大；另一方面可以避免铜铝化学腐蚀。电缆额定电流一般为计算所得电缆中最大连续电流的1.25倍。

7. 电能计量

一般光伏电能计量表都与配电箱装在一起，也有一些地方会把电表与配电箱分开来。配电箱与计量表放在一起比较好：一是离得近，线损比较少；二是节省一个箱子；三是查询和维修方便。我国户用光伏电站，电表都是由供电公司免费提供和安装的，为了防止个别用户私自更改电表设置，配电箱安装电表的门要有安全装置，只能允许供电公司人员打开。

5.8.2 典型户用单相配电箱设计

与塑料箱体相比，金属箱体较好。在金属箱体中，不锈钢的最好，性价比较高的是镀锌板喷塑箱体，喷塑有二次防腐的功能。无论光伏配电箱是安装在户外还是安装在室内，都需要注意箱体的防尘、防水规格。户外要用IP65等级，户内要用IP21等级。如果是在海边或者盐雾环境比较恶劣的地区，在选择光伏配电箱时务必选择镀锌板喷塑、敷铝锌板喷塑、304不锈钢或者更高规格的箱体，目的是防腐蚀。户用配电箱电路原理图如图5-27所示。

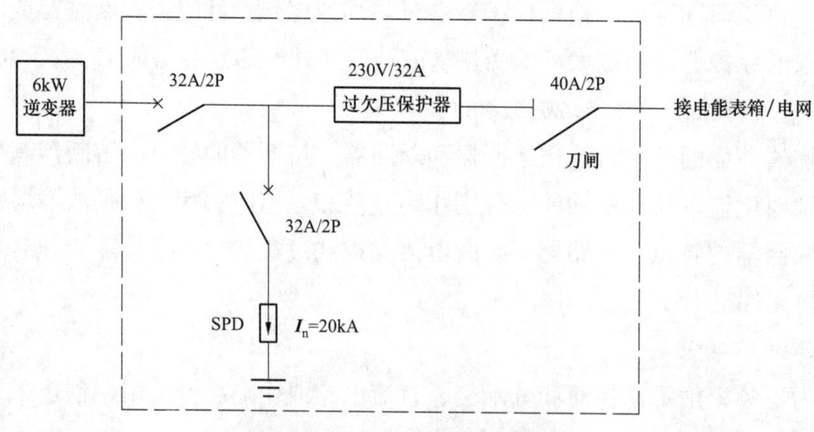

图5-27 户用配电箱电路原理图

由于每个省份对并网要求不同，所以有些地方对配电箱有特殊要求。在选择购买光伏配电箱的时候，首先要与厂家进行确认。配电箱是否要安装电表，电网接入方案中是否要求配电箱安装防孤岛装置等问题。

第6章　分布式光伏系统典型设计方案

6.1　分布式家用光伏方案典型设计

分布式家用光伏是指10kW以下，安装在家庭屋顶，通过220V并网或者380V并网的项目，大部分采用自发自用余量上网的方式，最大装机容量为上一级变压器容量的25%。

6.1.1　场地和材料的选择

1. 选择合适的安装场地

家庭屋顶一般采用瓦片结构和水泥结构，安装方在推销光伏或者接到用户申请时，要去现场考察，因为并不是每家屋顶都适合安装光伏。首先要确定屋顶的承载量能不能达到要求，太阳能电站设备对屋顶的承载要求大于30kg/㎡，一般近5年建的水泥结构的房屋都可以满足要求，而10年以上的砖瓦结构的房屋就要仔细考察了。其次要看周边有没有阴影遮挡，即使是很少的阴影也会影响发电量，如热水器、电线杆、高大树木等，公路旁边及房屋周边工厂有排放灰尘的，组件容易脏污，影响发电量。最后要看屋顶朝向和倾斜角度，组件朝南并在最佳倾斜角度时发电量最高，如果朝北则会损失很多发电量。遇到不适合装光伏的要果断拒绝，遇到影响发电量的要和业主实事求是讲清楚，否则后面可能有纠纷。

2. 选择合适的光伏组件

光伏组件有多晶硅、单晶硅、薄膜三种技术路线，各种技术都有优点和缺点。在同等条件下，光伏系统的效率只和组件的标称功率有关，和组件的效率没有直接关系。组件技术成熟，国内一线和二线品牌的组件生产厂家质量都比较可靠，客户需要选择从可靠的渠道去购买。光伏组件有60片电池和72片电池两种，分布式光伏一般规模小，安装难度大，所以推荐用60片电池的组件，尺寸小、重量轻、安装方便。

按照市场规律，每一年都会有一种功率的组件出货量特别大，业内称为主流组件，组件的效率每一年都在增加：2017年是多晶265W、单晶275W这种型号性价比最高，也比较容易买到；2018年主流组件是多晶270W、单晶290W；2019年主流组件是多晶280W、单晶300W。

3. 选择合适的支架

根据屋顶的情况，可以选择铝支架、C型钢支架、不锈钢支架等，并考虑光伏支架强度、系统成本、屋顶面积利用率等因素。在保证系统发电量降低不明显的情况下（降低不超过1%）尽可能降低光伏方阵倾斜角度，减少受风面以增加支架强度，减少支架成本，提高有限场地面积的利用率。漏雨是安装光伏电站过程中需要注意的问题，防水工作做好了，光伏电站才安全。光伏支架安装在屋顶支撑着组件，连接着屋顶。它的设计多采用顶上顶的方式，不会对屋面原有防水进行穿孔、破坏；压块采用预制构件，不用现场浇筑，可以避免太阳能支架安装对屋面防水层的硬性破坏。

4. 光伏方阵串并联设计

分布式光伏发电系统中太阳能电池组件电路相互串联组成串联支路。串联接线用于提升直流电压至逆变器电压输入范围，应保证太阳能电池组件在各种太阳辐射照度和各种环境温度工况下都不超出逆变器电压输入范围。

5. 电缆的选择

在家用光伏系统中建议采用铜电缆。因为光伏组件MC4接头，光伏逆变器输出接线端子，并网开关的接线端子都是用铜芯做的，如果用铝线，铜铝直接连接，就会形成了一种化学电池即电化学腐蚀，这样就会引起铜铝之间接触不良，接触电阻增大。当有电流通过时，将使接头部位温度升高，而温度升高且更加速了接头腐蚀，增加了接触电阻，造成恶性循环，直至烧毁。逆变器的输出防水接头，其线径也是按照铜线来设计的，如果采用铝线则需要大一型号的线。如30kW逆变器，设计输出使用10mm^{2}的铜线，用铝线则需要16mm^2，线缆面积增加，而防水接线端子面积有限，有可能容不下。有些安装商就把防水接线端子拆掉或者破坏，这样会造成接线端子防护不严，容易进水，绝缘不好。要选择多股的BVR软铜线，不要用BV硬铜线，因为硬铜线和接线端子容易接触不良，转弯的地方还有应力，容易引发螺钉松动，接触不良。

6. 常用家用光伏系统设计方案

常见家用光伏系统，单相一般是3~8kW，三相一般是4~10kW。在条件允许的情况下，推荐使用三相并网，因为在同等条件下，三相并网比单相并网投资少，发电量高。如10kW系统，单相并网需要2台逆变器，直流输入4个组串，8根直流电缆，交流需要2个开关，三相并网只要1台逆变器，直流输入2个组串，4根直流电缆，交流需要1个开关。三相比单相电流少，损耗就少，效率高；380V并网对电网影响少，不会因为提升电网电压而停机。

6.1.2 3kW 家用光伏设计方案

方案约需要30m^{2}屋顶面积，采用285Wp光伏组件11块组成，总功率3.135kW。系统采用1台3kW光伏逆变器，接入220V线路送入业主原有室内进户配电箱，再经由220V线路与业主室内低压配电网进行连接，即可送电进入市电网。

逆变器最大直流电压（最大阵列开路电压）为550V，最大功率电压跟踪范围为70~550V，MPPT路数为1路/1并。每个太阳能电池组件额定工作电压为31.8V，开路电压为39.0V，在环境温度为（25±2）℃、太阳辐射照度为1000W/m^{2}的额定工况下，11个太阳能电池串联的串联支路额定工作电压为349.8V，开路电压429.0V，均在逆变器允许输入范围内，可确保正常工作。

在工况变化时考虑平均极端环境温度为-10℃时，太阳能电池组件串的最大功率点工作电压为11×31.8×（0.35%×35+1）=393V，满足550V最高满载MPPT点的输入电压要求；极端最高环境温度为42℃时，太阳能电池组件的工作电压为11×31.8×（-0.35%×17+1）=329（V），满足70V最低MPPT点的输入电压要求。

分布式3.0kW系统图如图6-1所示，其配置见表6-1。

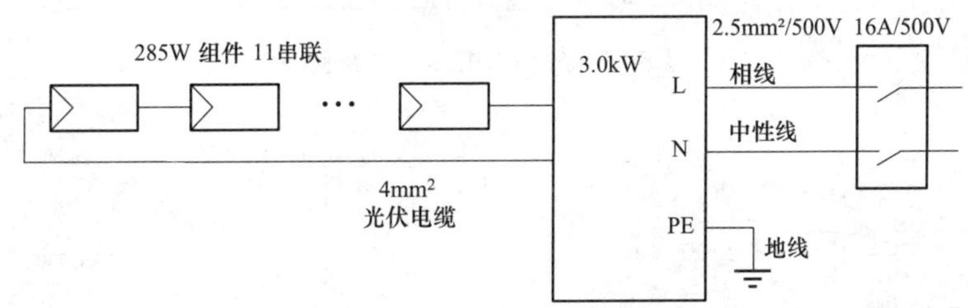

图6-1　分布式3.0kW系统图

表6-1　分布式3.0k系统配置

序号	名称	型号	规格	数量
1	组件	多晶硅	285W/U_{mp}=31.8V/I_{mp}=8.97A	11块
2	支架	根据具体情况而定		
3	并网逆变器	3000-S	3kW，70~550V	1台
4	直流电缆	光伏电缆	4mm^2/1000V	
5	交流电缆	交流电缆	2.5mm^2/500V	
6	交流开关	微型断路器	16A/500V	1台

6.1.3　常用家用光伏系统配置

表6-2为常用家用光伏系统配置，其对应的系统图分别见图6-1~图6-6。

表6-2　常用家用光伏系统配置

功率	组件及串并联方式	逆变器	交流电缆（mm^2）	交流开关（A）
3.0kW	11块285W 11串1并	3000-S	2.5	16
4.2kW	16块285W 8串2并	4200MTL-S	4.0	25

续表

功率	组件及串并联方式	逆变器	交流电缆（mm^2）	交流开关（A）
5.0kW	18 块 285W 9 串 2 并	5000MTL–S	4.0	25
6.0kW	22 块 285W 11 串 2 并	6000MTL–S	6.0	32
8.0kW	30 块 285W 10 串 3 并	8000MTL–S	10.0	50
9.0kW	32 块 285W 16 串 2 并	9000TL3–S	4.0	20

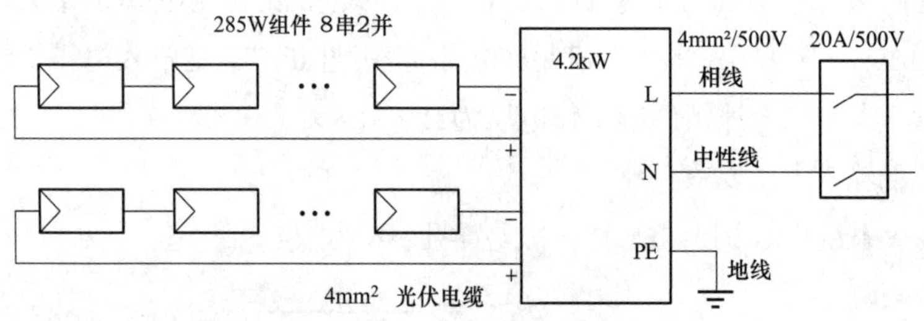

图6–2　分布式4.2kW系统图

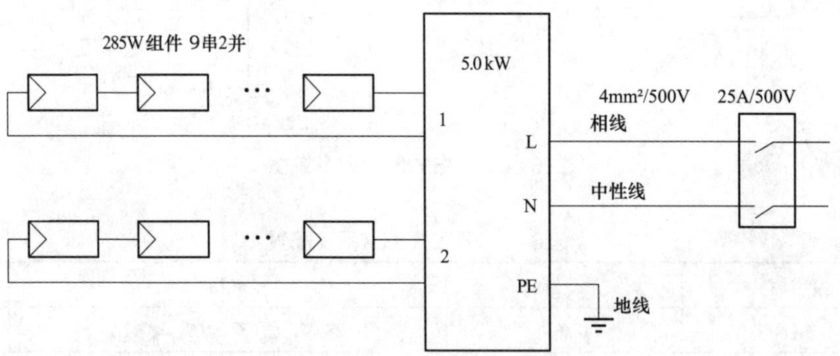

图6–3　分布式5.0kW系统图

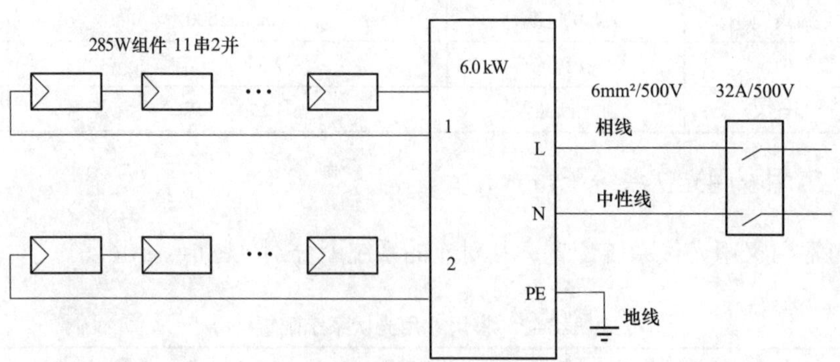

图6–4　分布式6.0kW系统图

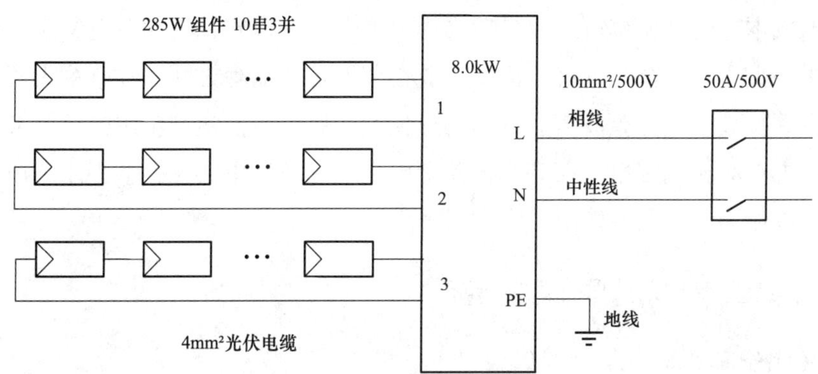

图6-5　分布式8.0kW系统图

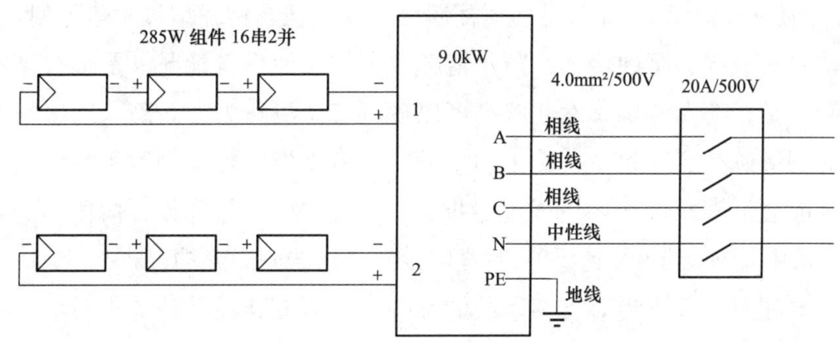

图6-6　分布式9.0kW系统图

家用光伏系统，如果把细节处理好，不用费很大工夫，但能显著提升发电量，要特别注意不要有阴影遮挡，尽量选择60片电池的组件，交流输出使用铜电缆，组件串联后尽量接近逆变器额定电压。

6.2　分布式工商业光伏项目典型设计

分布式工商业光伏项目是指安装在工业厂房、商场、学校、医院、车站等中大型建筑物屋顶，通过三相380V并网或者10kV并网，采用自发自用余量上网的方式或者全部上网的方式，在分布式光伏中是投资见效最快的，而中大型屋顶向来是“兵家必争”之地。

6.2.1　工商业光伏的优势

分布式工商业光伏项目，目前投资收益最高，深受青睐。因为光伏发电和负荷用电相对同步，自发自用比例很高，在工商业电价相对较高的情况下，能取得不错的经济效益。工商业屋顶面积相对较大，从几百平方米到几万平方米都有，可以装几十千瓦到几兆瓦，是闲置的一大块资源，可进行开发利用，给企业多一条增收渠道。国家实施阶梯电价后，工商业用电量大，在峰期电费昂贵，安装电站之后用电峰期一般都是光伏电站发电高峰期，可以有效减少企业用电成本，此外，也可采取自发自用余电上网的模式，将剩余电量卖给国家，获取一笔收益。国家大力宣传节能减排，诸多企业在节能环保品牌方面面临着重大压力，安装光伏电站可减少碳排放量，为企业树立良好的形象。一些经济发达城市用电负荷大，导致用电紧张，有些地方频频拉闸限电，安装光伏储能电站可缓解用电紧张，减小用电压力，在拉闸限电期间还可以作为应急电源使用。

6.2.2 安装工商业光伏要注意的事项

1. 安装场地外围要求

要确认屋顶的承载能力达到安装光伏电站的要求，拿到厂房建筑结构图纸，由结构工程师进行屋面增加荷载计算。如果是彩钢瓦屋面，要确认彩钢瓦型号（角驰型、T型、直立锁边型等），屋面破损、腐蚀生锈、防水情况。了解屋面设备情况，是否有风机、气窗、采光带、空调，是否有女儿墙，女儿墙高度以现场实际测量为准。确认周边是否有高层建筑物，少量的阴影遮挡会导致系统输出功率下降。有现场实际案例测量数据表明：一个小的阴影遮挡可能会带来20%~30%的发电量损失，所以在组件排布设计阶段一定要进行阴影分析，保证光伏电站在上午9时到下午3时之间没有任何的阴影遮挡。

在北方，要注意冬天下雪对支架承载的影响，如果支架设计载荷未考虑积雪负荷，当遭遇大暴雪时有造成支架全部或局部坍塌的危险，从而导致太阳能电池组件损坏，进而有可能导致整个光伏发电系统瘫痪。在沿海地区，要严格参照沿海建筑物的抗风抗震参数进行设计，选择具有较强耐压能力的镀锌支架，光伏系统的阵列布置要充分考虑抗风的御风口。

2. 安装场地内要求

除了屋顶承载能力和阴影遮挡之外，工业厂房还要考察厂房内的设备情况，如果厂家内有大型吊车、电焊机、电炉等大功率感性设备，会造成工业厂房的电压不稳定，电流谐波超标。逆变器的并网点如果接在380V的低压侧，逆变器会重复启动，如果电压变化过快，甚至还有可能造成逆变器炸机。另外还要考察工厂生产的产品，有粉尘排放太多或者有污染气体排放的工厂，如面粉厂、钢铁耐火材料、焦化企业、烧结机、石灰窑、建材水泥等公司，不适合安装光伏。还有一些排放有害气体的企业如电镀厂，组件边框和支架都是金属的，很容易氧化。还有一些工厂里面有非常精密的设备，对电磁干扰非常敏感。作者曾调研过一家公司，当光伏电站一运行，有一类测试设备就不能用了，测试逆变器输出谐波、EMC传导辐射、接地等完全符合规范，加了很多种滤波器也解决不了，后来查到该测试设备使用频率是15kHz，而逆变器的开关频率刚好也是15kHz。后来尝试改变一下逆变器的开关频率，测试设备就使用正常了。

3. 运维

光伏发电系统的使用与维护的好坏直接影响着系统的使用寿命，影响着系统的运行成本和发电效率。一般情况下，无须对太阳能电池组件进行表面清洁处理，但对暴露在外的接线接点要进行定期检查、维护。遇有大风、暴雨、冰雹、大雪等情况，应采取措施保护太阳能方阵，以免损坏。太阳能方阵的采光面应经常保持清洁，如有灰尘或其他污物，应先用清水冲洗，再用干净纱布将水迹轻轻擦干，切勿用硬物或腐蚀性溶剂冲洗、擦拭。运输中应注意防止太阳能电池组件受到碰撞，以免损坏。避免太阳能电池组件方阵架在运输过程中有太大变形。逆变器等电气设备是全自动控制设备，无须人工操作。如无电压输出，请检查空气开关是否合上，熔丝是否熔断。逆变器无输出，检查前面板的状态指示灯判断原因，若一切指示正常，检查逆变器的输出熔丝是否熔断。逆变器、配电柜等电气设备接地，每半年测一次接地电阻。

6.2.3 常用工商业光伏系统方案

常用工商业光伏系统方案配置见表6-3、表6-4，其对应系统图如图6-7~图6-15所示。

表6-3 常用工商业小型三相系统配置

功率	组件及串并联方式	逆变器	交流电缆（mm^2）	交流开关（A）
10kW	36 块 285W 18 串 2 并	10000TL3-S	4.0	20
12kW	44 块 285W 22 串 2 并	12000 TL3-S	4.0	25
15kW	51 块 285W 17 串 3 并	15000 TL3-S	6.0	30
20kW	72 块 285W 18 串 4 并	20000 TL3-X	6.0	40
25kW	90 块 285W 18 串 5 并	25000 TL3-X	6.0	40
30kW	110 块 285W 22 串 5 并	30000TL3-S	10.0	50
33kW	120 块 285W 20 串 6 并	33000TL3-S	10.0	63
40kW	147 块 285W 21 串 7 并	40000TL3-S	16.0	80
50kW	180 块 285W 20 串 9 并	50kTL3-X	25.0	80
60kW	147 块 285W 20 串 11 并	60kTL3-X	35.0	100

表6-4 常用工商业光伏三相系统配置（多台组串式逆变器并联）

功率	组件	逆变器	交流柜
80kW	288 块 285W	80kTL3-S，1 台	1 进 1 出
100kW	360 块 285W	50kTL3-S，2 台	2 进 1 出
150kW	540 块 285W	50kTL3-S，3 台	3 进 1 出
200kW	864 块 285W	70kTL3-S，3 台	3 进 1 出
300kW	1152 块 285W	80kTL3-S，4 台	4 进 1 出
400kW	1440 块 285W	80kTL3-S，5 台	5 进 1 出

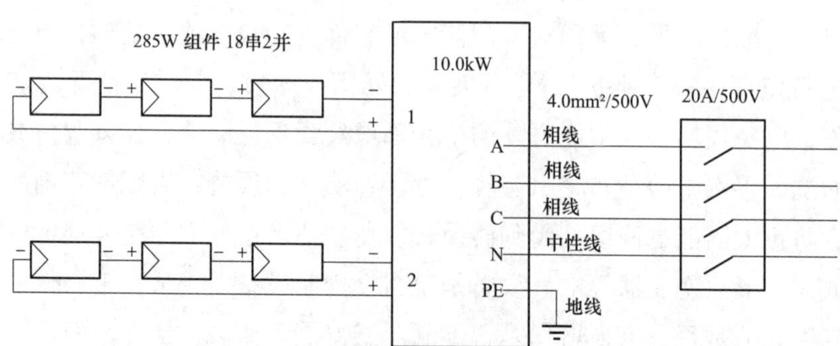

图6-7　工商业10.0kW系统图

常用工商业光伏小三相系统配置见表6-3，对于80~400kW的工商业电站，可以采用多台组串式逆变器并联的方式，逆变器尽量选用功率大的（见表6-4）。

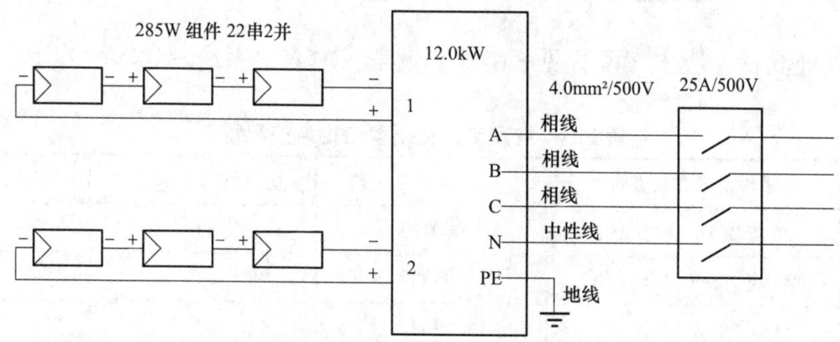

图6-8　工商业12.0kW系统图

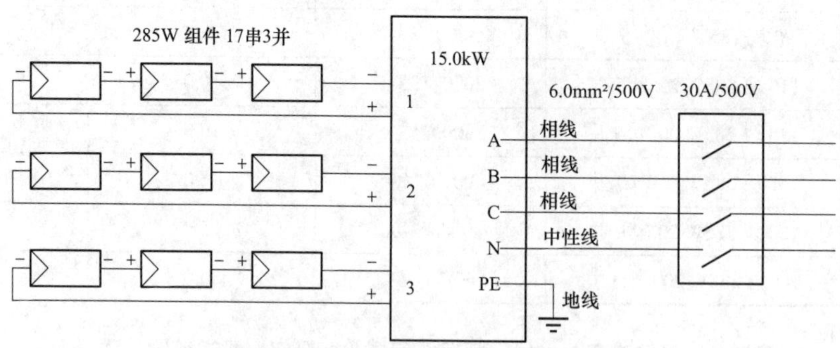

图6-9　工商业15.0kW系统图

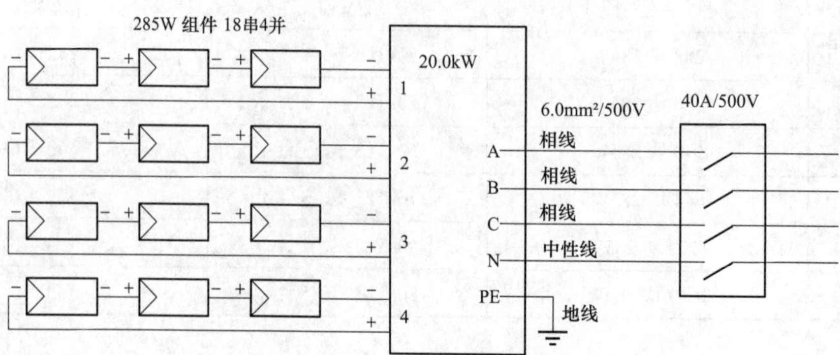

图6-10　工商业20.0kW系统图

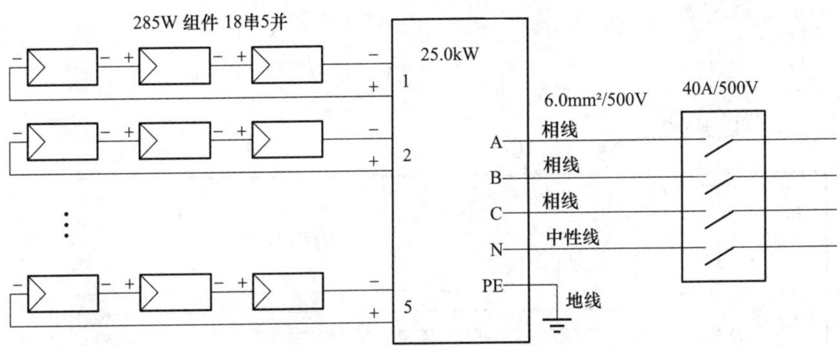

图6-11　工商业25.0kW系统图

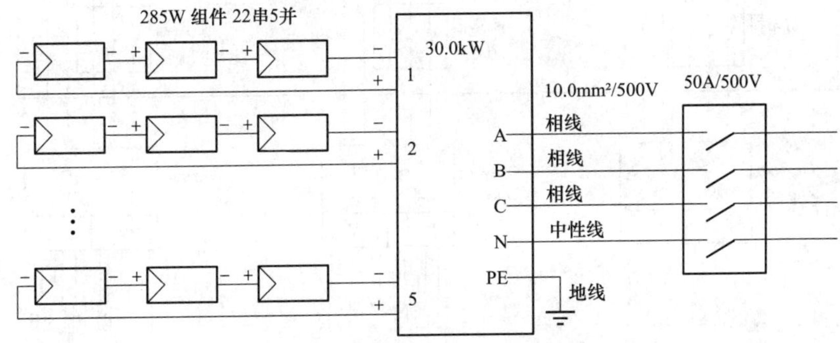

图6-12　工商业30.0kW系统图

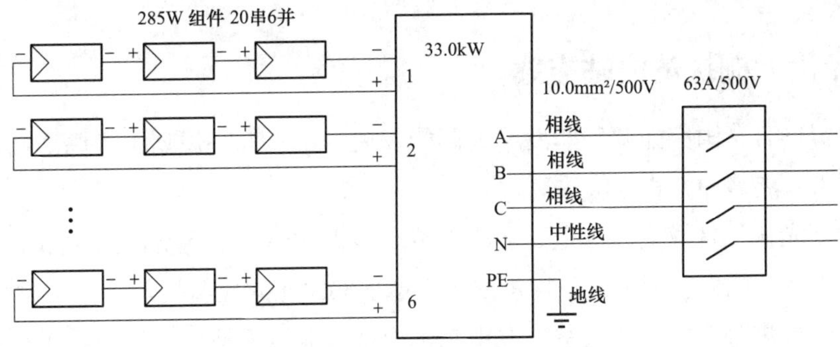

图6-13　工商业33.0kW系统图

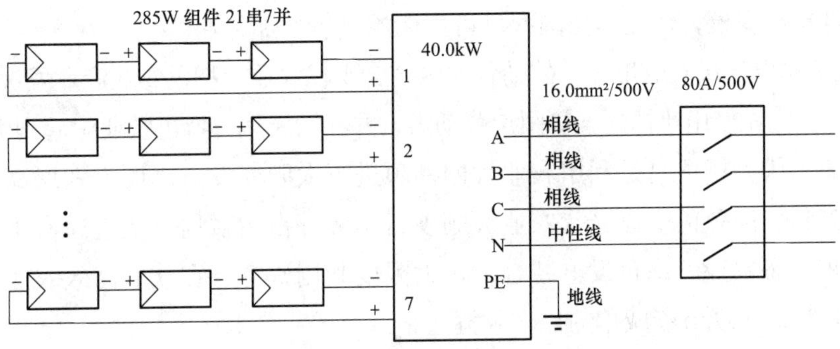

图6-14　工商业40.0kW系统图

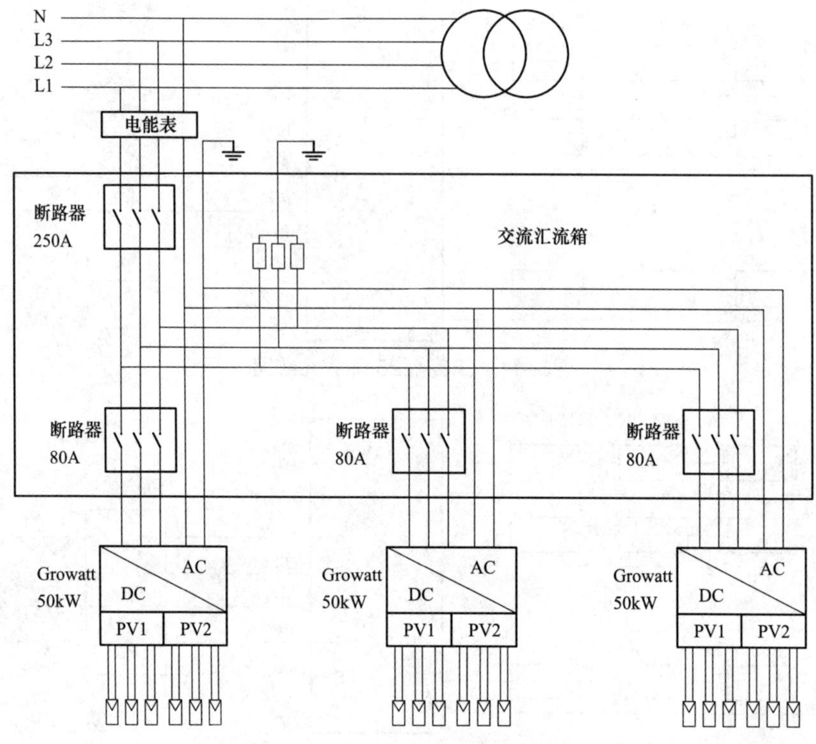

图6-15　工商业150.0kW系统图

6.3　光伏大棚扶贫电站方案

2016年12月8日，国家能源局印发《太阳能发展“十三五”规划》（国能新能〔2016〕354号），提出开展多种方式光伏扶贫。

（1）创新光伏扶贫模式。以主要解决无劳动能力的建档立卡贫困户为目标，覆盖已建档立卡280万无劳动能力贫困户，平均每户每年增加3000元的现金收入。

（2）大力推进分布式光伏扶贫。在中东部土地资源匮乏地区，优先采用村级电站的光伏扶贫模式，单个户用系统5kW左右，单个村级电站一般不超过300kW。村级扶贫电站优先纳入光伏发电建设规模，优先享受国家可再生能源电价附加补贴。

（3）鼓励建设光伏农业工程。鼓励各地区结合现代农业、特色农业产业发展光伏扶贫。光伏农业工程要优先使用建档立卡贫困户劳动力，并在发展地方特色农业中起到引领作用。

生态农业光伏大棚项目是利用农业大棚棚顶进行太阳能发电，棚内发展高效生态农业的综合系统工程。高效的生态光伏农业大棚项目不额外占用耕地，实现原有土地增值，农业光伏项目将生态农业、绿色发电结合，最大限度利用资源，在获取高效农业、绿色发电经济效益的同时，实现节能减排的社会效益。

光伏农业科技大棚是分布式光伏应用的一种新的模式。与建设集中式大型光伏地面电站相比，光伏农业科技大棚项目有诸多的优点。首先，光伏农业大棚利用的是农业大棚的棚顶并不占用地面，也不会改变土地使用性质，因此能够节约土地资源；其次，通过在农业大棚上架设不同透光率的太阳能电池板，能满足不同作物的采光需求，可种植有机农产品、名贵苗木等各类高附加值作物，还能实现反季种植、精品种植；最后，利用棚顶发电不仅可以满足农业大棚的电力需求，还可以将剩余的电并网出售，增加收益。

6.3.1　案例概况

项目地点位江西上饶德兴市黄柏乡，经度117.57° E，纬度28.95° N，海拔240m。德兴市位于江西省东北部，上饶市北部，乐安河中上游，地处赣、浙、皖三省交界处。黄柏乡位于德兴市西南部，东邻张村乡，南毗万村乡，西与弋阳县交界，北与乐平市接壤。

安装地点是水田后面的荒山上，坡度为10°~30°，方位角为正南到偏西20°，附近1km内没有高山、高建筑物遮挡。

德兴属于亚热带湿润季风区，具有气候温暖、雨量充沛、光照充足、四季分明和昼夜温差大、无霜期较长等山区小气候特点。德兴一年中夏季的5~9月气温高，都达20°以上，最高是在7月；冬季气温低，最低是在1月，但仍在零度以上。德兴全年降水量是1869.6mm，属于降水多的湿润地区，夏季的5~6月降水多，最多在6月；冬季降水少，最少是11月。风向：德兴冬季吹偏北风，夏季盛行偏南风。德兴的气候特点是：夏季吹南风，气温高，降水多；冬季吹北风，气温低，降水少。由于1月气温在0℃以上，属于亚热带季风气候，这种气候的优点就是高温期和多雨期一致。

该地点月度太阳能资源和月平均温度、风力见表6-5。

表6-5　德兴月度太阳能资源和月平均温度、风力

月份	辐射（kWh/m²）	散射（kWh/m²）	温度（℃）	风速（m/s）
1月	61.9	41.9	5.7	1.50
2月	68.0	45.3	8.5	1.60
3月	78.0	60.7	12.6	1.61
4月	97.2	69.6	18.0	1.80
5月	129.0	87.8	22.9	1.70
6月	119.4	74.4	25.6	1.59
7月	153.5	88.3	29.8	1.79
8月	157.3	85.7	28.7	1.80
9月	137.0	67.9	25.0	1.81
10月	107.0	61.6	20.2	1.60
11月	78.9	48.7	13.2	1.49
12月	71.0	39.1	7.7	1.40
年	1258.2	771.2	18.2	1.6

设计容量：光伏农业大棚电站总面积约为160多亩11万㎡，根据地形条件，初步设计光伏装机容量为4MW。

光伏发电系统运行方式：系统采用分块发电、集中并网方式。根据山地的条件，有多个坡度、多个方位角，由于地区地形复杂，平地很少，无法做土地平整，朝向正南的地形也有限，因此为保证容量必须充分利用东南、西南坡及东向、西向坡。此时电池板的安装朝向无法完全朝南布置，组串式逆变器可以精确跟踪到每个组串的MPPT，充分挖掘每一块电池板的最大输出功率，大大缩小因为距离和遮挡等原因导致的组件失配损失。组串式方案可以很好地适应山地、丘陵的阴影遮挡、组件朝向不一致等因素。本系统采用多台组串式逆变器并联，再升压进入高压电网的方式。

并网光伏系统的最佳倾角、方位角：光伏发电系统应当在可靠地满足负载需要的前提下进行合理配置，尽量减少系统规模，降低投资费用。

太阳光伏发电组件板要选择适当的方位角和倾斜角安装，确保太阳电池组件得到最优化的性能。安装地点的选择应能够满足组件在当地一年中光照时间最少天内，太阳光从上午8时到下午18时能够照射到组件。

由PVsyst软件可知（如图6-16所示），支架最佳安装倾斜角度是29°~26°，损耗为0.0%，在24° ~32° 损耗低于0.2%。

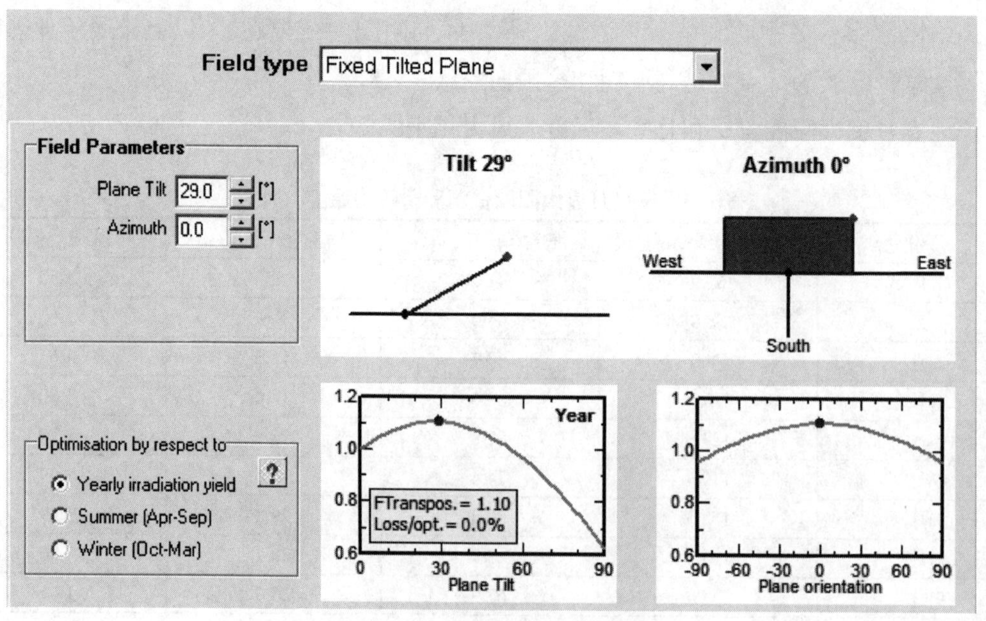

图6-16 PVsyst软件中的安装角度

6.3.2 光伏发电系统容量设计

1. 光伏组件选择

本光伏电站选用太阳多晶硅电池组件，额定功率为285W，额定工作电压为31.8V，额定工作电流8.97A，开路电压39.3，短路电流9.45A，电池片类型为多晶硅156mm × 156mm，6mm × 10mm，尺寸1650mm × 992mm × 40mm，参数见第二章表2–2。

2. 逆变器选择

根据山地的条件，有多个坡度，多个方位角，由于地区地形复杂，平地很少，无法做土地平整，朝向正南的地形也有限，因此为保证容量必须充分利用东南、西南坡以及东向、西向坡。此时电池板的安装朝向无法完全朝南布置，组串式逆变器可以精确跟踪到每1~2个组串的MPPT，充分挖掘每一块电池板的最大输出功率，大大缩小因为距离和遮挡等原因导致的组件失配损失，组串式方案可很好地适应山地、丘陵的阴影遮挡、组件朝向不一致等因素。

逆变器选用80kW输出三相480V并网的MV系列，是专为中大型光伏扶贫项目及工商业项目量身订做的一款机型，技术参数见表6–6。从直流侧，逆变器本身和交流侧应用了很多创新实用技术，全面提高光伏系统的发电效率、环境适应能力和运维检测能力。

（1）直流侧特点：

1）采用6路MPPT，提高复杂场景适配性，组串失配损失更少，发电更多，能效更高。

2）无直流熔丝，消除易损件，免维护设计。

3）AFCI保护，准确分辨直流侧拉弧信号，及时做出处理，避免火灾。

4）内置PID修复模块，无需增加额外成本，夜间自动修复白天因PID效应造成的组件功率损失。

5）独立防雷板设计，降低电站维护成本。

6）智能*I–U*曲线扫描，主动诊断分析组串状态信息，无需专业设备也可知组串信息，电池板故障定位远程、直观、快速、精准。

（2）逆变器侧特点：

1）采用双DSP、CPLD、ARM等四“核芯”结构，逆变器可以实现更多更复杂的功能，运行速度更快，处理故障更专业，安全性能更可靠。

2）采用多功能信息盘，有12个LED灯，寿命长，信息量大，可以显示逆变器运行状态，近似显示输出功率、故障类型。

3）逆变器采用全功率模块设计，安全可靠。

4）逆变器效率高，80kW的中国效率为98.65%，最高效率99.05%，是目前中国效率最高纪录保持者。

5）丰富的对外通信接口：本地监控与运维采用USB-A+WiFi+ShinePhone，USB-B+ShineBus+PC，LED 远程监控与运维采用GPRS/4G，RS485 。

（3）电网侧和运维侧特点：

1）电网侧故障录播功能，能实现远程、快速、精确的故障定位，根据故障类型采取相应的措施。

2）一键检测功能，具体项目包括以下4个功能：*I–U*曲线扫描、电网电压波形、电网电压谐波、电网线路阻抗，全部检测一遍只需要5min，便可以检测组件存在的问题、电网质量检测、电网线路阻抗诊断。它集成了*I–U*曲线诊断仪及电能质量分析仪的功能，但不需要单独配置设备，也不需要拆卸组件，方便、高速、准确。

表6–6　逆变器的技术参数

参数	MAX 80kTL3 MV
最大太阳电池阵列功率	104000W
最大阵列开路电压	1100V
输入工作电压范围	200~1000V
MPPT 跟踪路数 / 并联组串数	6/2
各路 MPPT 输入最大电流	25A
额定交流输出功率	80kW
额定输出电压 / 范围	480V/（425~540）V
额定输出电流	107A
总电流波形畸变率	3%（额定功率时）
最大效率	99%
中国效率	98.6%
通信接口	RS485 /USB/WIFI /GPRS
防护等级	IP65（户外）
使用环境温度	－ 25~ ＋ 60℃
噪声	≤ 55dB
冷却方式	智能风冷
尺寸（宽 × 高 × 深）	860mm × 600mm × 300mm
质量	79.5kg

3. 电气方案设计

系统采用多台组串式逆变器并联，再升压进入高压电网的方式。设计采用4个1MW的模块，每一个模块配3456块285W组件，12台80kW逆变器，1台12进1出汇流柜，1台高效35kV升压变压器（0.48/0.48/35kV，1000kVA）接入本地的35kV中压电网，实现并网发电功能，见图6–17。

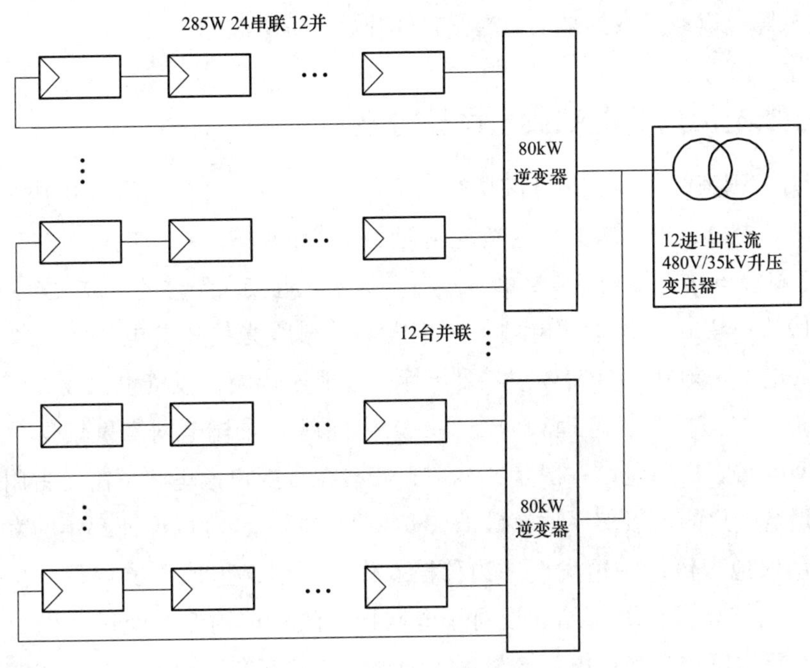

图6-17　1MW光伏系统图

组件串并连设计：每一台逆变器配288块组件，24串12并，总功率82.08kW。组串工作电压：24 × 31.8=763.2（V）。

组串最大开路电压：24 × 40.5=972（V）

4. 监控装置

50kW逆变器配有RS485/RS232/ WiFi/LAN/GPRS等多种监控方式接口，单机推荐使用ShineWiFi或者ShineGPRS，多台逆变器推荐使用ShineMaster。

逆变器和逆变器可以通过485线首尾相连，接入数据采集器ShineWebBox，再上传到服务器上。

ShineServer监控系统操作非常简单，具有多种实用功能：

（1）在手机或者电脑上实时查看每一台逆变器的运行情况，包括输入电压、电流、输出功率、每天发电量、每个月发电量、总发电量。

（2）操作方便，简单快捷，3min可以完成注册，3s完成新采集器加入。

（3）光伏系统出现故障时，有多种解决方式：

1）一般常见的故障，可以根据系统自带的“客户服务—常见问题”中找到解决方案，根据提示消除故障。

2）比较复杂的故障，可以通过APP（也可通过销售业务或者400服务电话）和生产厂家取得联系。

3）软件故障可以通过数据采集器远程软件升级，解决故障。

6.4 村级光伏扶贫电站典型设计方案

2017年7月，国家能源局、国务院扶贫办发布的《关于“十三五”光伏扶贫计划编制有关事项的通知》提出，以村级光伏扶贫电站为主要建设模式，村级电站应在建档立卡贫困村建设，单个村级电站容量控制在300kW左右（具备就近接入条件的可放大至500kW）。

目前光伏扶贫模式有集中式电站、户用电站、村级光伏扶贫电站、光伏农业电站四大类。集中式电站一般在2~20MW，需要指标，占地比较大，投资也比较大，一般用于镇一级集中扶贫，如何投资、管理和分配是一个大问题。农村电网容量较少，有很多地方不适合建大型电站。户用电站一般是3~5kW，安装在贫困户家里，不需要占用地面，容量也不大，但是贫困户的一般房屋比较破旧，安装不方便，也难以保证25年的寿命。光伏农业电站不占用农地，可以一边发电一边种植农作物，但对土地要求较高，初始投入大，对电站管理也比较高。村级电站建设对于电网接入的要求稍低，经过“十二五”改造之后，农村电网目前可接入光伏电站容量大大增加，基础配套设施能够满足需求。同时，在“十三五”农村电网改造和建设过程中，国家电网公司也明确承诺，对发展光伏扶贫的贫困村电网的改造给予优先支持，电站建好后要及时实现电站并网。

目前，我国12.8万个贫困村有一半适合建村级电站，村级电站将成为“十三五”时期光伏扶贫的主要模式。村级电站的建设规模普遍比较小，更容易协调落实建设用地。此外，村级电站扶贫模式解决了贫困村无集体经济收入的问题。据了解，在全国各地推进精准扶贫的过程中，村级集体经济收入很难得到有效解决。2014年建档立卡识别出12.8万个贫困村，其中90%没有集体经济收入，而村级电站的收益除分给贫困户外，其余由村集体获得，如果村集体有了经济收入，就可以有效解决“空壳村”的问题。

6.4.1 选择合适的光伏组件

2017年组件出现了很多新技术，如PREC、多主栅、无主栅、N型组件、双面发电组件，要根据实际情况选择。光伏组件有60片电池和72片电池两种，72片组件面积大、质量大，搬运与安装的难度相比60片更大一些。在坡度较大的山地以及屋顶，选择60片更有优势，另外各厂家60片的产能要更高一些。72片组件单块功率大，相同装机容量情况下功率大的组件使用的总数量少，组件数量少意味着组件间连接点少，线缆用量少，系统整体损耗也会有所降低。60片或72片在选择时，尽量从设备安装条件、组件每瓦价格、厂家供货量、装机容量、系统造价等几个因素综合考虑。

72片电池各型号组件规格见表6–7。

表6-7　72片电池各型号组件规格

参数	JAM6（K）-72-330/PR	JAM6（K）-72-335/PR	JAM6（K）-72-340/PR	JAM6（K）-72-345/PR	JAM6（K）-72-350/PR
最大功率（W）	330	335	340	345	350
开路电压 U_{oc}（V）	46.49	46.68	46.86	47.05	47.24
最大功率点的工作电压 U_{mp}（V）	37.78	37.96	38.18	38.39	38.58
短路电流 I_{sc}（A）	9.31	9.38	9.46	9.54	9.61
最大功率点的工作电流 I_{mp}（A）	8.73	8.83	8.91	8.99	9.07
组件效率（%）	16.99	17.25	17.50	17.76	18.02

6.4.2　选择合适的电气技术方案

逆变器作为光伏系统的桥梁，成本占比低，但对系统成本和发电量影响大。按照安装环境的不同，设计两种逆变器方案，平地无遮挡、光照条件好的地区，建议选择单路MPPT、单级结构的逆变器，可以提高系统可靠性，降低系统成本。地形复杂山丘电站，存在朝向不一致和局部遮挡的现象，且不同的山丘遮挡特性不一样，带来组件失配问题，不得不选择多路MPPT。那么每路MPPT 2个组串输入的逆变器会是较好的选择，无熔丝易损件，故障定位准确度高，维护更简单。

逆变器技术参数见表6-8。

表6-8　逆变器技术参数

参数		MAX 60000TL3-L	MAX 70000TL3-L	MAX 80000TL3-L
输入数据（直流）	最大输入功率（W）	78000	91000	104000
	最大输入电压（V）	1100	1100	1100
	启动电压（V）	250	250	250
	额定电压（V）	585	600	685
	工作电压范围（V）	200~1000	200~1000	200~1000
	满载 MPPT 电压范围（V）	500~850	600~850	685~850
	每路 MPPT 最大输入电流（A）	22	22	22
	MPPT 路数	6	6	6
	每路 MPPT 最大组串数	2	2	2
输出数据（交流）	额定输出功率（W）	60000	70000	80000
	最大输出视在功率（VA）	66600	77700	88800
	额定输出电压（V）	230/400	230/400	230~400
	输出电压范围（V）	340~440	340~440	340~440
	额定输出电压频率（Hz）	50/60	50/60	50/60
	输出电压频率范围（Hz）	45~55/55~65	45~55/55~65	45~55/55~65
	最大输出电流（A）	96.6	112.7	129

6.4.3 80kW 村级光伏扶贫电站方案

图6-18所示为村级光伏扶贫电站接入方案。

方案1：系统采用72片340W光伏组，20串12并共240块组成，总功率 81.6kW。采用1台80kW光伏逆变器，接入380V线，送入光伏并网接入配电箱，再接入10kV柱上变压器380V母线端。系统配置见表6-9。

方案2：系统采用60片280W光伏组件，24串12并共288块组成，总功率 80.64kW。采用1台80kW光伏逆变器，接入380V线，送入光伏并网接入配电箱，再接入10kV柱上变压器380V母线端。

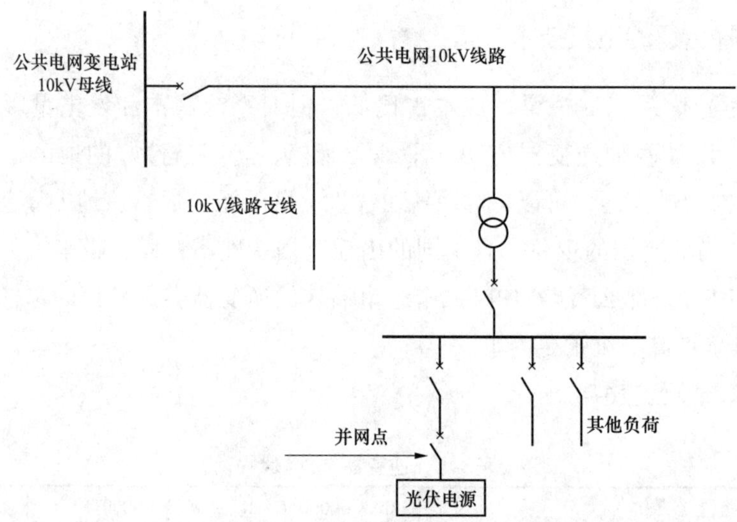

图6-18　村级光伏扶贫电站接入方案

逆变器最大直流电压（最大阵列开路电压）为1100V，最大功率电压跟踪范围为200~1000V，MPPT路数为6路/2并。每个太阳能电池组件额定工作电压为38V，开路电压为47V，在环境温度为（25±2）℃、太阳辐射照度为1000W/m^{2}的额定工况下，20个太阳能电池串联支路额定工作电压为760V，开路电压为940V，均在逆变器允许输入范围内，可确保正常工作。在工况变化时考虑在平均极端环境温度为-25℃时，太阳能电池组件串的最大开路电压为20×38×（0.3%×50+1）=1081（V），满足1100V最高电压要求。

表6-9　系统配置

序号	名称	型号	规格	数量
1	组件	单晶硅	340W，U_{mp}=38V，I_{mp}=8.9A	240 块
2	支架	根据具体情况而定		
3	并网逆变器	MAX80000TL3-L	80kW，200~1100V	1 台
4	直流电缆	光伏电缆	4mm^2，1000V	

续表

序号	名称	型号	规格	数量
5	交流电缆	交流电缆	$50mm^2$，500V	
6	交流开关	塑壳断路器	160A 500V	1台

6.4.4 常用村级光伏扶贫系统配置

常用村级光伏扶贫系统配置见表6-10。

表6-10 常用村级光伏扶贫系统配置

功率	组件	逆变器（kW）	输出电流（A）	交流电缆(mm^2)	交流开关（A）
60kW	240块270W	60	87	35	100
70kW	252块285W	70	101	50	120
80kW	288块285W	80	116	50	160
160kW	480块340W	2×80	232	120	315
200kW	590块340W	2×70+60	288	150	350
240kW	720块340W	3×80	348	2×70	400
300kW	890块340W	3×80+60	433	2×120	500
400kW	1200块340W	5×80	577	2×150	630

6.4.5 常用村级光伏扶贫系统方案

常用村级光伏扶贫系统方案如图6-19~图6-22所示。

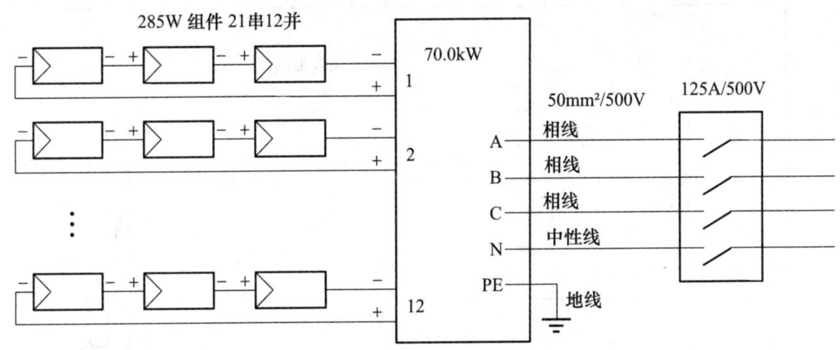

图6-19 村级光伏扶贫70.0kW系统图

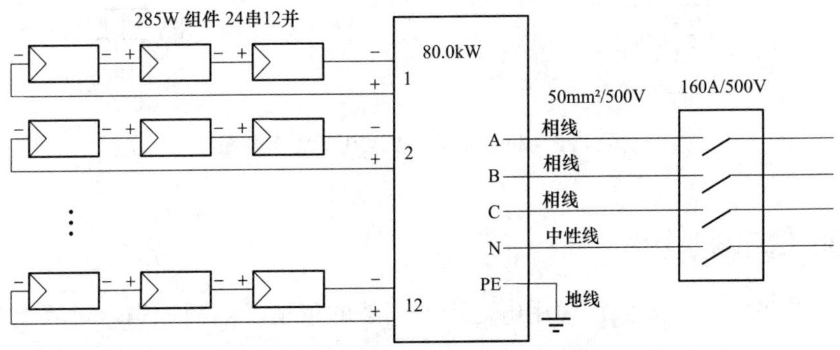

图6-20 村级光伏扶贫80.0kW系统图

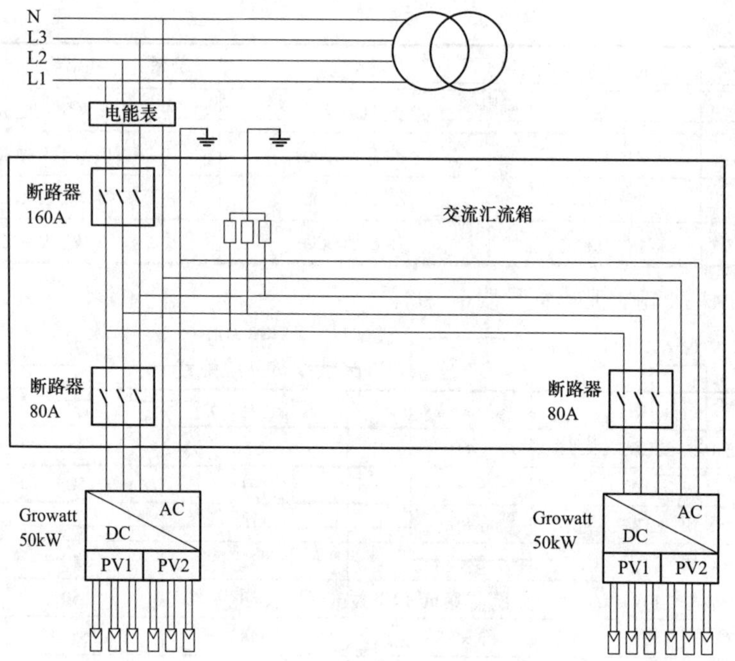

图6-21　村级光伏扶贫100.0kW系统图

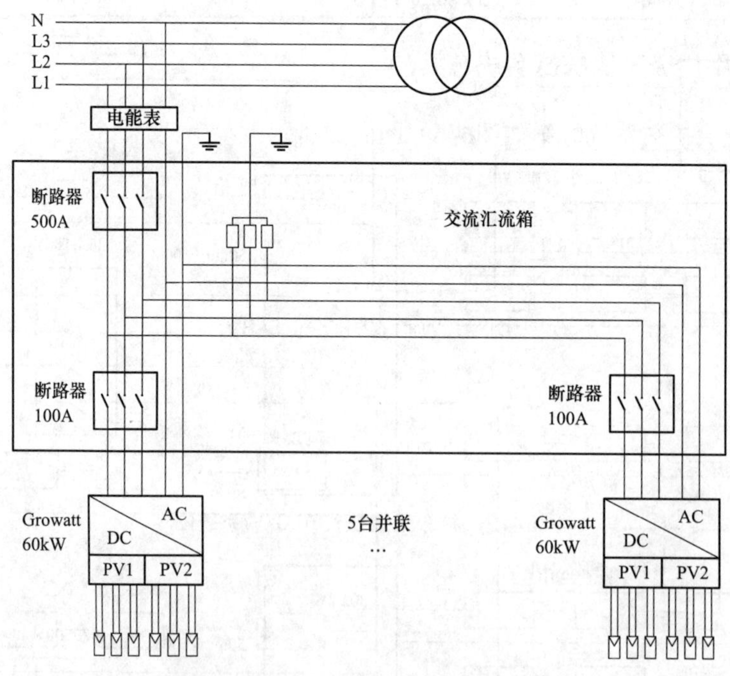

图6-22　村级光伏扶贫300.0kW系统图

6.5　光伏离网系统

在现代日常生活中，人们认为用电是理所当然的事情。然而，当今世界上却还有超过

20亿人生活在缺电或者无电地区。以我国为例，由于经济发展水平的差异，西部仍有部分偏远地区的人口没有解决基本用电问题，无法享受现代文明。光伏离网发电不仅可以解决无电或者少电地区居民基本用电问题，还可以清洁高效地利用当地的可再生能源，有效解决能源和环境之间的矛盾。从目前来看，并网系统的研究已获得足够的重视，技术成熟，但离网系统还面临诸多困难，制约了光伏离网的应用和发展。

光伏离网是刚性消费需求，客户两极分化：一种是不差钱的“土豪”，最关心的是系统的可靠性，主要是私人海岛业主、别墅业主、通信基站、监控系统等；另一种是偏远地区的贫困户，最关心的是产品价格。从项目规模上看，一种是针对单个客户的小项目或者单个项目的小工程；另一种是针对特定人群的大项目，如国家无电地区光伏扶贫项目。离网系统对不同的客户，要采取不同的设计方案，尽量满足客户的实际需要。

光伏离网发电系统主要由光伏组件、支架、控制器、逆变器、蓄电池及配电系统组成。系统电气方案设计主要考虑组件、逆变器（控制器）、蓄电池的选型和计算。设计之前，前期工作要做好，需要先了解用户安装地点的气候条件、负载类型和功率，以及白天和晚上的用电量。当然，用户的预算和经济情况也要了解清楚。光伏离网系统发电量要靠天气，没有100%的可靠性，这一点一定要向客户讲清楚。

6.5.1　光伏离网系统设计三大原则

1. 根据用户的负载类型和功率确认离网逆变器的功率

家用负载一般分为感性负载和阻性负载，洗衣机、空调、冰箱、水泵、抽油烟机等带有电动机的负载是感性负载，电动机启动功率是额定功率的5~7倍，在计算逆变器的功率时要把这些负载的启动功率考虑进去。逆变器的输出功率要大于负载的功率。对于监控站、通信站等要求严格的场合，输出功率是按所有的负载功率之和。但对于一般贫困家庭而言，考虑到所有的负载不可能同时开启，为了节省成本，可以给负载功率之和乘以0.7~0.9的系数。并不是每一个客户都对负载功率很清楚，表6-11所示是常用家用电器的功率，供设计时参考。

表6-11　常用家用电器一般功率

家用电器	一般功率（W）	家用电器	一般功率（W）
空调	800	电冰箱	60~150
电热水器	2000~3000	电视机	70~300
电暖气	1500~3000	家庭音响	100~200
电热水壶	1000~1800	洗衣机	200~400
微波炉	900~1500	台式计算机	200~400
吸尘器	400~900	笔记本计算机	70~150

续表

家用电器	一般功率（W）	家用电器	一般功率（W）
电熨斗	650~800	电风扇	50~150
电吹风	800~2000	抽油烟机	150~250
电磁炉	800~1500	电灯	3~100

2. 根据用户每天的用电量确认组件功率

组件的设计原则是要满足平均天气条件下负载每日用电量的需求，也就是说太阳能电池组件的全年发电量要等于负载全年用电量。因为天气条件有低于和高于平均值的情况，太阳能电池组件设计的基本满足光照最差季节的需要，就是在光照最差的季节蓄电池也能够基本上天天充满电。但在有些地区，最差季节的光照度远远低于全年平均值，如果还按最差情况设计太阳能电池组件的功率，那么在一年中的其他时候发电量就会远远超过实际所需，造成浪费。这时只能考虑适当加大蓄电池的设计容量，增加电能储存，使蓄电池处于浅放电状态，弥补光照最差季节发电量的不足对蓄电池造成的伤害。组件的发电量并不能完全转化为用电，还要考虑控制器的效率和机器的损耗及蓄电池的损耗，太阳能控制器有PWM和MPPT两种类型。PWM控制器效率约为85%，输入电压范围比较窄，但价格比较低；MPPT控制器效率约95%，价格比较高。蓄电池在充放电过程中，也会有10%~15%的损耗。离网系统可用的电量=组件总功率×太阳能发电平均时数×控制器效率×蓄电池效率。

有些离网用户，没有装过电表，对自己的用电情况不是十分清楚，还有些离网系统是新建的，这时就需要去估算每天的用电量。对于灯泡、电风扇、电吹风机这样的负载，用电量=功率×时间，但空调、冰箱这样的负载是间隙性工作的，电视、计算机、音响这样的负载工作时很少在满功率状态，计算电量时就要综合考虑。

空调是家用电器耗电量最大的负载，1匹空调的电功率是735W，也就是说1h满负荷运行消耗0.735kWh电。空调还有一个指标"制冷量"，单位也是W，1匹空调制冷量约2300W。空调的耗电和室内外温度差、房间面积、空调的能效率有很大关系，1台1匹的空调，晚上使用8h耗电1~5kWh。

3. 根据用户晚上用电量或者期望待机时间确定蓄电池容量

蓄电池的任务是在太阳能辐射量不足时，保证系统负载的正常用电。对于重要的负载，要能在几天内保证系统的正常工作，要考虑连续阴雨天数。对于一般的负载如太阳能路灯等，可根据经验或需要在2~3天内选取。重要的负载如通信、导航、医院救治等，则在3~7天内选取。另外，还要考虑光伏发电系统的安装地点，如果在偏远的地方，蓄电池容量要设计得较大，因为维护人员到达现场需要很长时间。实际应用中，有的移动通信基站由于山高路远，去一次很不方便，除了配置正常蓄电池组外还要配备一组备用蓄电池组。对于一般贫困家庭而言，主要考虑价格则不用考虑阴雨天，太阳好的时候多用，太阳不好的时候少用，没有太阳则不用。选择负载时，尽量使用节能设备，如LED灯、变频空调。蓄电池的设计主要包括蓄电池容量的设计计算和蓄电池组串并联组合的设计。在光伏发电系统中，大部分使用的都是铅酸蓄电池，考虑到电池的寿命，一般取放电深度为0.5~0.7。蓄电池设计容量=（负载日均用电量×连续阴雨天数）/蓄电池放电深度。

离网用户的需求是多种多样的，根据用户的要求设计光伏系统，要灵活处理，不一定要按上述的原则去设计。例如有一个客户，家里有6块260W的组件，要做一套光伏离网系统，客户家里有市电，但经常会停电，总负载是10kW，一天的用电量是20~30kWh。如果只有1.56kW组件，根本没有办法满足客户的用电量要求，这时候就可以考虑满足客户一部分负载的需求。经计算组件一天能发5kWh，采用3.0kVA的离网逆变器、4块12V 150Ah的蓄电池，输出接一个插板，平时接家里的照明灯泡、计算机、洗衣机之类的负载上，晚上如果还有电，也可以单独接一台空调。

对于针对特定人群的大项目，由于每个用户情况不一样，无法满足所有的需求，这时候就要综合考虑。一般情况下是取一个平均值。如解决我国西部无电地区用电问题的光伏工程，一般牧民家庭采用2块250W的组件、一个500VA的离网逆变一体机、2个12V 150Ah的蓄电池，每天能发电2.5kWh，原材料成本价约6000元，可满足电视机、小型电冰箱、DVD机、节能灯等电器的用电需求，且重量比较轻，方便移动。在四川甘孜州某光伏扶贫项目中，采用中功率离网系统， 8块250W的组件，3kVA的离网逆变一体机，4节12V 200Ah的蓄电池，每天可以发电8~10kWh，可满足电视机、电冰箱、DVD机、计算机、1匹空调、节能灯等电器的用电需求。由于系统总体发电量高，可以支持更多的家用电器，生活质量得到提高。

6.5.2 光伏离网系统常见问题

设计光伏离网系统时要灵活处理，不要拘泥于某一个固定公式。光伏离网系统不能解决所有的用电问题，遇到多个连续阴雨天，只能省着用电。离网逆变器没有统一标准，也不需要强制认证，市面上的产品良莠不齐，产品质量和价格相差很大，在选购离网逆变器时应认准品牌商标，碰到假货或者劣质产品要及时投诉或者报警。

（1）组件、逆变器、蓄电池设计时要匹配，任何一个都不能过大或者过小。新手设计时经常会把用电量计算过大，如1匹空调运行12h算成10kWh，300W的冰箱运行24h算成7.2kWh，造成蓄电池容量过大，系统成本过高。设计蓄电池容量时，最好按2天时间就能充满设计。

（2）光伏离网系统输出连接负载，每个逆变器输出端电压和电流相位及幅值都不一样，逆变器如果输出端并联，要加上并机板。

（3）电梯之类的负载不能直接和逆变器输出端相连接，因为电梯在下降时电动机反转，会产生一个反电动势，进入逆变器时对逆变器有损坏。如果必须要用离网系统，建议在逆变器和电梯电动机之间加一个变频器。

（4）带市电互补输入的光伏微电网系统，组件的绝缘要做好，如果组件对地有漏电流，会传到市电，引起市电的漏电开关跳闸。

（5）组件的电压和蓄电池的电压要匹配。PWM型控制器太阳能组件和蓄电池之间通过一个电子开关相连接，中间没有电感等装置，组件的电压是蓄电池电压的1.2~2.0倍，如果是24V的蓄电池，组件输入电压在30~50V。MPPT控制器，中间有一个功率开关管和电感等电路，组件的电压是蓄电池电压的1.2~3.5倍，如果是24V的蓄电池，组件输入电压在30~90V。

（6）组件的输出功率和控制器的功率要相近，如一个48V 30A的控制器，输出功率为1440VA，组件的功率应该在1500W左右。选择控制器时先看蓄电池的电压，再用组件功率除以蓄电池的电压，就是控制器的输出电流。

（7）蓄电池的充电电流一般为0.1~0.2*C*，最大不超过0.3*C*。例如1节铅酸蓄电池12V 200Ah，充电电流一般在20~40A，最大不能超过60A。蓄电池的放电电流一般为0.2~0.5*C*，最大不超过1*C*。例如1节12V 200Ah铅酸蓄电池，输出最大功率不超过2400W。不同的厂家，不同的型号，具体的数值也不一样，设计时要向厂家索取说明书。

（8）组件设计过大，有的地方客户需要保证阴雨天也能用电，蓄电池比较多。客户在考虑组件时，把所有的蓄电池容量都算进去，结果容量很大。例如一个每天用电量10kWh的系统，客户要求两个阴雨天也能正常用电。正常设计用4kW组件就可以了，但如果把所有的蓄电池容量都算进去，就需要12kW的组件。这些组件绝大部分时间都只用了一部分，只有当蓄电池全部用完，第二天充电时才能用上。对于非常重要的地方，需要考虑两个阴雨天之间的间隔时间，组件要配大些。

6.6 太阳能离网系统方案

离网型光伏发电系统广泛应用于偏僻山区、无电区、海岛、通信基站和路灯等应用场所。系统一般由太阳能电池组件组成的光伏方阵、太阳能控制逆变一体机、蓄电池组、负载等构成。光伏方阵在有光照的情况下将太阳能转换为电能，通过太阳能控制逆变一体机给负载供电，同时给蓄电池组充电。在无光照时，由蓄电池给太阳能控制逆变一体机供电，再给交流负载供电。

（1）太阳能电池组件：太阳能供电系统中的主要部分，也是太阳能供电系统中价值最高的部件，其作用是将太阳的辐射能量转换为直流电能。

（2）太阳能控制逆变一体机：主要功能分为两部分，MPPT太阳能控制器作用是对太阳能电池组件所发的电能进行调节和控制，最大限度地对蓄电池进行充电，并对蓄电池起到过充电保护、过放电保护的作用。DC/AC逆变器把组件和蓄电池的直流电逆变成交流电给交流负载使用。在温差较大的地方，光伏控制器应具备温度补偿的功能。

（3）蓄电池组主要任务是储能，以便在夜间或阴雨天保证负载用电。

6.6.1 主要组成部件介绍

1. 太阳能电池组件介绍

太阳能电池组件（见图6-23）是将太阳光能直接转变为直流电能的阳光发电装置。根据用户对功率和电压的不同要求，制成太阳能电池组件单个使用，也可以数个太阳能电池组件经过串联（以满足电压要求）和并联（以满足电流要求），形成供电阵列提供更大的电功率。太阳能电池的发电量随着日照强度的增加而按比例增加，随着组件表面的温度升高而略有下降。随着温度的变化，电池组件的电流、电压、功率也将发生变化，组件串联设计时必须考虑电压负温度系数。

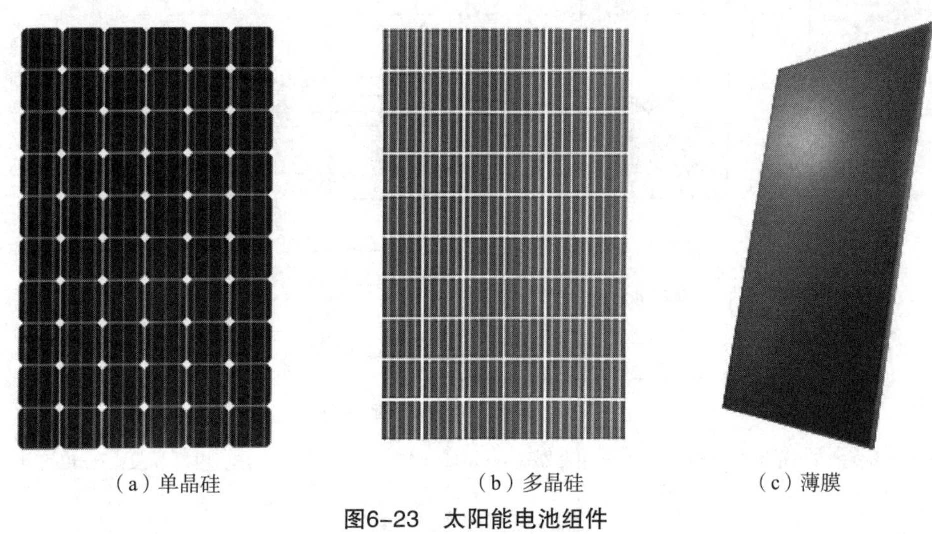

（a）单晶硅　（b）多晶硅　（c）薄膜

图6-23　太阳能电池组件

单晶硅组件效率高，平均效率为19%左右，价格比多晶硅贵10%左右。多晶硅组件效率稍低，平均效率为17%左右。薄膜组件有很多种，铜铟镓硒CIGS薄膜电池效率达19.6%；碲化镉CdTe薄膜电池效率达16.7%，硅基薄膜电池的效率为10.1%。目前多晶硅约占65%的市场，单晶约占30%的市场，薄膜组件约占5%的市场，市场主流还是多晶硅组件。

2. 离网逆变器介绍

古瑞瓦特HPS 30kW三相太阳能离网逆变控制一体机，采用新一代的全数字控制技术，纯正弦波输出，太阳能控制器和逆变器集成于一体，方便使用适用于电力缺乏和电网不稳定的地区，为其提供经济的电源解决方案。产品具有以下优势：

（1）控制逆变一体机：集成太阳能控制器和逆变器，连接简单，使用方便。

（2）效率高，效率达到95%以上，最大限度利用太阳能。

（3）可靠性高：逆变器采用工频设计，过载能力强，适应空调等冲击性负载。

（4）完善的保护功能：蓄电池过充、过放保护和先进的蓄电池管理功能可延长蓄电池寿命，过载保护、短路保护等功能保护设备和负载安全可靠运行。

（5）LCD液晶屏直观显示：光伏输入电压、电流，交流输出电压、电流，电池容量等多种工作运行状态参数监控。

（6）储能系统兼容铅酸蓄电池和锂电池，为用户提供多种选择。

（7）光伏充电、市电（油机）充电、混合充电等多种充电方式，蓄电池供电、市电供电等多种供电方式。

（8）支持多台逆变器并机，功率扩展方便。

离网逆变器原理框图如图6-24所示。逆变器参数见表6-12。

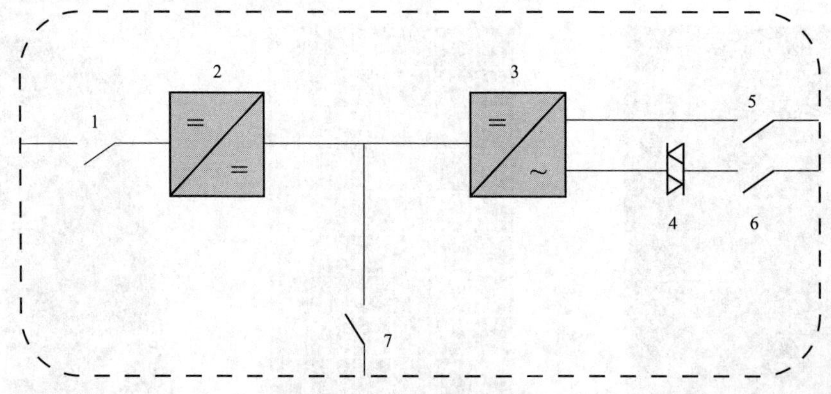

图6-24　离网逆变器原理框图

1—光伏开关；2—光伏控制器；3—双向逆变器；4—切换开关；5—负载开关；6—电网开关；7—电池开关

表6-12　逆变器参数

参数		型号			
		HPS 30	HPS 50	HPS 120	HPS 150
交流（并网）	额定功率（kVA）	38	60	150	188
	有功功率（kW）	30	48	120	150
	额定电压（V）	400	400	400	400
	电压范围（V）	360~440	360~440	360~440	360~440
交流（并网）	额定频率（Hz）	50/60	50/60	50/60	50/60
	频率范围（Hz）	47~51.5/57~61.5	47~51.5/57~61.5	47~51.5/57~61.5	47~51.5/57~61.5
	THDI（%）	＜3	＜3	＜3	＜3
	功率因数	0.8 超前 ~0.8 滞后	0.8 超前 ~0.8 滞后	0.8 超前 ~0.8 滞后	0.8 超前 ~0.8 滞后
	交流制式	3/N/PE	3/N/PE	3/N/PE	3/N/PE

续表

参数		型号			
		HPS 30	HPS 50	HPS 120	HPS 150
交流（离网）	额定功率(kVA)	38	60	150	188
	有功功率（kW）	30	48	120	150
	额定电压（V）	400	400	400	400
	THDU(%，线性)	≤ 1%	≤ 1%	≤ 1%	≤ 1%
	额定功率（Hz）	50/60	50/60	50/60	50/60
	过载能力	110%（10min） 120%（1min）	110%（10min） 120%（1min）	110%（10min） 120%（1min）	110%（10min） 120%（1min）
直流	最大光伏输入电压（V）	1000（DC）	1000（DC）	1000（DC）	1000（DC）
	最大光伏功率（kW）	33kW	55kW	132kW	165kW
	MPPT 电压范围（V）	480~800（DC）	480~800（DC）	480~800（DC）	480~800（DC）
	电池电压（V）	352~600	352~600	352~600	352~600
基本参数	尺寸(宽/深/高)（mm）	950/750/1850	950/750/1850	1350/750/1850	1350/750/1850
	质量（kg）	350	500	650	750
	防护等级	IP20	IP20	IP20	IP20
	噪声（dB）	＜ 65dB	＜ 65dB	＜ 65dB	＜ 65dB
	工作环境温度（℃）	-25~+55	-25~+55	-25~+55	-25~+55

3. 储能蓄电池

（1）蓄电池种类。

常用的储能电池有铅酸蓄电池、碱性蓄电池、锂电池、超级电容，它们分别应用于不同场合或者产品中，目前应用最广是铅酸蓄电池，从19世纪50年代开发出来至今已经有160余年的历史、目前衍生出来很多种类，如富液铅酸电池、阀控密封铅酸电池、胶体电池、铅碳电池等，发展最快的是锂电池，其优缺点见第5章相关内容。

考虑到负载条件、使用环境、使用寿命及成本因素，一般选择GEL胶体铅酸免维护电池。千万不要因贪图便宜而选择劣质电池，因为这样会影响整个系统的可靠性，并可能因此造成更大的损失。

（2）蓄电池的检查。

蓄电池都会有自放电现象（self-discharge），如果长期放置不用会使能量损失掉，因此需定期进行充放电。工程技术人员可以通过测量电池开路电压来判断电池的好坏，以12V电池为例，若开路电压高于12.5V则表示电池储能还有80%以上，若开路电压低于12.5V则应该立刻进行补充充电，若开路电压低于12V，则表示电池储能不到20%，电池已处于“弹尽粮绝”的地步。

免维护电池由于采用吸收式电解液系统，在正常使用时不会产生任何气体，但是如果用户使用不当，造成电池过充电，就会产生气体，此时电池内压就会增大，会将电池上方的压力阀顶开，严重的会使电池鼓胀、变形、漏液甚至破裂。这些现象都可以从外观上判断出来，如发现上述情况应立即更换电池。

（3）使用和保养。

虽然免维护电池在使用时不需要人工进行专门的维护工作，但是在使用时还是有一定的要求，如果使用不当会影响电池的使用寿命。影响电池使用寿命的因素有以下几点：安装、温度、充放电电流、充电电压、放电深度和长期充电等。

电池安装：电池应尽可能安装在清洁，阴凉、通风、干燥的地方，并要避免受到阳光、加热器或其他辐射热源的影响。电池应正立放置，不可倾斜角度。每个电池之间端子的连接要牢固。

环境温度：环境温度对电池的影响较大。环境温度过高会使电池过充电产生气体；环境温度过低则会使电池充电不足，这都会影响电池的使用寿命。因此一般要求环境温度在25℃左右。

4. 太阳能组件参数表

太阳能组件参数见表6-13。

表6-13　太阳能组件参数

参数	最大功率 P_{MAX}（W）				
	280	285	290	295	300
功率公差 P_{MAX}（W）	0~5				
最大功率点的工作电压 U_{MPP}（V）	31.7	31.8	32.2	32.5	32.6
最大功率点的工作电流 I_{MPP}（A）	8.84	8.97	9.01	9.08	9.19
开路电压 U_{DC}（V）	39.0	39.3	39.5	39.7	39.9
短路电流 I_{SC}（A）	9.35	9.45	9.50	9.55	9.64
组件效率 η_m（%）	17.1	17.4	17.7	18.0	18.3

6.6.2　30kW 离网方案设计

客户要求：30kW系统，安装地点在北京，蓄电池存储能电量为150kWh。

组件：单晶280W，数量108块，18串6并，工作电压570V，总功率30.24kW，在北京地区平均每天能发电150kWh，效率0.8，每天可用电120kWh。

离网逆变器采用HPS 30kW控制逆变一体机，输出功率为30kW。

1. 采用胶体铅酸蓄电池方案

电池容量2V 400Ah，250台，全部串联，电池组电压为500V。能储能200kWh，可用

150kWh。胶体铅酸蓄电池方案报价单见表6-14。

表6-14　胶体铅酸电池方案报价单

序号	名称	型号	数量	单价	总价
1	离网逆变器	HPS 30	1台		
2	组件 / 支架	280W	108块		
3	汇流箱	6进1出	1台		
4	铅酸蓄电池	2V 400Ah	250台		
5	监控		1套		

2. 锂电池方案

锂电池组包括单体锂电池和BMS管理系统，设计使用寿命10年，厂家提供3年保修，质保期内出现故障，厂家免费维修或者更换。搭配的监控系统，可以监控到每个电芯的运行状态。

锂电池方案报价单见表6-15。

表6-15　锂电池方案报价单

序号	名称	型号	数量	单价	总价
1	离网逆变器	HPS 30	1台		
2	组件 / 支架	280W	108块		
3	汇流箱	6进1出	1台		
4	锂电池组	150kWh，500V	1套		
5	监控		1套		

图6-25为30kW离网系统电气原理图。

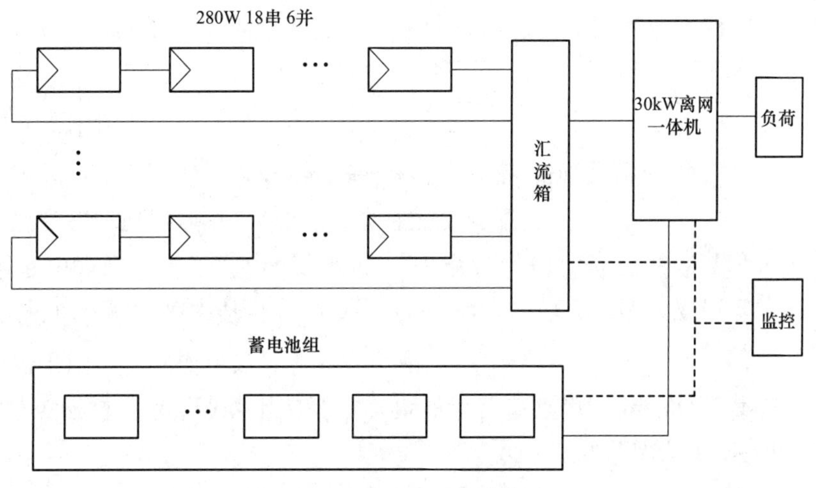

图6-25　30kW离网系统原理图

6.6.3 常用离网系统方案

1. 15kW光伏离网系统方案

组件：多晶硅300W，工作电压36V，开路电压44.5V，工作电流8.4A。每一台逆变器用12块，总共36块，3串4并，工作电压108V，总功率10.8kW，预计平时每天能发电30kWh。离网逆变器采用3台SPF 5000控制逆变一体机，输出功率为4kW。详见表6-16和图6-26。

表6-16 15kW光伏离网系统配置

序号	名称	型号	规格	数量
1	离网逆变器	SPF-5000	输入 60~115V DC，输出 220V AC	3 台
2	组件	300W	多晶硅 U_{mp}=36V，I_{mp}=8.4A	36 块
3	铅酸蓄电池	GEL	12V 200Ah	12 节

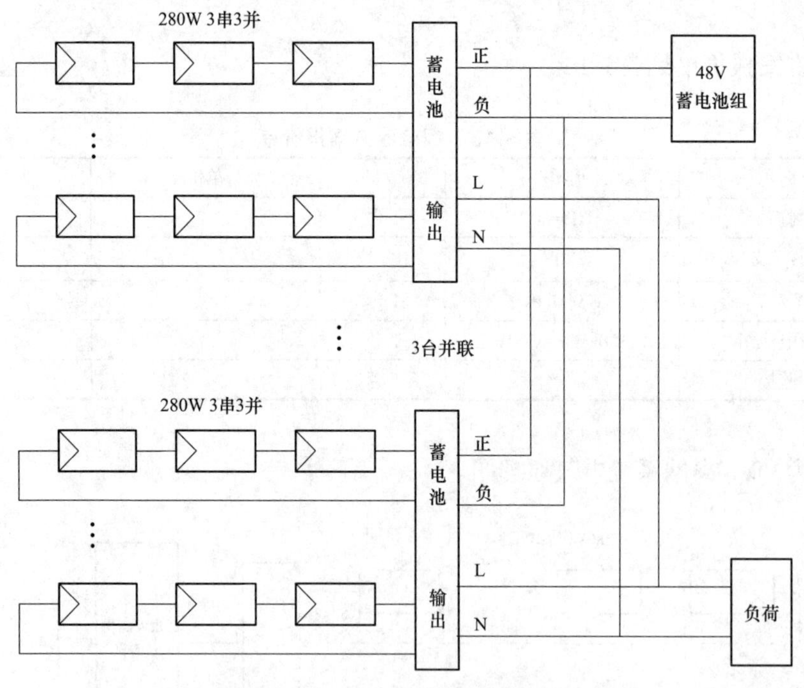

图6-26 15kW离网系统原理图

2. 3kW离网系统方案

组件：多晶255W，数量12块， 3串4并，总功率3.06kW，预计平时每天能发电10~12kWh。

离网逆变器采用SPF 3000控制逆变一体机，输出功率为2.4kW，可以带一台冰箱、彩电、洗衣机等负载，具体如图6-27所示。

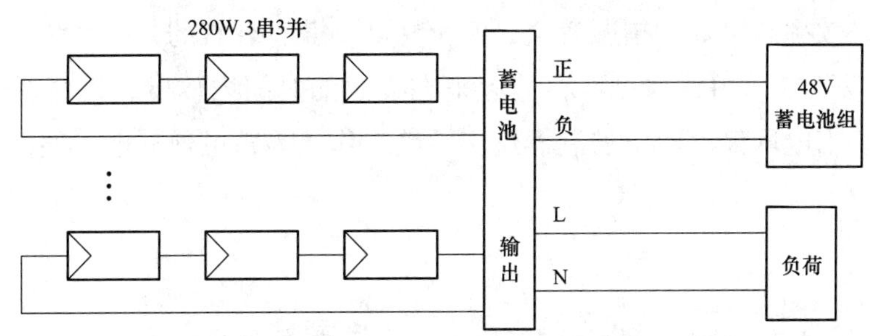

图6-27　3kW离网系统原理图

6.7　太阳能并网储能系统方案

系统由太阳能电池组件组成的光伏方阵、太阳能控制器、电池组、并网逆变器、电流检测装置、负载等构成，见图6-28。当太阳能功率小于负载功率时，系统由太阳能和电网一起供电，当太阳能功率大于负载功率时，太阳能一部分给负载供电，一部分通过控制器储存起来。

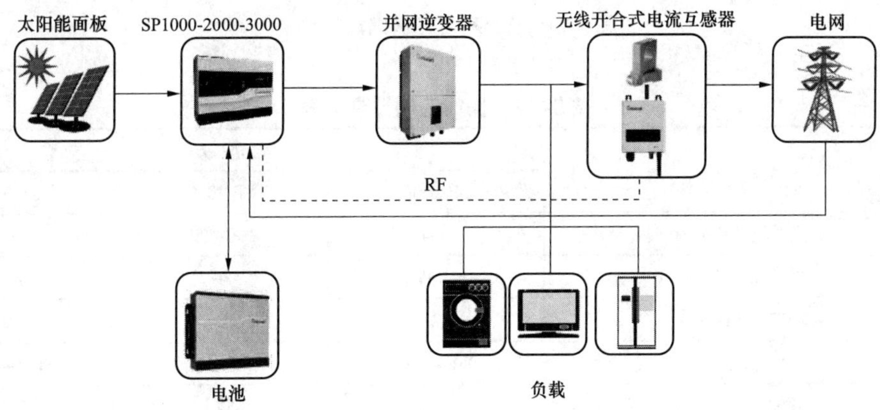

图6-28　并网储能光伏发电系统示意图

（1）太阳能电池组件：太阳能供电系统中的主要部分，也是太阳能供电系统中价值最高的部件，其作用是将太阳的辐射能量转换为直流电能。

（2）太阳能控制器：其作用是对太阳能电池组件所发的电能进行调节和控制，最大限度地对蓄电池进行充电，并对蓄电池起到过充电保护、过放电保护的作用。

（3）逆变器：把组件和蓄电池的直流电逆变成交流电，给交流负载使用。

（4）蓄电池组：主要任务是储能。

6.7.1　户用储能控制器介绍

古瑞瓦特SP1000/SP2000/SP3000户用并网储能控制器（见图6-29），采用新一代的全数字控制技术，效率高，保护措施齐全，安全性高，兼容现有的并网系统。太阳能发电既可以提供给负载即发即用，也可以存储起来在设定的时间内放电，提高系统自发自用比例，提高收益。当电网停电时，控制器还能继续工作，为蓄电池充电。储能控制器参数见表6-17。

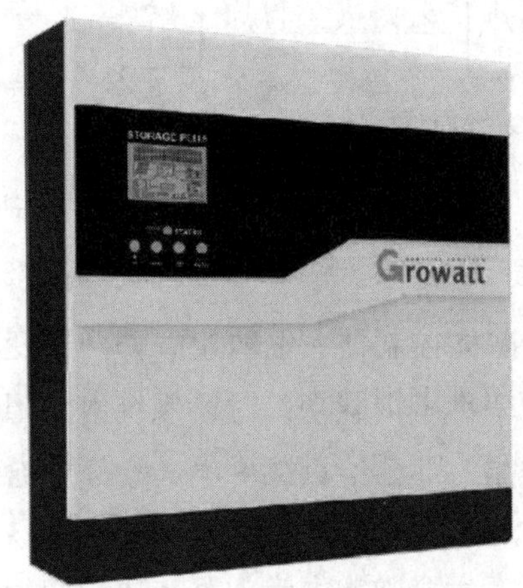

技术特征

- 监控方式灵活RS232/RF/WiFi
- 无线CT可选，可靠通信距离30m
- 易于集成到现有的光伏并网系统
- 可选锂电池和铅酸电池，电池容量可以扩展
- 支持市电给电池充电
- 自由设定电池放电时间
- 兼容几乎所有品牌的组串式逆变器
- 友好的操作界面，自带显示屏和四个按键

图6-29　SP系列光伏储能控制器

表6-17　储能控制器参数表

参数		型号		
		SP 1000	SP 2000	SP 3000
光伏侧输入	光伏输入电压范围（V）	100–450	100–450	100–450
	最高输入电压（V）	580V	580V	580V
	MPPT 路数	2	2	2
	光伏输入功率（W）	2000~4000	3000~6000	3000~6000
控制器	最大充放电功率（W）	1000	2000	3000
	充电满载电压范围（V）	100~450	100~450	100~450
	额定输入电压（V）	380	380	380
蓄电池	类型	铅酸 / 锂电池	铅酸 / 锂电池	铅酸 / 锂电池
	额定输入电压（V DC）	48	48	48
	直池电压范围（V DC）	46~58	46~58	46~58
	最大充放电电流（A）	23	45	66
	电池容量（A·h）	50~100	50~100	50~100
	每天放电量（kWh）	2~5	2~5	2~5
基本参数	最高转换效率（%）	94.0	94.0	94.5
	尺寸（长 / 宽 / 高）（mm）	482/355/166	482/355/166	482/355/166
	质量（kg）	13.0	13.5	15

续表

参数		型号		
		SP 1000	SP 2000	SP 3000
基本参数	辅助电源（V AC）	230	230	230
	工作温度范围（℃）	0~40	0~40	0~40
	防护等级	IP20	IP20	IP20
	噪声（dB）	< 25	< 25	< 25
	通信	RS 232/RF/WiFi		
保护功能		过电压保护、欠电压保护、过载保护、输出短路保护、电池及光伏反接保护、温度补偿、过温保护		

6.7.2 并网储能方案设计

1. 3kW并网、1kW储能、2.7kWh系统方案

组件：多晶硅260W，工作电压31V，开路电压36V，工作电流8.4A。数量12块，全部串联，总功率3.12kW，预计平时每天能发10kWh，适应于一般家庭用户。并网逆变器采用古瑞瓦特公司Growatt 3000-S，输出功率为3kW；储能控制器采用古瑞瓦特公司Growatt SP1000，最大充放电功率1kW；储能采用古瑞瓦特公司锂电池Growat GBL1 2701，额定电压51.1V，容量53Ah，能保存2.7kWh电能。系统图如图6-30所示。

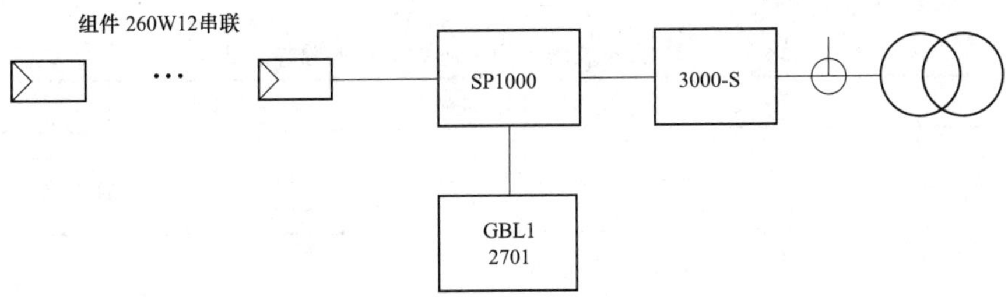

图6-30　1kW并网储能方案

2. 5kW并网、2kW储能、5kWh方案

组件：多晶硅260W，工作电压31V，开路电压36V，工作电流8.4A。数量20块，每一个MPPT用10块，10串2并，总功率5.2kW。并网逆变器采用古瑞瓦特公司Growatt 5000-MTL，输出功率为5kW；储能控制器采用古瑞瓦特公司Growatt SP2000，最大充放电功率2kW；储能采用古瑞瓦特公司锂电池Growatt GBL1 5001，额定电压51.1V，容量95.4Ah，能保存4.8kWh电能。系统图如图6-31所示。

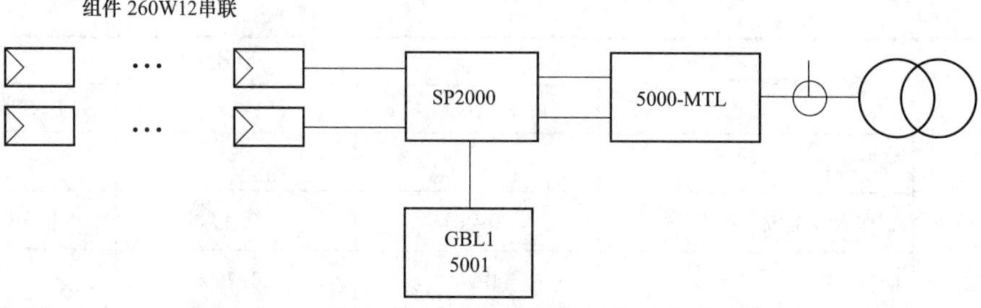

图6-31 2kW并网储能方案

6.7.3 巧用光伏储能系统提高经济效益

随着储能蓄电池价格大幅下调，储能系统设备的多样化，根据用电情况，巧用储能系统可以提高经济效益。已经安装光伏的地方可以加装并联储能系统。

举例：广东一个家庭用户装了一套5kW光伏发电系统，每年发电约6000kWh，每年会停电120h左右，约损失300kWh。自用电电价是0.75元/kWh，大部分在晚上，光伏发电余量上网，除去税电价约为0.35元/kWh，两者每度电有0.4元的价差。用户每年用电约7000kWh，如果没有安装光伏发电，每年需要缴付5250元的电费。安装光伏后，国家补贴0.42元/kWh，白天光伏用电很少，大部分都是余量上网卖给电网，晚上用电还是需要缴付电费。安装光伏储能系统后，在停电期间也可以正常发电，每年6000kWh全部自发自用，可节省电费4500元。

电价一致的地区，两种方案客户的收益对比见表6-18。

表6-18 电价一致地区两种方案客户的收益对比 单位：元

方案	节省电费	国家补贴	余量上网	总收益
光伏并网	750	2395	1645	4790
并网储能	4500	2520	0	7020

在实行阶梯电价地区，安装储能后收益就更大。如这个用户所在地区，年用量在2000度以下电价是0.65元/kWh，年用量在2000~4000kWh电价是0.8元/kWh，年用量在4000kWh以上电价是1元/kWh，两种方案客户的收益对比见表6-19。

表6-19 阶梯电价地区两种方案客户的收益 单位：元

方案	节省电费	国家补贴	余量上网	总收益
光伏并网	650	2395	1645	4690
并网储能	4900	2520	0	7420

由表6-18、表6-19可以看到，用户安装光伏储能后，不但自己用电不用缴纳电费，

电网公司每年还向其支付1770元，和不装储能相比，电价一致的地区每年可以增加2230（7020–4790）元收入，阶梯电价地区每年可以增加2630元（7420–4690）收入。在欧洲和澳洲等地区，光伏上网和自用电差价更大，安装储能系统效益更大，一般5年就可以收回投资。

在工厂、商业区等峰谷电价差较大，或者经常停电的场所，推荐安装商用光伏并离网储能。系统由太阳能电池组件、并离网一体机、电池组、负载等构成，功能非常齐全。

（1）光伏方阵在有光照的情况下将太阳能转换为电能，通过逆变器直接给负载供电，多余的电可以给蓄电池组充电，也可以并入电网。

（2）没有太阳能，晚上电价谷值时，可以选择电网给蓄电池充电。

（3）在中午电价峰值时，可以选择蓄电池和光伏同时给负载供电。

（4）在电网停电时，系统进入离网工作模式，由蓄电池通过逆变器给重要负载供电。

Growatt商业储能HPS系列并离网一体机，功率范围从30kW到150kW，集成了并网逆变器、离网逆变器、PCS双向储能逆变器等多项功能，非常方便用户接入。

“光伏+储能”是目前最为可靠、最有潜力的，也是最有可能被大规模应用的分布式光伏解决方案。安装分布式光伏，巧用储能系统，能显著提高经济效益。而随着新能源汽车的发展，动力电池的梯次利用将成为现实，进而推动分布式光伏在用户侧的大规模普及。

6.8 太阳能微电网储能系统方案

太阳能双向储能系统广泛应用于工厂、商业等峰谷价差较大，或者经常停电的场所。系统由太阳能电池组件方阵、并网逆变器、PCS双向变流器、智能切换开关、蓄电池组、负载等构成。光伏方阵在有光照的情况下将太阳能转换为电能，通过逆变器给负载供电，同时通过PCS双向变流器给蓄电池组充电；在无光照时，由蓄电池通过PCS双向变流器给负载供电，如图6–32所示。

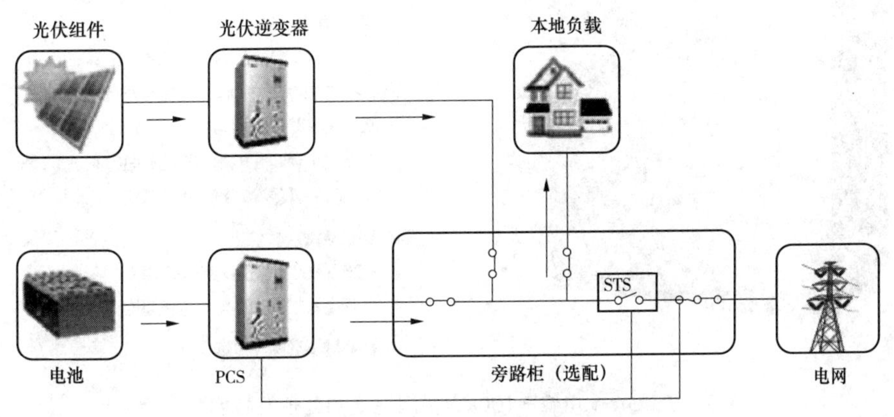

图6–32 光伏发电PCS双向储能系统示意图

（1）太阳能电池组件：太阳能供电系统中的主要部分，也是太阳能供电系统中价值最高的部件，其作用是将太阳的辐射能量转换为直流电能。

（2）光伏逆变器：其作用是对太阳能电池组件所发的电能进行调节和控制，变成正弦波交流电。

（3）PCS双向储能变流器：控制交流母线的电压和能量转换，对蓄电池进行充放电保护。

（4）ATS转换开关：离网和并网转换开关，可以不间断切换。

（5）蓄电池组：其主要任务是储能，保障交流母线能量平衡，在夜间或阴雨天保证负载用电。

6.8.1　储能设备介绍

1. CP 100kW并网逆变器

Growatt公司100kW并网逆变器采用美国TI公司32位专用DSP控制芯片，功率器件采用工业级的IGBT，直流母线采用金属化薄膜电容、低杂散电感的叠层母排技术，运用电流控制型PWM有源逆变技术和优质高效隔离变压器，可靠性高，保护功能齐全，且具有电网侧高功率因数正弦波电流、无谐波污染供电等特点。该并网逆变器的外形和技术特征如图6–33所示。

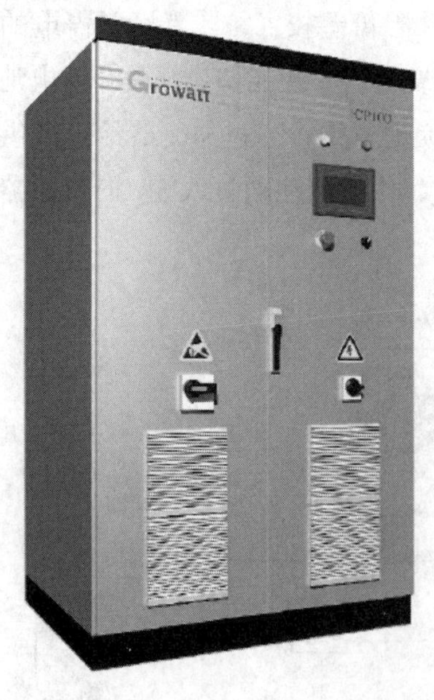

技术特征

电网友好

零电压穿越功能

有功功率连续可调(0～100%)功能

无功功率连续可调(0～100%)功能

夜间可根据电网指令对电网进行无功补偿

用户友好

彩色触摸屏，方便用户操作和设置

方便快捷的正面维护

高效发电

内置高效变压器、最高转换效率达97.1%

32位DSP控制芯片和先进的数字锁相技术，运算速度快、精度高

高效PWM调制算法，降低开关损耗

智能温控式风冷方案，有效节能

环境适应能力强

–25～+55℃可连续满功率运行

适用高海拔恶劣环境，可长期连续、可靠运行

加热除湿功能（可选）

图6–33　Growatt CP 100kW并网逆变器外形及技术特征

（1）采用英飞凌公司第四代功率模块。

（2）具有直流和交流手动分断开关和自动分励脱扣。

（3）具有先进的孤岛效应检测方案。

（4）具有过载、短路、电网异常等故障保护及报警功能。

（5）宽直流输入电压范围（450~850V），整机效率高达96.5%。

（6）人性化的LCD液晶界面，通过按键操作，液晶显示屏（LCD）可清晰显示实时各项运行数据、实时故障数据、历史故障数据、总发电量数据、历史发电量数据。

（7）逆变器具有完善的监控功能。

2. PCS双向电池充放电控制器

PCS双向电池充放电控制器外形和产品特性如图6–34所示。

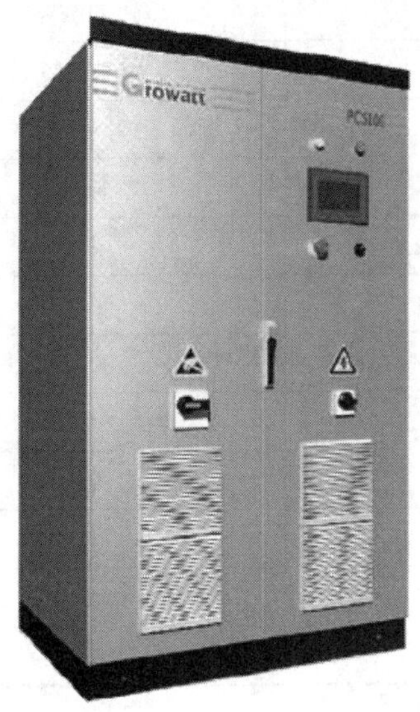

Growatt PCS100 电池充放电控制器为大容量储能系统打造，可实现如下功能：

平滑光伏发电功率，消除突变，改善电网质量
储存峰值发电，增加光伏发电利用率，降低电网买电支出
在电网停电时作为后备应急电源使用

产品特性

触摸屏，方便控制
灵活的电池适应性（支持铅酸及锂电池）
完善的逆变器及电池保护
多工作模式可设定
电池预测管理（放电时间，剩余容量等）
CAN或RS485通信接口，Modbus协议
并离网不间断切换(选配)
支持多机并联
内置隔离变压器

图6–34　Growatt PCS100双向电池充放电控制器外形及产品特性

设备主要技术参数见表6–20。

表6–20　双向电池充放电控制器主要技术参数

参数		型号	
		Growatt PCS50	Growatt PCS100
交流（并网）	额定输出功率	50kVA	100kVA
	额定电网电压	400V	400V
	电网电压范围	310~450V	310~450V
	额定电网频率	50/60Hz	50/60Hz

续表

参数		型号	
		Growatt PCS50	Growatt PCS100
交流（并网）	电网频率范围	47~51.5Hz/57~61.5Hz	47~51.5Hz/57~61.5Hz
	总电流谐波	＜ 3%	＜ 3%
	功率因数	0.9 滞后 ~0.9 超前	0.9 滞后 ~0.9 超前
	输出接线方式	3/N/PE	3/N/PE
交流（离网）	额定电压	400V	400V
	电压谐波	≤ 1% 线性	≤ 1% 线性
	额定输出频率	50/60Hz	50/60Hz
	过载能力	110%（10min） 120%（1min）	110%（10min） 120%（1min）
直流（电池）	最大功率	55kW	110kW
	稳流精度	± 1%	± 1%
	稳压精度	± 1%	± 1%
	电压纹波	＜ 3%	＜ 3%
	电流纹波	＜ 2%	＜ 2%
	额定电压	600V	600V
	电压范围	500~820V	500~820V
	额定电流	84A	180A
	最大电流	125A	220A
	输入路数	1	1
通信	显示	触摸屏	触摸屏
	通信接口	RS485/CAN	RS485/CAN

6.8.2 微电网系统和离网系统相比的主要优势

1. 应用范围更宽

离网系统只能脱离大电网而使用，而微电网系统则包括了离网系统和并网系统所有的应用，包括以下多个工作模式：

（1）当有电网或者发电机时，太阳能如果能量不足，光伏系统可以并网和电网同时工作，为负载提供能量。

（2）当有电网，光伏发电超过负载功率时，可以选择“自发自用，余量上网”的工作模式，也可以选择“自发自用，余量储存”的工作模式。

（3）当有电网，在电价峰值时，可以选择光伏和蓄电池同时供电的工作模式，为用户节省电费。在电价谷值时，可以选择市电为蓄电池充电和为负载供电的工作模式。

（4）当有电网或者发电机但系统电压不稳定时，PCS双向变流器可以稳定交流母线电压，为用户提供安全的用电环境。

（5）当和发电机组成微电网系统时，并网逆变器、双向变流器和发电机可以同步工作，发电机可以选择给蓄电池充电，也可以不充电。

（6）没有电网和发电机时，系统可以工作在纯离网模式下。

2. 系统配置灵活

并网逆变器可以根据客户的实际情况选择单台或者多台自由组合，可以选择组串式逆变器或者集中式逆变器，甚至可以选择不同厂家的逆变器。并网逆变器和PCS变流器功率可以相等，也可以不一样。而离网逆变器只能安装在一个地方，大型系统中电缆要配置很多，造价高，损耗比较多。

3. 系统效率高

微电网系统光伏发电经过并网逆变器，可以就近直接给负荷使用，实际效率高达96%，双向变流器主要起稳压作用。而离网逆变器系统，光伏发电要经过控制器、蓄电池、逆变器和变压器才能到达负载，蓄电池充放电损耗很大，光伏发电实际利用效率在85%左右。

4. 带载能力强

微电网系统并网逆变器和双向变流器可以同时给负载供电，带载能力可以增加1倍。在有电动机等感性负载的系统中，启动功率一般是额定功率的3~5倍，工频离网逆变器最大超载150%，还必须增加1倍的功率。而微电网逆变器本身也可以超载150%，加上并网逆变器和双向变流器同时工作，不需要再增加设备，可以节约初始投资成本。

6.9 太阳能扬水系统典型设计方案

在无电力供应或者电力供应不可靠地区，人们仍然采用柴油泵抽水、风力提水、液压抽水和人工搬运等传统手段解决用水问题。随着科技尤其是光伏技术的发展，以及人们对用水量、水质、供水系统可靠性和环境保护的综合考虑和严格要求，光伏扬水系统凭借其易安装、无须人工值守、低成本、零碳排放等优点，越来越多地成为解决用水问题的首选方案。

6.9.1 光伏扬水系统主要构成

光伏扬水系统亦称太阳能光伏水泵系统，整个系统由太阳能组件，光伏扬水逆变器，水泵、管道、蓄水池系统三部分组成。系统中省却掉蓄电池储能装置，直接驱动水泵扬水，装置可靠性高，减少系统投资成本。

（1）太阳能电池组件：太阳能电池阵列由多块太阳组件串并联而成，吸收日照辐射能量，将其转化为电能，为整个系统提供动力电源。

（2）扬水逆变器：光伏扬水逆变器是光伏扬水系统中最重要的设备，对系统的运行实施控制和调节，将太阳能电池阵列发出的直流电转换为交流电，驱动水泵，并根据日照强度的变化实时地调节输出频率，实现最大功率点跟踪，最大限度地利用太阳能。

（3）水泵、管道、蓄水池：其主要任务是抽水、送水和储水。水泵由三相交流电动机驱动，从深井或江河湖泊等水源中抽水，注入蓄水箱/池，或直接接入灌溉系统及喷泉系统等。水泵根据工作原理主要分为两大类即离心泵和容积泵。柱塞泵与齿轮泵、螺杆泵都属于容积泵。靠离心力工作的是离心泵，典型结构是叶轮、蜗壳结构。靠封闭空间移动工作的是容积泵，即在入口端这个空间里装上液体，然后从入口移动到出口，释放液体，如此循环工作。容积泵的结构形式很多，较常见的有叶片泵、齿轮泵、螺杆泵、柱塞泵等。

在光伏扬水系统中，水泵的选择至关重要，它直接影响整个系统的经济性和稳定性。光伏扬水系统中最常用的是潜水泵，具有应用范围广、调速范围宽的特点，可以增加光伏扬水系统每天的工作时间和出水量。低扬程、大流量的需求用户可以选择自吸式水泵。高扬程、小流量的用户可选择容积式水泵。

6.9.2 光伏扬水系统方案设计

不同的地区、不同的客户有不同的需求，对于不同的需求，必然要进行不同的设计。设计的前提是在充分了解客户需求的基础上，给客户最优化的方案，最大限度满足客户的使用需求。

1. 选型步骤

（1）确定水泵扬程和流量：水泵进水位置到出水口的垂直距离为扬程，流量为日用水量。

（2）确定水泵功率：依据扬程、排量、出水口径等确定。

（3）确定逆变器：逆变器功率是水泵电动机功率1.1~1.3倍。

（4）确定组件容量：太阳能光伏组件的功率取逆变器功率的1.3~1.5倍。

（5）选择线缆规格：依据逆变器与水泵之间的连接距离确定。

2. 获取用户需求

在系统配置之前，应详细了解客户信息以便给出有效方案。例如：某客户的信息如下：①井深约55m，扬程约48m，井径约200mm；②需灌溉共75亩旱地，整个灌溉期共需水约27000m³，灌溉持续6个月；③本地平均日照约5h/d。

3. 设计选型

扬程指水泵能够扬水的高度，通常用H表示，单位是m。水泵扬程=静扬程+水平输送距离+损失扬程。

静扬程就是指水泵的吸入点和高位控制点之间的高差，如从深水井中抽水送往高处的水箱，静扬程就是指清水池吸入口和高处的水箱之间的高差，如图6–35所示，静扬程为H_1+H_3。水平输送距离H_2，一般计算扬程时水平方向每10m算作1m的扬程；损失扬程通常为净扬程的6%~9%，如水管弯头、水头损失等，一般为1~2m。

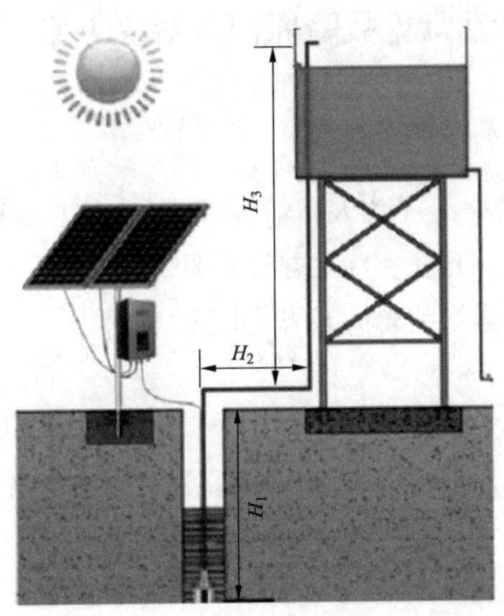

图6–35 扬程示意图

（1）选择扬水泵。根据已知的扬程、流量，反推出合适的水泵：300天抽水1000m³，当地日照为3.5h，系统效率为0.8。

扬程：110m。

流量：1000/（300×0.8×3.5）=1.19（m³/h）。

选择：瑞荣 R95-S-16潜水泵，电动机功率1.5kW，流程1.2m³/h，扬程115m，出水口径25mm。

（2）选择扬水逆变器。一般选择比水泵大一个型号的逆变器，1.5kW的水泵配2.2kW的逆变器。

（3）选择组件。组件设计为水泵的1.3~1.5倍，1.5×1.4=2.1（kW），扬水逆变器工作电压为200~360V，可以选择280W的组件，8块串联，共2.24kW。

第 7 章 光伏电站调试、检查及维护

7.1 分布式光伏电站常见故障原因及解决方案

7.1.1 影响光伏电站发电量的因素

光伏电站理论年发电量 = 年平均太阳辐射总量 × 电池总面积 × 光电转换效率。但由于各种因素的影响，光伏电站发电量实际上并没有那么多，实际年发电量=理论年发电量 × 实际发电效率。那么有哪些因素影响光伏电站发电量？

1. 太阳辐射量

太阳能电池组件是将太阳能转化为电能的装置，光照辐射强度直接影响着发电量。各地区的太阳能辐射量数据可以通过NASA气象资料查询网站获取，也可以借助光伏设计软件如PVsyst、RETScreen得到。

2. 太阳能电池组件的倾斜角度

从气象站得到的资料，一般为水平面上的太阳辐射量，换算成光伏阵列倾斜面的辐射量，才能进行光伏系统发电量的计算。最佳倾角与项目所在地的纬度有关。大致经验值如下：

（1）纬度0° ~25°，倾斜角等于纬度。

（2）纬度26° ~40°，倾角等于纬度加5° ~10°。

（3）纬度41° ~55°，倾角等于纬度加10° ~15°。

3. 太阳能电池组件转化效率

太阳能电池组件是由高效晶体硅太阳能电池片、超白钢化玻璃、EVA、透明TPT背板及铝合金边框组成，有玻璃透光率损失和线路损失。

4. 系统损失

和所有产品一样，光伏电站在长达25年的寿命周期中，组件效率、电气元件性能会逐步降低，发电量逐年递减。除去这些自然老化的因素外，还有组件、逆变器的质量问题，线路布局、灰尘、串并联损失、线缆损失等多种因素。一般光伏电站的财务模型中，系统发电量3年递减约5%，20年后发电量递减到80%。

（1）组合损失。凡是串联就会由于组件的电流差异造成电流损失，并联就会由于组件的电压差异造成电压损失，而组合损失可达8%以上，中国工程建设标准化协会标准规定小于10%。因此为了降低组合损失，应在电站安装前严格挑选电流一致的组件串联，组件的衰减特性尽可能一致。

（2）灰尘遮挡。在所有影响光伏电站整体发电能力的各种因素中，灰尘是第一大杀手。灰尘对光伏电站的影响主要有：遮蔽达到组件的光线，从而影响发电量；影响散热，从而影响转换效率；具备酸碱性的灰尘长时间沉积在组件表面，侵蚀板面造成板面粗糙不平，有助于灰尘的进一步积聚，同时增加了阳光的漫反射。所以组件需要不定期擦拭清洁。现阶段光伏电站的清洁主要有洒水车、人工、机器人三种方式。

（3）温度特性。温度上升1℃，晶体硅太阳能电池最大输出功率下降0.4%，开路电压下降0.3%（–2mV/℃），短路电流上升0.04%。为了减少温度对发电量的影响，应该保持组件良好的通风条件。

（4）线路、变压器损失。系统的直流、交流回路的线损要控制在5%以内。为此，设计上要采用导电性能好的导线，导线需要有足够的直径。系统维护中要特别注意接插件及接线端子是否牢固。

（5）逆变器效率。逆变器由于有电感、变压器和IGBT、MOSFET等功率器件，在运行时会产生损耗。一般组串式逆变器效率为97%~98%，集中式逆变器效率为98%，变压器效率为99%。

（6）阴影、积雪遮挡。在分布式电站中，周围如果有高大建筑物，会对组件造成阴影，设计时应尽量避开。根据电路原理，组件串联时，电流是由最少的一块决定的，因此如果有一块有阴影，就会影响这一路组件的发电功率。当组件上有积雪时，也会影响发电，必须尽快扫除。

7.1.2 分布式光伏电站常见故障

1. 逆变器屏幕没有显示

（1）故障分析：没有直流输入，逆变器LCD是由直流供电的。

（2）可能原因：①组件电压不够。逆变器工作电压是100~500V，低于100V时逆变器不工作。组件电压和太阳能辐照度有关。②PV输入端子接反，PV端子有正负两极，要互相对应，不能和别的组串接反。③直流开关没有合上。④组件串联时，某一个接头没有接好。⑤有一组件短路，造成其他组串也不能工作。

（3）解决办法：用万用表电压挡测量逆变器直流输入电压。电压正常时，总电压是各组件电压之和。如果没有电压，依次检测直流开关、接线端子、电缆接头、组件等是否正常。如果有多路组件，要分开单独接入测试。

如果逆变器已使用一段时间，没有发现原因，则是逆变器硬件电路发生故障，应联系生产厂家售后。

2. 逆变器不并网，屏幕显示市电未接

（1）故障分析：逆变器和电网没有连接。

（2）可能原因：①交流开关没有合上。②逆变器交流输出端子没有接上。③接线时，逆变器输出接线端子上排松动。

（3）解决办法：用万用表电压挡测量逆变器交流输出电压，在正常情况下输出端子应该有220V或者380V电压，如果没有，依次检测接线端子是否有松动，交流开关是否闭合，漏电保护开关是否断开。

3. 光伏组件电压过高，屏幕显示PV电压高

（1）故障分析：直流电压过高报警。

（2）可能原因：组件串联数量过多，造成电压超过逆变器的电压。

（3）解决办法：因为组件的温度特性是温度越低，电压越高。单相组串式逆变器输入电压范围是100~500V，建议组串后电压在350~400V。三相组串式逆变器输入电压范围是250~800V，建议组串后电压在600~650V。在这个电压区间，逆变器效率较高，早晚辐照度低时也可发电，但又不至于让电压超出逆变器电压上限，引起报警而停机。

4. 隔离故障，屏幕显示PV绝缘阻抗过低

（1）故障分析：光伏系统对地绝缘电阻小于2MΩ。

（2）可能原因：太阳能组件、接线盒、直流电缆、逆变器、交流电缆、接线端子等处有电线对地短路或者绝缘层破坏。PV接线端子和交流接线外壳松动，导致进水。

（3）解决办法：断开电网、逆变器，依次检查各部件电线对地的电阻，找出问题点并更换。

5. 漏电流故障，屏幕显示输出漏电流过高

（1）故障分析：漏电流太大。

（2）解决办法：取下PV阵列输入端，然后检查外围的AC电网。直流端和交流端全部断开，让逆变器停电30min以上，如果能恢复就继续使用，如果不能恢复，联系售后工程师。

6. 电网电压高，屏幕显示市电电压超范围

（1）故障分析：电网阻抗过大，光伏发电用户侧消化不了，输送出去时又因阻抗过大，造成逆变器输出侧电压过高，引起逆变器保护关机或者降额运行。

（2）常见解决办法有：①加大输出电缆，电缆越粗，阻抗越低。②逆变器靠近并网点，电缆越短，阻抗越低。

7. 系统输出功率偏小，达不到理想的输出功率

可能原因：影响光伏系统输出功率的因素很多，包括太阳辐射量、太阳能电池组件的倾斜角度、灰尘和阴影阻挡、组件的温度特性，第1章中已介绍。

因系统配置安装不当造成系统功率偏小，常见的情况和解决办法有：

（1）在安装前，检测每一块组件的功率是否足够。

（2）根据第1章，调整组件的安装角度和朝向。

（3）检查组件是否有阴影和灰尘。

（4）检测组件串联后电压是否在电压范围内，电压过低系统效率会降低。

（5）多路组串安装前，先检查各路组串的开路电压相差不超过5V，如果发现电压不对，要检查线路和接头。

（6）安装时可以分批接入，每一组接入时记录每一组的功率，组串之间功率相差不超过2%。

（7）要找一个散热良好的地方，避免因安装的地方通风不畅，或者直接在阳光下暴晒，造成逆变器温度过高。

（8）逆变器有双路MPPT接入，每一路输入功率只有总功率的50%。原则上每一路设计安装功率应该相等，如果只接在一路MPPT端子上，输出功率会减半。因此逆变器如果有多路MPPT，功率要平均分配。

（9）电缆接头接触不良，电缆过长，线径过细，有电压损耗，最后都会造成功率损耗。要按照正确的方法去设计电缆，详见5.3节。

（10）并网交流开关容量过小，达不到逆变器输出要求。要按照正确的方法去设计交流开关，详见5.5节。

7.2 逆变器如何做好光伏电站的安全管家

逆变器作为光伏电站的核心，主要作用是把光伏组件不规则的直流电转换为正弦波交流电，同时还有过电压保护、过电流保护、绝缘阻抗保护、漏电流保护、电网电压频率异常保护等功能。随着光伏组件价格下调和效率提升，光伏开始走进千家万户，人们还希望逆变器能在系统中发挥更重要的作用，使光伏系统更稳定更安全，收效更高。逆变器里面加入组件防PID功能、组串监测功能、直流拉弧检测功能、RSD（rapid shut down）快速关断等，这些关键技术的应用，让光伏系统的安全可靠性得到进一步提高，延缓了组件的衰减，提高了经济效益。

7.2.1 晶硅组件 PID 修复功能

为了抑制PID效应，组件厂家从材料、结构等方面做了大量的工作并取得了一定的进展，如采用抗PID材料、防PID电池和封装技术等。有科学家做过实验，已经衰减的电池组件在100℃左右的温度下烘干100h以后，由PID引起的衰减现象消失了。实践证明，组件PID现象是可逆的， PID问题的防治更多的是从逆变器端进行。通过提升组件的电压，让所有的组件对地都实现正电压，可以有效地消除PID现象。根据逆变器种类的不同，采用以下三种方案，从逆变器的角度消除PID现象。

1. 采用负极接地方法消除组件负极对地的负压

该方案适用于隔离型光伏逆变器，包括高频隔离型逆变器（如Growatt 2000–5000HF系列）和工频隔离型逆变器（如Growatt CP100-500系列），系统原理图如图7–1所示。负极接地后，消除了组件对地的负压，能有效抑制PID现象。而针对非隔离型光伏逆变器（无变压器设计逆变器，如Growatt 10000–20000UE系列）则需要外加隔离变压器之后才能实现负极接地。

非隔离型光伏逆变器使用这个方案存在以下弊端：①PV-直接接地后，PV+对PE存在高压，触碰正极有触电风险；②PV+对PE发生短路后，容易产生电弧引起火灾；③需要额外增加一台隔离变压器，成本相对较高。

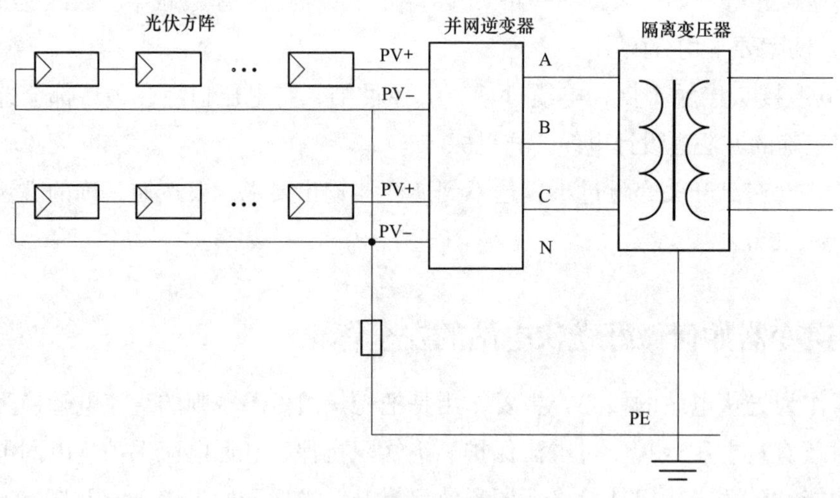

图7–1　组件负极接地方案

2. 采用虚拟接地方案消除组件负极对地的负压

该方案适用于由多台非隔离型光伏逆变器构成的大型光伏电站，通过抬升交流N线电压，间接抬升PV负极电压，使各台逆变器的PV负极对地电压接近为0或者稍高于0电位，以实现PID抑制功能。

此方案需要逆变器外置防PID模块，防PID模块通过Web Box数据采集器采集信息，自动调整交流系统N线对地电压，使所有PV电池板对地电位为正，达到抑制PID的功能。整个系统应用原理如图7-2所示。

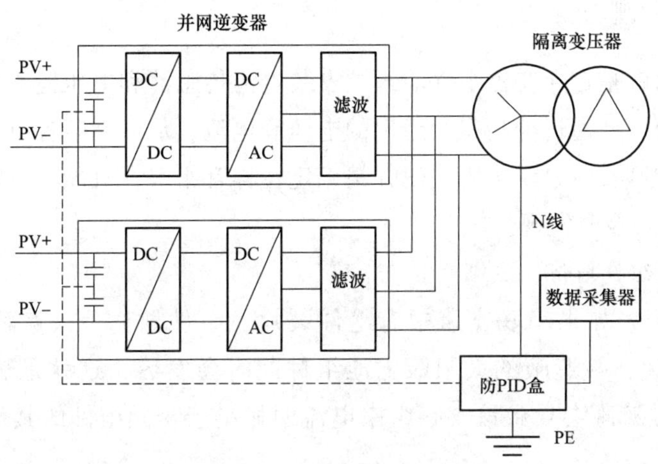

图7-2 组件虚拟接地方案

3. 采用加正向偏置电压方案将PID效应流失的电子从PE抽回来

该方案使用外置或者内置防PID模块（如Growatt PID Offset Box），装置由交流供电，提供了自动模式、夜间模式和连续模式三种工作方式。夜间模式和连续模式有400、600、800V和1000V四种输出电压，其中自动模式输出为日间系统最高电压。此方案适用于无变压器型光伏逆变器，PID 修复模块通过内部电源从交流取电整流后提供给组件，使组件因白天PID效应而损失的电子得到补偿从而降低PID效应。系统原理图如图7-3所示。

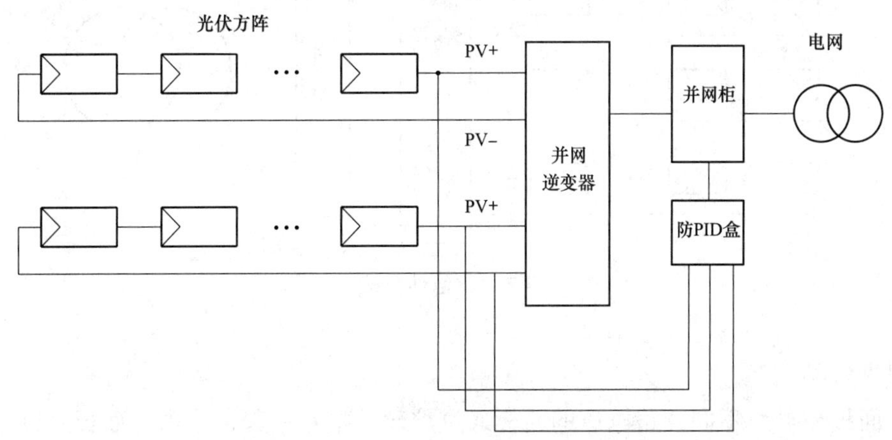

图7-3 组件负极加正向偏置电压方案

实际电站运行数据显示，通过在逆变器中集成PID防护模块，可以有效避免组件发生PID现象，减少电站发电量损失。同时，防PID模块具有修复功能，可以对已发生PID问题的组件进行修复，使组件各项指标参数恢复正常。

7.2.2　组串监测功能

组串监测技术就是在逆变器组件输入端安装电流传感器和电压检测装置，检测到每个组串的电压和电流值，通过分析每个组串的电压和电流，从而判断各组串运行情况是否明显异常，若有异常则及时显示告警代码并精确定位异常组串，且能将故障记录上传至监控系统，便于运维人员及时发现。

1. 组件裂片、组件划伤、热斑

在一定条件下，如果串联支路中有组件裂片、组件划伤、被遮蔽的太阳能电池组件，将被当作负载，被遮蔽的太阳能电池组件此时会发热，这就是热斑效应。组件裂片、组件划伤、被遮蔽会导致该支路组串电流明显小于相同组件的其他未出现热斑的组件支路。

2. 组串反接与组串短路

在实际施工过程中，由于施工队人员误操作而使同一路MPPT的某一串组件正极接入逆变器负极，组件负极接入逆变器正极而导致同一路MPPT中两串组件形成短路。组件反接会导致反接一路的电流为负，电压几乎为零，如图7–4所示。

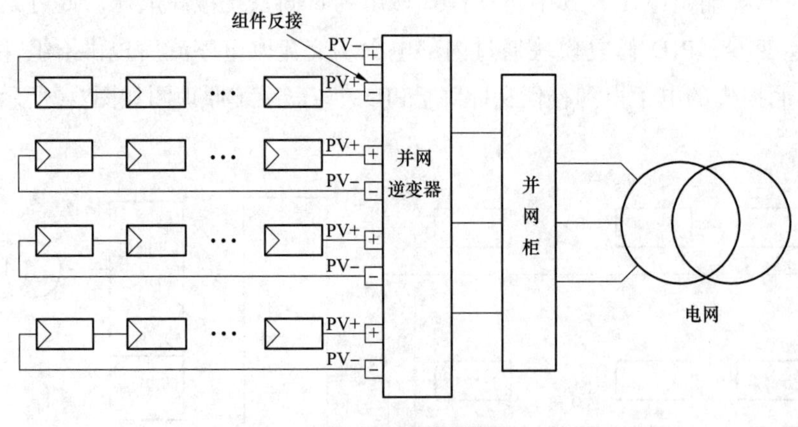

图7–4　组件反接

3. 组串失配

由于面板差异，不同开路电压的面板通过熔丝并接在一起，或由于面板衰减、阴影、热斑等原因引起导致组串电流大小不一致而造成发电量降低。组串失配会导致该组串电压电流明显小于其他组串，如图7–5所示。

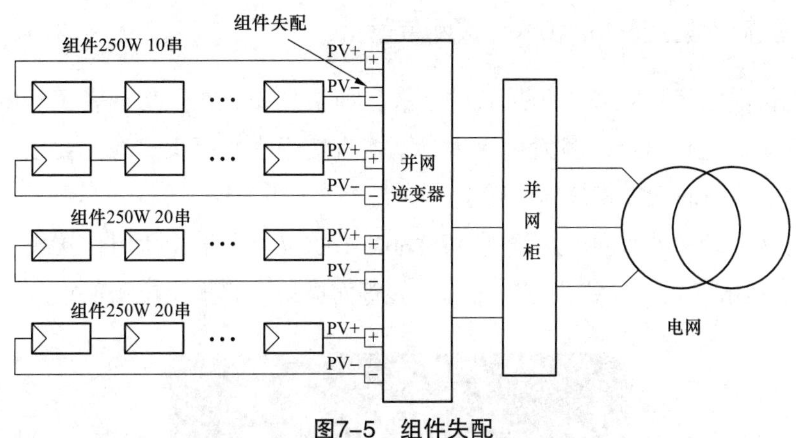

图7-5 组件失配

4. 部分支路保险熔断

在设备运行过程中由于某些特殊情况而导致支路电流过大，熔丝熔断。熔丝熔断会使该支路电压和电流检测为零。

组串监测技术虽然会增加一点点成本，对于整个光伏系统仍然微不足道，但是起的作用却很大：

（1）及时发现组件早期问题。组件裂片、组件划伤、热斑等问题前期并不明显，但通过检测相邻组串间电流和电压的差别，就可以分析组串是否有故障。及时处理以避免更大的损失。

（2）当系统发生故障时，不需要专业人员现场检测，就能够快速判断故障类型，精确定位组串，运维人员及时解决，最大程度减少损失。

组串监测系统图如图7-6所示。

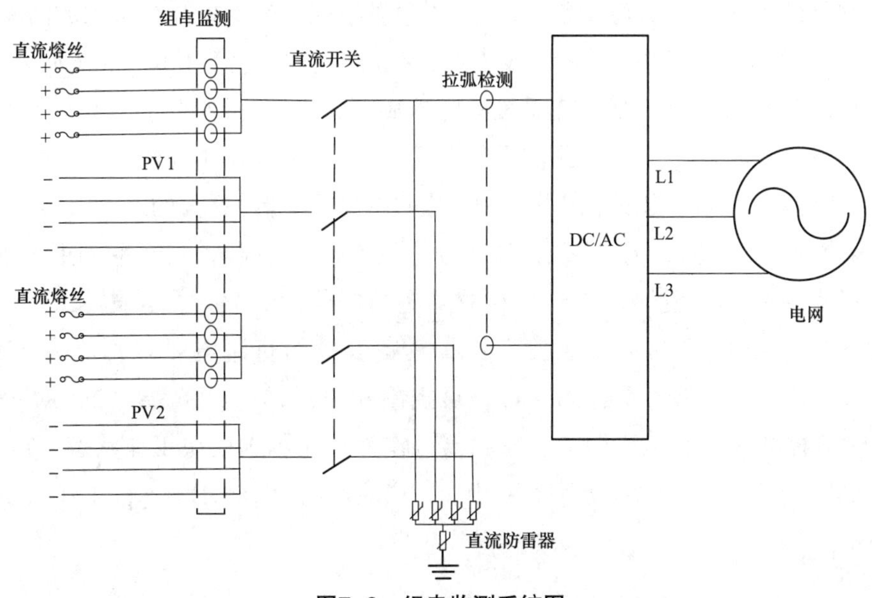

图7-6 组串监测系统图

7.2.3 直流拉弧监测功能和快速关断装置

火灾是光伏电站经济效益损失最大的事故，如果是安装在厂房或者民居屋顶上还很容易危及人身安全。光伏电站一旦发生火灾，不能直接用水来灭火，首先要以最快的速度切断电源，光伏电站中的火灾事故因素很多，直流拉弧是主要原因。

在整个光伏系统中直流侧电压通常高达600~1000V，由于光伏组件接头节点松脱（如图7–7所示）、接触不良、电线受潮、绝缘破裂等而极易引起直流拉弧现象。

图7–7 光伏直流电缆接头节点松脱

直流拉弧会导致接触部分温度急剧升高，持续的电弧会产生3000~7000℃的高温，并伴随着高温碳化周围器件，轻者熔断熔丝、线缆，重者烧毁组件和设备引起火灾（见图7–8）。目前，UL和NEC安规对80V以上的直流系统都有拉弧检测功能的强制要求。由于光伏系统发生火灾后不能直接用水扑灭，预警和预防十分重要。特别是对于彩钢瓦屋顶，维护人员很难检查出故障点和隐患，所以安装具有拉弧检测功能的逆变器是十分必要的。

电路保护装置AFCI，其主要作用是防止故障电弧引起火灾。它有检测并区别逆变器在启停或开关时产生的正常电弧和故障电弧的能力，发现故障电弧后及时切断电路。除此之外，AFCI还具有如下特点：①具备有效的直流电弧识别能力，允许最大直流电流可达60A；②具备友好的接口，可控制断路器；③具备RS232转RS485通信功能，可实时监控模块状态；④LED、蜂鸣器可作为快速识别模块工作状态，声光报警；⑤功能模块化，易于移植到各个系列产品中；⑥产品通过UL1699B（type 1）认证。

图7-8　组件起火

分布式系统日益普及，户用光伏系统增长迅猛，但还是很大一部分人对光伏系统的工作原理、系统故障处理方法一无所知，当光伏系统发生重大故障后，需要有专业的装置在保证人身安全的情况下尽量减小损失。

针对家庭光伏分布式项目，能远程快速关断光伏系统直流侧组串的快速关断装置，简称RSD。此设备的主要特点是能够在电网发生故障或人为切断等情况下，自动断开每个光伏组串的连接，从而减少组串的电压，保证系统中无高压电，降低触电风险，提高其安全性和实用性。

根据根据NEC 690.12标准要求，当市电停电或者认为逆变器设备启动远程关机的情况下，快速关断装置启动后，在光伏阵列3m范围或进入建筑物1.5m范围，光伏系统电压必须在10s的时间内降低到30V以下，功率降低到240VA以下。

那么RSD快速关断系统是如何实现的呢？快速关断装置原理图如图7-9所示：系统由快速判断箱和电源箱两部分组成，关断箱装在组件阵列和逆变器之间，由两组常开继电器组成，继电器由电源箱提供电源。

快速关断装置关断方式有主动和被动两种方式：

（1）被动方式。当电网掉电发生孤岛保护后，电源箱停电，关断箱继电器停止工作断开，每个光伏组串与逆变器设备之间也断开，避免设备继续带电。

（2）主动方式。当电网发生紧急故障或人员触电时，可手动按下控制电源箱紧急控制开关，切断关断箱的电源，隔断系统的电气连接，避免故障进一步扩大升级，并上传快速关断箱状态信息给逆变器设备。

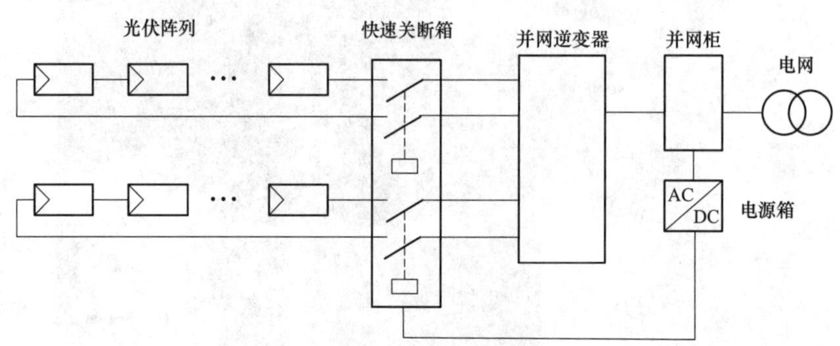

图7-9　直流侧组串的快速关断装置

快速关断系统的最大特点在于：快速断开设备与电网及组件的电气连接，使电气系统在故障时快速断开，保护组件和设备安全，隔断设备安全隐患，最大限度降低电气与人接触的可能性，大大增加系统安全性，特别适合在分布式户用系统中使用。

7.3　逆变器输出交流电缆怎么选取最经济

在光伏系统中，由于线路安装的环境不一样，会造成交流电缆温度不一样。逆变器和并网点距离不一样，会造成电缆上的压降不一样。温度和压降都会影响到系统的损耗，因此要合理设计逆变器输出电流的线径，综合考虑各方面的因素，既要减少光伏电站的初始投资，又要减少系统的线路损耗。

在做电缆设计选型时，技术上主要考虑电缆的额定载流量、电压、温度等技术参数，安装时还要考虑电缆的外径、弯曲半径、防火措施等，计算造价时要考虑电缆的价格。

7.3.1　逆变器输出电流和电缆载流量要一致

逆变器输出电流是由功率决定的，单相逆变器电流＝功率/230，三相逆变器电流＝功率/（400×1.732），有的逆变器还可以1.1倍过载，参考表7-1。

表7-1　逆变器输出功率和电表对照表

功率（kW）	单相 2	单相 3	单相 4	单相 5	单相 6
输出电流（A）	9.5	14.3	17.5	22.7	27.2
功率（kW）	三相 10	三相 15	三相 20	三相 25	三相 30
输出电流（A）	16.7	23.8	32	37	44
功率（kW）	三相 40	三相 50	三相 60	三相 70	三相 80
输出电流（A）	64.5	72.5	87	102	116

电缆载流量（见表7-2）是由材料、线径、温度决定的，电缆有铜线和铝线两种，各有用处。从安全性出发，建议逆变器输出交流电缆用铜线，单相一般选BVR软线、聚氯乙烯绝缘，铜芯（软）布电线电压等级为300/500V，三相选450/750V电压等级的YJV、YJLV辐照交联聚乙烯绝缘、聚氯乙烯护套电力电缆。导线的载流量和温度之间的关系：如果环境温度高于35℃，温度每增加5℃时允许电流应减小10%左右；如果周围环境温度低于35℃，温度每降低5℃时允许电流可增加10%左右。一般情况下，电缆如果安装在室内通风的地方，最高环境温度在40℃以下，如果安装在室外有阳光晒到的地方，最高环境温度有可能达到50℃。

表7-2 电缆载流量 单位：A

截面积（mm^2）	线阻（mΩ/m）	外径（mm）	环境温度		
			40℃	50℃	60℃
1	18	3	14	12	10
1.5	12	3.3	17	14	12
2.5	7.4	4.2	24	20	16
4	4.6	4.8	32	26	21
6	3.1	5.4	40	33	26
10	1.8	6.8	60	50	40
16	1.15	8.1	81	67	54
25	0.73	9.8	105	87	70
35	0.52	11	129	107	86
50	0.39	13	162	134	107
70	0.27	15	206	170	136
95	0.19	17	251	207	166

如1台20kW逆变器，输出电流是32A，参考表7-2，4mm^2电缆在40℃时载流量是32A；6mm^2电缆在50℃时载流量是33A。因此20kW逆变器选用4mm^2的电缆或者6mm电缆就可以满足要求。

7.3.2 电缆经济性设计

有些地方逆变器离并网点比较远，电缆虽然可以满足载流量的要求，但由于电缆比较长，线路损耗就比较大，这时就可以考虑用线径大的电缆来减少损失，因为电缆线径越大，内阻越少。不过还要考虑电缆的价格、逆变器交流输出密封接线端子的外径。

如一台20kW电站，逆变器到并网点3根电缆线总长度100m，平均一天日照时间为4h，输出电流32A，输出电缆可以选用4、6、10、16mm^2。4mm^2电缆总内阻0.46Ω，市场价格是

3.5元/m；6mm^{2}电缆总内阻0.31Ω，市场价格是4.8元/m；10mm^{2}电缆总内阻0.18Ω，市场价格是9.5元/m；16mm^{2}电缆总内阻0.115Ω，市场价格是13.5元/m。

选用4mm^{2}电缆，一天的损耗为I^2Rt=（$30^2\times0.46\times4$）/1000=1.656kWh，一年约600kWh电，按度电成本0.75元算，一年损失450元；

选用6mm^{2}电缆，一天的损耗为I^2Rt=（$30^2\times0.31\times4$）/1000=1.116kWh，一年约400kWh电，按度电成本0.75元算，一年损失300元；

选用10mm^{2}电缆，一天的损耗为I^2Rt=（$30^2\times0.18\times4$）/1000=0.65kWh，一年约240kWh电，按度电成本0.75元算，一年损失180元；

选用16mm^{2}电缆，一天的损耗为I^2Rt=（$30^2\times0.115\times4$）/1000=0.414kWh，一年约150kWh电，按度电成本0.75元算，一年损失110元。

从表7-3可以看出，4mm^{2}的电缆虽然可以满足20kW逆变器的输出要求，但电缆上的电量损耗比较大，选取6mm^{2}的电缆一年就可以弥补电缆的价差，所以交流输出电缆尽量选用较粗的电缆，从经济上看，20kW选用10mm^{2}是比较好的。

表7-3　20kW逆变器选用不同的电缆损耗表

截面积（mm^2）	价格（元）	内阻（Ω）	1天电量损耗（kWh）	1年电费损失（元）
4	350	0.46	1.656	450
6	480	0.31	1.116	300
10	950	0.18	0.65	180
16	1450	0.115	0.414	110

7.4　光伏系统中原电力降压变压器能否做升压用

在分布式光伏系统中，一般是采用自发自用、余量上网的方式。国家规定，220V系统，最大接入8kW；380V系统，最大接入400kW；10kV系统，最大接入6MW。还有一个条件，光伏最大容量不得超过上一级变压器容量的25%。在分布式光伏电站中，大部分光伏发电都是在低电侧消耗了，但节假日工厂放假，本身消耗不了，这部分光伏发电能否能过电力降压变压器反过来做升压用，通过这个变压器升到10kV电网系统中？这个问题是很多业主、设计院、供电公司共同关心的问题，由于没有先例，大家的观点也不一样。

7.4.1　正方论点

降压变压器和升压变压器原理在5.4.2中已有叙述。

从变压器专业生产厂家实际操作经验也可以得出：升压变压器与降压变压器在设计、工艺、制造、试验等多方面是没有差别的。所以在相同频率、同等容量的条件下，一台电力变压器可以作为降压变压器使用，逆转过来，也可以作为升压变压器使用。

7.4.2 反方论点

原则上升压变压器与降压变压器不能反向替代使用，因为升压变压器等于将低压电升成高压电。那么对于系统来讲，其低压侧等于是吸收电能，相当于负荷，高压侧送出电能，相当于电源。系统的负荷接受标准的额定电压，而电源侧输出的电压考虑到线路及变压器本身的压降约10%，为了保证送到用户正好是额定电压，那么高压侧输出的电压等于是比额定电压高10%的电压。举例：一台降压变压器低压侧额定电压为380V，高压侧额定电压为10kV，那么，低压侧受电电压为额定电压就是380V，而高压侧送出的就不能是额定电压了，应当比额定电压高10%即11kV。如果考虑变比的话，低压侧为380匝（打个比方），高压侧不能是10000匝，而必须是11000匝了。这台降压变压器如果当作升压变压器来用的话，其低压侧电压要升到420V，高压侧输出的电压才能达到10kV，而低压侧电压升高会损坏运行设备。

另外，从结构上说，降压变压器的低压绕组在内侧，高压绕组在外侧，分接开关都装在高压绕组上，不仅便于分接头的抽出，还因高压绕组电流小、线细，好焊接分接头。降压变压器调高压侧分接头就可调节低压侧电压。用作升压变压器，则应将分接开关接在低压侧才能满足调压要求，且低压绕组的电流大，导线截面也大，切换时危险明显增加。

还有，降压变压器为了抑制三次谐波对电压波形的影响，一般都采用三角形接线，平时只带少量的站用负载和一些无功补偿设备，特别是三绕组变压器，一般低压侧容量较小，很难胜任升压变压器的工作。

为了限制短路故障电流及低压侧母线恢复电压，电厂用的升压变压器短路阻抗与一般降压变压器也有区别。

同芯结构的三圈变压器要考虑功率的传送和变压器绕组之间的耦合问题，一般降压变压器的绕组从铁芯向外的排列顺序是低、中、高，而升压变压器的排列顺序是中、低、高。

7.4.3 结论

从理论上讲，变压器是不分功率流向的，正常是从高压向低压输送电能，非正常时当然可以从低压向高压输送电能。而光伏逆变器输出电压范围较宽，在360~440V范围可调，所以降压变压器可以当升压变压器用，但根据实际应用情况还需要做一些调整和措施防止逆流发生：

（1）原降压变压器压降不是很大，一般（10/0.4kV）油变压器在5%以下，干变压器在6.5%以下，35/10kV主变压器也在8%以内。

（2）逆变器和降压变压器尽量放在一起，减少线损。

（3）如果是新装的变压器，可以在高压侧或者低压侧多设计一个抽头，当电流潮向改变时自动切换。

（4）如果供电方不允许光伏送入电网，可安装一套防逆流控制器，当检测有电流流向电网时降低逆变器输出功率。

7.5 提高光伏系统发电量的小窍门

如何提高光伏发电量，从而提高投资收益，这里面其实有很多小窍门。同样的投资，同样的光照，设计和安装时稍微注意一下，结果可能截然不同。

7.5.1 组件朝南，逆变器朝北

组件要尽量面向太阳辐射最大的角度和方向，安装角度一般是当地的纬度加5°，安装的方面角一般是正南稍偏西一点，具体角度根据实际情况还要经过详细计算才能得出。逆变器则刚好相反，尽量要安装在南边的墙上，逆变器的面板要朝北，少晒太阳。

（1）机器的安装离地面要有合适的高度，以便观察和读取LED的显示。

（2）室外安装时，逆变器上面要装防雨防晒篷，避免阳光直射和雨水浸泡。逆变器不能直接暴露在太阳或其他热源下。

（3）要留有足够的空间，以便其安装与移动逆变器。20kW以下逆变器四周最少要留有50cm空间距离。30kW是从侧面进风，两侧要留有100cm以上空间距离。

（4）要有足够的承重，承重量是逆变器重量的1.5倍以上。

（5）逆变器散热风道是下进风、上出风，逆变器要垂直安装，严禁水平安装或者上下倒置安装。

（6）逆变器必须放在一个空气流通的空间，逆变器本身是一个发热源，所有的热量都要及时散发出来，不能放在一个封闭的空间，否则温度会越升越高。

7.5.2 逆变器电压范围越宽，发电量越高

同样的地点、同样的装机量、同样的组件，选择不同的逆变器，有的发电量相差达10%以上。这是因为逆变器不是有太阳就能发电，也受光照强度和电网电压影响。

光照强度会影响组件的电压，尽管从组件的*I—U*曲线上看，组件的功率只改变电流，电压变化不大。但从实际测量上看，光照强度和温度都会影响组件的电压，范围还比较大。逆变器直流MPPT电压范围越宽，系统发电量就越高。

通过观察发电量低的逆变器，发现逆变器经常出现重启和过欠电压报警现象。进一步测量电网电压，发现波动范围在185~265V，电网电压超过242V，逆变器就会停机。发电量

高的逆变器，输出电压范围宽，就不会出现这种情况，但调宽电压范围对逆变器的要求比较高：一是交流器件耐压值要提高，成本会提高；二是相关的软件算法要复杂，有些厂家技术能力跟不上。调宽电压范围虽然会提高发电量，对电网也没有影响，欧洲TÜV的标准电压就达到266V，但我国行业标准是242V，生产厂家还要冒一定的风险，所以用户要选择真正有技术能力的厂家去做。

7.5.3 减少光伏系统损耗

（1）组件串联电压尽可能高，三相组串式逆变器工作电压在650~670V，效率最高，因为在这个电压范围，前期的DC/DC升压部分直接短接，这一部分的损耗就没有了，只有DC/AC逆变损耗。

（2）直流光伏线尽可能短，逆变器和电表之间距离也要短。

（3）一致性差的地方用小组串，一致性好的地方用大组串。

（4）逆变器的数量要尽量少。逆变器功率越大，效率就越高，3kW逆变器效率约96%，30kW逆变器效率就会超过98%，500kW集中式逆变器效率可以做到99%，而且对于光伏并网逆变器，MPPT最大效率追踪、前级DC/DC升压、孤岛检测，都会有电量损耗，并且都会给电网带来少量的谐波。从经济角度上讲，功率大的逆变器单瓦价格更便宜，安装费用更低，电缆也用得少。

7.6 区分逆变器漏电流故障和绝缘阻抗故障

在光伏系统中，常会碰到两个故障报警：漏电流故障和绝缘阻抗故障。这两种故障原因差不多，都是因为绝缘不好造成的，但是这两种故障产生的地方不尽相同，逆变器电路检测的原理不一样，检测的部位也不一样，如果采取同样的方法去检测往往会事倍功半。漏电流放障的内容已在4.13.2中介绍。

7.6.1 绝缘阻抗过低

当逆变器检测到组件侧正极或负极对地绝缘阻抗过低，说明直流侧线缆或组件出现对地绝缘阻抗异常的情况。

检测方阵绝缘阻抗是逆变器的一项强制性标准和要求，当检测到光伏阵列绝缘阻抗小于规定值，逆变器必须显示故障，非隔离的逆变器要停机，不能接入电网。

NB/T 32004—2013中“7.10.1.1 与不接地光伏方阵连接的逆变器”中规定：“与不接地光伏方阵连接的逆变器应在系统启动前测量光伏方阵输入端与地之间的直流绝缘电阻，如果阻抗小于U_{maxpv}/30mA（U_{maxpv}是光伏方阵最大输出电压），则：

（1）对带电气隔离的逆变器，应指示故障，但故障期间仍可进行其他动作操作，在绝缘电阻满足上述要求时允许其停止报警。

（2）对于非隔离逆变器或者虽有隔离但其漏电流不符合要求的逆变器，应指示故障，并限制其接入电网，此时允许其继续监控方阵的绝缘电阻，并且在绝缘电阻满足上述要求时允许停止报警，也允许接入电网。”

逆变器检测绝缘阻抗的原理是：逆变器通过检测PV+对地和PV–对地电压，分别计算出PV+和PV–对地的电阻。若任意一侧阻值低于阈值，逆变器就会停止工作，并报警显示“PV绝缘阻抗低”。绝缘阻抗低是光伏系统的一个常见故障，组件、直流电缆、接头出现破损，绝缘层老化会产生绝缘阻抗低。直流电缆穿过桥架时由于金属桥架边缘可能有倒刺，在穿线的过程中有可能把电缆的外层绝缘皮破坏，从而导致对地漏电。

绝缘阻抗低会造成系统漏电，如果这时逆变器还在并网发电，会造成用电设备机壳带电，给人带来触电的安全隐患。故障点对地放电会造成局部发热或者产生电火花，带来火灾等安全隐患。

7.6.2 漏电流故障和绝缘阻抗故障的区别

（1）漏电流是检测电流，绝缘阻抗是检测电阻。

（2）漏电流检测直流和交流，绝缘阻抗是检测直流部分，如果交流电缆绝缘层损坏，不会报绝缘阻抗低故障，只会报漏电流故障。因此当逆变器出现绝缘阻抗低故障，只需检查直流部分。

（3）直流绝缘故障报警的阈值是30mA，漏电流故障的阈值是300mA，所以当直流部分发生绝缘层损坏时，会先报绝缘阻抗，逆变器停机，除非特别大的直流电缆破损，一般不会报漏电流故障，当逆变器出现漏电流故障，一般检查逆变器和交流部分。

（4）直流绝缘是在逆变器开机检测，漏电流则是逆变器全程检测，当光伏系统在运行过程中，直流或者交流出现绝缘层破坏，则只会报漏电流故障。

（5）漏电流故障的阈值是300mA，当漏电流大于30mA时，如果短时间发生突变，逆变器也会判断光伏系统出现紧急情况，发出漏电流报警并切断逆变器和电网。

7.7 光伏系统发电量低原因分析

光伏系统安装后，用户最关心的就是发电量，因为它直接关系用户的投资回报。影响发电量的因素很多：组件、逆变器、电缆的质量、安装朝向方位角、倾斜角度、灰尘、阴影遮挡、组件和逆变器配比系统方案、线路设计、施工、电网电压等。根据调查，电缆、连接器、逆变器、组件等器件影响位居前列，包括：①电缆使用不当，安装不规范，破损和选型错误；②光伏连接器损坏、烧毁；③逆变器故障，逆变器风扇故障；④组件脏污、阴影、安装不规范、损坏、组件玻璃破损、组件硅片PID、隐裂等；⑤配电柜、并网柜故障；⑥电网故障（过电压、欠电压、过频、欠频、谐波过高、变压器故障等）。

7.7.1 阴影遮挡对发电量的影响

1. 案例

2017年8月30号，深圳市观澜镇一个10kW电站，客户反应发电量不高。这个电站是8月11号并网，到8月29号为止共发电500kWh，考虑到有4天是大雨，实际发电天数是15天，平均每天约33.3kWh，和年平均数据差不多。但8月是光伏发电的高峰期，作者查到深圳地区同等装机量的电站，每天发电量是40~50kWh，于是安排去现场考察（如图7–10所示）。

组件是多晶硅265W，数量是40块，逆变器是古瑞瓦特Growatt 10000TL3–S，采用20块串联、2路并网的方式，直流电缆采用光伏专用4mm^{2}专用电缆，交流电缆采用型号BVR线径为4mm的铜电缆，交流开关采用500V20A。逆变器没有漏电流报警、电网电压报警等信息，说明电气系统方案和线路设计符合要求。

图7–10　10kW光伏安装现场

组件颜色一致，没有色差。组件是新安装的，台风刚过，表面干净无灰尘。组件安装方位角度正南，面板PV1倾斜角度约5°，面板PV2倾斜角度约15°。从10时30分到12时30分的两个小时内，面板1最大峰值功率约为4580W，面板2最大峰值功率约为3880W。拆开组件和逆变器接线，面板PV1开路电压是648V，面板PV2开路电压是635V，电压相差很小，说明组件、逆变器、安装角度、施工等没有问题。

经现场排查，影响发电量最大的可能因素是阴影，面板PV1东向、西向和北向，面板PV2南向、北向均有金属护栏，离组件很近，约0.02m，比组件高0.5m左右。为了证实阴影对系统发电量的影响，作者在电站边上竖起一根金属杆，观察阴影。

在上午11时左右，太阳由东向西，面板PV1功率是3230W，面板PV2功率是3640W，组件最大功率相差410W，约为12%，因为面板PV1东面的护栏有部分阴影落在组件上，面板PV2东面没有护栏，如图7–11所示。

中午12时30分是当天测试的太阳最强时，太阳由南向北，面板PV1峰值功率达到4580W，面板PV2峰值功率是3880W，PV1反过来比PV2大700W，约为18%，因为南面的护栏有阴影。组件是竖排安装，此时阴影遮挡住5块组件的下半部，对系统的发电量影响更大，如图7-12所示。

图7-11 现场太阳能阴影演示（上午11时）

图7-12 现场太阳能阴影演示（上午12时30分）

2. 分析

在这个应用案例中，阴影只挡住了靠近护栏的一部分组件，大部分组件都没有被挡，但发电量为什么会整体受到影响，这就是电路串联的木桶效应：在组件串联电路中，每一块电流都是一样的，最大电流是由电流最少的一块组件决定的。所以只要有一块组件的一部分受到阴影遮挡，电流减少，这一块组件都会受到影响，输出功率减少。

3. 总结

组件有阴影遮挡对系统发电量影响很大，这个10kW系统，初步估计四周的护栏会影响系统发电量的15%~20%，所以在设计时要尽可能抬高组件，避开阴影遮挡。

7.7.2 绝缘阻抗低对系统的影响

1. 案例

山西临汾大宁县昕水镇光伏扶贫电站，作者在现场发现有一台逆变器显示“绝缘阻抗过低”，意味着逆变器检测到组件侧正极或负极对地绝缘阻抗过低，说明直流侧线缆或组件出现对地绝缘阻抗异常情况。

2. 解决方法

“PV绝缘阻抗过低”，一般可以采用以下处理办法：

现场检查组件的直流线缆和接地情况。出现绝缘阻抗异常的部分原因是直流线缆破损，包括组件之间的线缆、组件至逆变器之间的线缆，特别是墙角的线缆和没有穿管露天铺设的线缆，因此首先需要仔细检查线缆是否有破损情况。另外，光伏系统没有良好接地，包括组件接地孔未接，组件压块与支架没有良好接触，部分支流线缆套管进水等，均会导致绝缘阻抗偏低。

依靠逆变器逐串排查，如果逆变器直流侧为多路接入，可以采用逐一排查的方法对组件进行检测。逆变器直流侧只保留一串组件，开机后查看逆变器是否仍然报错。如不继续报错，则说明连接的组件绝缘性能良好。如继续报错，则说明很有可能是该串组件绝缘不符合要求。或者如20kW逆变器接入4路，拔出某一路，如果故障报警消失，说明该串有故障。

使用绝缘电阻表或其他专业设备逐串检测，现场检查时用绝缘电阻表逐串测量组件侧PV+/PV–对地绝缘电阻，需要大于逆变器绝缘阻抗的阈值要求，在部分项目中亦可以借用专用的绝缘测量设备。

3. 总结

组件在接入逆变器之前，必须先检测组串对地的绝缘电阻，这是非常必要且不可省略的一个步骤。

7.7.3 组件和逆变器的配比对系统发电量的影响

1. 案例一

逆变器的技术参数中有一个最大允许接入功率，大部分厂家都是标称功率为额定功率的1.1~1.2倍，但有些厂家为了显示自己的超配能力，标称功率为额定功率的1.4倍，有的甚至到1.7倍。

浙江温州地区就有这样一位客户，组件是20块260W，总功率是5200W，为了节省逆变器成本，根据这个技术参数去设计系统，选择了4.2kW的逆变器。结果在天气好的时候，如图7–13所示的逆变器限额运行，给用户造成发电量损失。

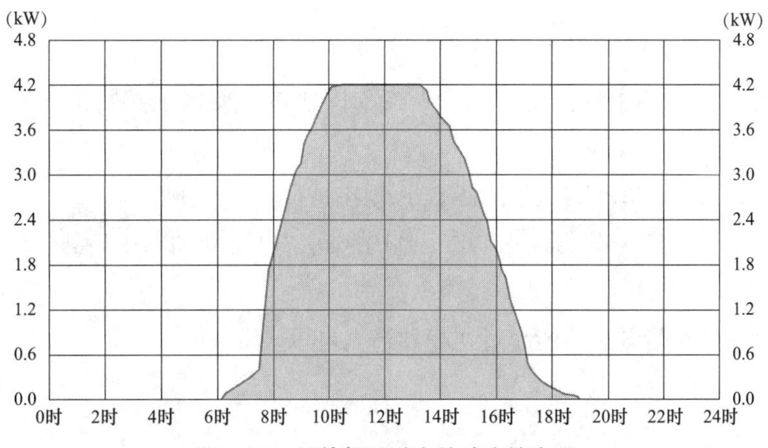

图7–13 组件超配过大的功率输出图

由于逆变器只占光伏系统成本的5%左右，靠组件超配而减少逆变器投资，不仅不划算还会带来别的问题。要综合考虑光照条件因素、安装场地因素、组件因素和逆变器因素等，科学设计，具体问题具体分析。

2. 案例二

河北唐山的一个安装项目使用72块280W的组件，逆变器采用20kW，组件采用18块4并的方式和逆变器相连接。客户反映自从并网之后发电量一直不高，同样的安装容量，在光伏不好的时候相差不大，但是在天气好的时候发电量会相差10%左右，最多的一天相差10kWh。作者得知客户已经装好监控系统，马上进入手机监控界面，观察逆变器的运行参数，发现两路MPPT电流相差比较大，估计问题出在这里。之后打电话和客户证实，这台逆变器有6组输入接口，客户把3路接在一个MPPT上，另一个MPPT只有一路组串，因此PV2比PV1电流大3倍。

逆变器有多路MPPT，每一路MPPT独立跟踪，因此可以接不同的组串，组串倾斜角度也可以不一样，但每一个MPPT支路都有功率限制。如20kW的逆变器，两路MPPT，每一路MPPT回路最多输出11kW，多接了就会限功率。客户接了3路，输入功率达15.12kW，多配了4.12kW，在天气好阳光强的时候就会限发，一天损失10kWh电量就不奇怪了。

3. 案例三

福建厦门的一个客户，使用一台6kW的逆变器，安装不久逆变器就不能工作，显示“BUS 过电压”。经电话和客户沟通，客户使用17块275W的组件，全部接成一路，导致这一路电压偏高，长时间工作，对元器件损伤较大，严重时导致升压电路故障。

组串电压和逆变器最佳电压差距大，不管是电压低还是电压高，效率都会降低。如单相逆变器组串配到260V或者460V，效率都只有最佳电压时的90%左右。另外要注意，组串最高开路电压不能超过逆变器最大电压，否则会损坏逆变器。

4. 总结

在进行组件和逆变器配置时，要注意以下四点：

（1）不能一味强调组件超配来减少逆变器的成本，要根据实际情况，具体问题具体分析。

（2）逆变器每一个MPPT回路也是有功率限制的，不能超配。

（3）组串电压尽量在逆变器最佳电压范围之间，电压低和电压高都会对发电量产生很大影响。

（4）组串最高开路电压不能超过逆变器最大电压。

7.7.4 电缆选择错误对发电量的影响

1. 案例一

在湖北武汉的一个项目，客户于2014年8月安装了一个20kW的光伏系统，经过3年多时间运行，发电量逐渐降低，由最初平均每天约70kWh，到现在平均每天约60kWh，主要表现为中午发电高峰时并网开关经常跳开，现场有时也会闻到烧焦气味。

从现场上看，组件没有阴影遮挡，表面干净无灰尘，组件颜色一致，没有色差，逆变器没有漏电流报警、电网电压报警等信息。作者断开逆变器，拆开交流开关的接线和逆变器的接线端子，发现电缆前端的接线端子已部分氧化呈黑色，周边温度很高。逆变器交流防水接头密封圈没有装，交流接线端子也部分氧化，还有一些水气。经过分析，客户交流电缆用的是铝线，这是造成接线端子部分氧化的主要原因。

（1）铜铝接头易出现电化学腐蚀，铜铝直接连接会形成一种化学电池。这是由于铝易于失去电子成为负极，铜难以失去电子成为正极，于是在正负极之间就形成了一个1.69V的电动势，并有一个很小的电流通过，腐蚀铝线即电化学腐蚀。这样就会引起铜铝之间接触不良，接触电阻增大。当有电流通过时，将使接头部位温度升高，而温度升高更加速了接头腐蚀，增加了接触电阻，造成恶性循环，直至烧毁。

（2）铝线表面易在空气中氧化。凡导体表面都或多或少地存在膜电阻。若膜电阻引起连接处过热，过热又使膜电阻增大，导电情况就更恶化。而铝线连接中，这类过热的情况尤为严重。这是因为铝线表面即使刮擦光洁，它只需在空气中暴露数秒钟即可被氧化而立即形成一层氧化铝薄膜，其厚度虽只有几个微米，但却具有很高的电阻率，从而呈现较大的膜电阻。因此在铝线施工连接时，应在刮擦干净铝线表面后立即涂以导电膏，以隔断铝线连接表面与空气的接触，不然将增大接触电阻。

（3）逆变器的输出防水接头，其线径也是按照铜线来设计的，如果采用铝线则需要大一型号的线。如30kW逆变器，设计输出使用10mm^{2}的铜线，用铝线则需要16mm^2，线缆面积增加，而防水接线端子面积有限，有可能容不下，只能把防水密封圈去掉。

2. 案例二

客户安装一个40kW的逆变器，刚运行不久就听见交流端冒烟，交流开关跳闸。打开接线盒，发现交流接线松脱，发生短路现象。经检查，交流线是硬铜线，出来便转一个弯，造成应力增大，交流接线螺钉慢慢松动，时间一长便松脱了，造成短路。

3. 总结

交流电缆选型时最好选择软铜线，一方面可以避免铜铝化学腐蚀，另一方面可以减少压接应力，避免松脱。

7.7.5 逆变器故障对系统的影响

逆变器是光伏系统最容易出故障的设备，支架是结构设备，除了风灾破坏外一般不会坏，组件和逆变器是发电设备，但组件功率密度少，如一个10kW电站，使用40块组件，总面积达64m²，但这些能量都集中到一台面积为0.25m²的逆变器里面，逆变器功率密度高，里面是高温、高压、高电流。另外逆变器需要处理的事情也特别多，除了把直流电变成交流电外，还要承担检测组件和电网状况、系统绝缘、对外通信等任务，计算量大，容易出错。

光伏逆变器是由电路板、熔断器、功率开关管、电感、继电器、电容、显示屏、风扇、散热器，结构件等部件组成。每个部件的寿命不一样，逆变器的使用寿命可以用“木桶理论”来解释。木桶的最大容量是由最短的木板决定的，同理，逆变器的使用寿命是由寿命最短的部件决定的，逆变器最容易出故障是功率开关管、电容、显示屏、风扇等4个部件。

1. 功率开关管

功率开关管是把直流转换为交流的主要器件，是逆变器的“心脏”。目前逆变器使用的功率开关管有IGBT、MOSET等。这也是逆变器最脆弱的一个部件，它有“三怕”：一怕过压，一个耐压600V的管子，如果两端电压超过600V，不到0.1s就会炸掉； 二怕过流，一个额定电流为50A的管子，如果通过的电流大于50A，不到0.2s就会炸掉；三怕过温，IGBT节温有150℃或者175℃，一般都把它控制在120℃以下，散热设计是逆变器最关键的技术之一。功率器件损坏，就意味逆变器需要整机更换。但也不可过分担心，因为逆变器在设计时这些因素就已考虑周到，在正常的情况下使用寿命到20年没有问题。逆变器在安装时要考虑到给逆变器留有散热通道，另外电网如有过高的谐波和过于频繁的电压突变，也会造成功率器件过压损坏。

2. 电容

电容是能量存储的部件，也是逆变器必不可少的元器件之一。电容有电解电容、薄膜电容等，各有特点，逆变器都需要。影响电解电容寿命的原因有很多，包括过电压、谐波电流、高温、急速充放电等。正常使用的情况下，最大的影响就是温度，因为温度越高电解液的挥发损耗越快。需要注意的是这里的温度不是指环境或表面温度，而是指铝箔工作温度。厂商通常会将电容寿命和测试温度标注在电容本体上，日本NCC电容是世界上最好的电容之一，它在规格书上标注最长寿命是15年。

3. 液晶显示屏

逆变器的液晶显示屏可以显示光伏电站瞬时功率、发电量、输入电压等各种指标，如果故障时还能显示故障原因，就是个很好用的部件。多数逆变器都有显示器，也有个别没有的。液晶显示器有一个致命缺陷——使用寿命短。质量一般的液晶显示器工作3万~4万h，就会严重衰减不能使用。我们按照逆变器工作时间为每天6点到20点计算，液晶显示器每天工作14h，一年为5000h。假设液晶显示器寿命为4万h，那么它的使用寿命为8年。现在户用逆变器一般保留显示屏，电站用的中大功率组串逆变器无液晶显示屏是趋势。

4. 风扇

组串式逆变器散热方式主要有强制风冷和自然冷却两种，强制风冷就要用到风扇。通过组串式逆变器散热能力对比试验发现，中大功率组串式逆变器强制风冷的散热效果要优于自然冷却散热方式，逆变器内部电容、IGBT等关键部件温升降低了20℃左右，可确保逆变器长寿命高效工作。而采用自然冷却方式的逆变器温升高，元器件寿命降低。优质风扇的寿命为4万h左右，智能散热的逆变器，一般是逆变器功率到30%以上才开始工作，估计平均每天工作时间4~5h，每年约1800h，使用20年没有问题。但风扇最常见的故障是风机电源损坏，或者有异物进入风扇内部，阻碍了风机转动。

5. 总结

光伏逆变器作为一个电子产品，使用上有一定的局限性，设计和安装时要注意，有经验的EPC安装商，逆变器故障率要比没有经验的安装商低30%以上，所以经验很重要。逆变器运输和安装时要轻拿轻放，避免里面的接头松动。温度对逆变器主要部件寿命影响较大，逆变器要避免阳光直晒，安装在通风散热的地方。组件和逆变器匹配要注意，逆变器不要长时间工作在满载状态；逆变器不要安装在谐波过高的电网环境，可明显降低逆变器发生故障的概率，延长其使用寿命。

7.7.6 电网电能质量对系统的影响

电网的电能质量包括电压偏差、电流偏差、频率偏差、电压波动或者闪变、三相不平衡、暂时或者瞬态过电压、波形畸变、电压暂降等。

1. 电网电压超范围

电网的电压和频率不是恒定不变的，会随着负载和潮流的变化而变化。而逆变器的输出电压跟随电网电压，但是在电网异常时需要逆变器停止供电，表7-4为国家能源局给出的标准。

表7-4 电网异常时逆变器响应时间

电网电压（电网接口处）U	最大脱网时间（s）
$20\%U_n \leqslant U < 50\% U_n$	0.1
$50\%U_n \leqslant U < 85\% U_n$	2.0
$85\%U_n \leqslant U < 110\% U_n$	持续运行
$110\%U_n \leqslant U < 135\% U_n$	2.0
$135\%U_n \leqslant U$	0.05

注 U_n 为额定电压。

下面两种情况电网电压会偏高：一是靠近降压变压器的地方，为了保证离变压器较远的地方电压正常，考虑到线路电压损耗，一般都会将变压器输出电压拉高；二是光伏发电用户侧消化不了，输送到较远的地方要提高电压，造成逆变器输出侧电压过高，引起逆变器保护关机。这时候有三种方法：①加大输出电缆线径，因为电缆越粗，阻抗越低；②移动逆变器靠近并网点，电缆越短，阻抗越低；③手动调整逆变器电压范围，但不能调得太高，超过270V有可能损坏用户其他用电设备。

光伏系统电路阻抗示意图如图7–14所示。

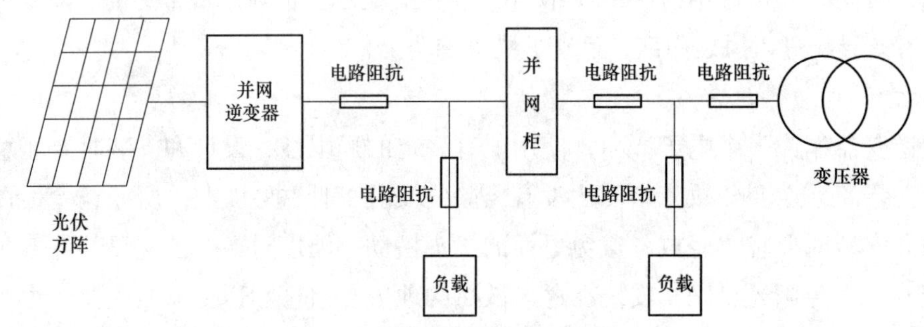

图7–14　光伏系统电路阻抗示意图

2. 电压波动、闪变和谐波

光伏逆变器向电网输送电能，电网质量的好坏也会对逆变器产生影响。在一些机械加工厂，有行车、电焊机、龙门铣床等大功率设备和一些电弧炉工厂，设备开启动和关断之间电能变化非常剧烈，电网来不及调整，电压短时间在320~460V变化，同时伴随大量的谐波。电网中存在的谐波和不平衡负序分量将导致光伏系统输出有功功率波动，且电网电压畸变率越高，光伏系统输出有功功率越小。也会输出电流畸变，且电网电压畸变率越高，光伏系统输出电流THD越大。电力谐波分为电压谐波和电流谐波，电压谐波与基波的比值远比电流谐波与基波的比值小。影响电压谐波的主要因素为负载瞬间出现的尖峰电流。因为供电线路存在电阻值，电流流过时产生电压压降，此电阻与负载串联，导致负载电压波形有瞬间噪声波形出现，形成谐波。电流谐波则由负荷的特性产生，所有的非线性负荷都能产生谐波电流。

光伏逆变器有MPPT功能，组件的输入功率有多大，逆变器输出功率就有多大，而逆变器输出功率则和电压和电流有关。当电网电压剧烈波动时，逆变器调整能力有限，有可能造成光伏逆变器经常重启，严重时还会造成逆变器内功率器件过电压炸机，电解电容过电流爆开。在电网质量较差的地方安装光伏系统，需要实时监控，还要增加电能质量改正的设备，如有源滤波器APF、静止无功发电器SVG等，并对这些设备和电网的参数进行实时监控。

7.7.7 组件积灰对系统发电量的影响及清洗方式

1. 影响因素

（1）遮挡影响。对于长时间运行的光伏发电系统，面板积尘对其影响不可小觑。灰尘附着在电池板表面，会对光线产生遮挡，影响光伏电池板对光的吸收，从而影响光伏发电效率。灰尘沉积在电池板组件受光面，首先会使电池板表面透光率下降；其次会使部分光线的入射角度发生改变，造成光线在玻璃盖板中不均匀传播。有研究显示，在相同条件下，清洁的电池板组件与积灰组件相比，其输出功率要高出至少5%，且积灰量越高，组件输出性能下降越大。

（2）温度影响。目前光伏电站较多使用硅基太阳能电池组件，该组件对温度十分敏感，随着灰尘在组件表面的积累，增大了光伏组件的传热热阻，成为光伏组件上的隔热层，影响其散热。

（3）腐蚀影响。光伏面板表面大多为玻璃材质，当湿润的酸性或碱性灰尘附在玻璃盖板表面时，玻璃表面就会慢慢被侵蚀，从而在表面形成坑坑洼洼，导致光线在盖板表面形成漫反射，在玻璃中的传播均匀性受到破坏。光伏组件盖板越粗糙，折射光的能量越小，实际到达光伏电池表面的能量减小，导致光伏电池发电量减小。而且粗糙的、带有黏合性残留物的黏滞表面比光滑的表面更容易积累灰尘。灰尘本身也会吸附灰尘，一旦有了初始灰尘存在，就会导致更多的灰尘累积，加速光伏电池发电量的衰减。

2. 组件清洗

（1）人工清洗。人工清洗是最原始的组件清洗方式，完全依靠人力完成。这种清洗方式工作效率低，清洗周期长，人力成本高，存在人身安全隐患。

1）人工干洗组件：人工干洗是采用长柄绒拖布配合专用洗尘剂进行清洗。使用的油性静电吸尘剂，主要利用静电吸附原理，具有吸附灰尘和沙粒的作用，能够增强清洗工具吸尘去污能力，有效避免在清扫时的灰尘沙粒飞扬。由于完全依靠人力，会存在表面残留物较多、组件受力不均产生变形隐裂等问题。压缩空气吹扫是通过专用装置吹出压缩空气清除组件表面的灰尘，应用于水资源匮乏的地区。这种方式效率低，且存在灰尘高速摩擦组件的问题，目前很少有电站使用。

2）人工水洗组件：人工水洗是以接在水车上（或水管上）的喷头向光伏组件表面喷水冲刷，从而达到清洗的目的，水压一般不超过0.4MPa。这种清洗方式优于人工干洗，清洗效率高，但用水量较大。另外，水压过大会造成光伏组件电池片的隐裂，导致大面积短路造成发电效率降低。另外，水洗组件自然风干后，在组件表面会形成水渍，形成微型阴影遮挡，影响发电效率。冬季使用高压水枪产生的冰层会严重弱化组件的光学效应，北方地区尤为显著。

（2）自动清洗。

1）半自动清洗，目前该类设备以工程车辆为载体改装为主，设备功率大，效率比较高，清洗工作对组件压力一致性好，不会对组件产生不均衡的压力造成组件隐裂。清洗可采取清扫和水洗两种模式，该方式对水资源的依赖性较低，但对光伏组件阵列的高度、宽度、阵列间路面状况的要求较为苛刻。

2）自动清洗方式是将清洗装置安装在光伏组件阵列上，通过程序控制电机的转动，实现装置对光伏组件的自动清洗。这种清洗方式成本高昂，设计复杂。国内已有智能清扫机器人，其方式是电站每排光伏组件安装一台清扫机器人，自动定期清扫，无人值守。地势平坦的光伏电站可以采用。

7.7.8 逆变器 MPPT 选择如何影响发电量

目前组串式逆变器，不同的厂家技术路线不一样。一般家用以单相6kW以下逆变器和三相10kW以下逆变器居多，采用2路MPPT，每一路MPPT配1路组串。小型工商业项目，一般采用20~40kW逆变器，MPPT数量有2~4路，每一路MPPT配2~4路组串。大型电站，一般会选60~80kW大功率组串式逆变器，MPPT数量有1~6路，每一路MPPT配2~12路组串。MPPT和组串示意如图7-15所示。

选择不同的MPPT路线对系统发电量有一定的影响。从解决失配的问题角度来说，1个MPPT后面的组串越少越好；从稳定性和效率上来说，1个MPPT后面的组串越多越好，因为MPPT数量越多系统成本越高，稳定性越差，损耗越多。在实际应用中，要结合实际地形，选择合适的方案，在4.5.3中有过介绍。

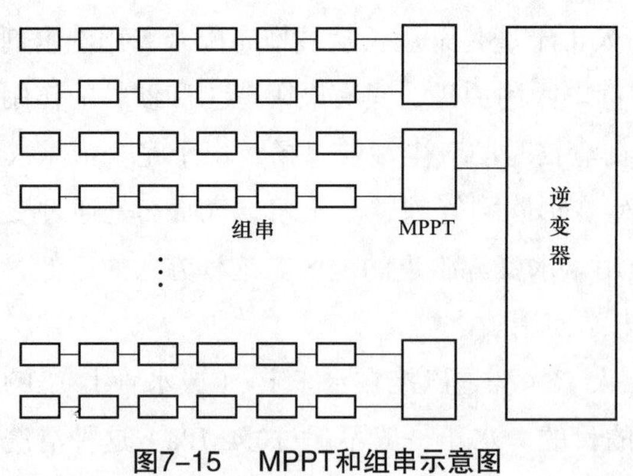

图7-15 MPPT和组串示意图

1. MPPT少组串多的优势

（1）功能损耗少。MPPT算法很多，有干扰观察法、增量电导法、电导增量法等，不管哪一种算法，都是通过持续不断改变直流电压去判断阳光的强度变化，因此都会存在误差。比如说当电压实际正处于最佳工作点时，逆变器还是会尝试改变电压，来判断是不是最佳工作点，多一路MPPT就会多一路损耗。

（2）测量损耗少。MPPT工作时，逆变器需要测量电流和电压。一般来说，电流越大，抗干扰能力就越大，误差就越少。2路MPPT比4路MPPT电流大1倍，误差就少一半。如某公司50kW的逆变器，使用开环直流电流传感器HLSR20-P，电流为20A，误差为1%，当输入电流小于0.5A时，就经常出现误差，当输入电流小于0.2A时，就基本上不能工作了。

（3）电路损耗少。MPPT功率电路有一个电感和一个开关管，在运行时会产生损耗。MPPT路数越多，损耗就越大。一般来说，电流越大，电感量可以做得更小，损耗就越少。

2. MPPT多组串少的优势

（1）逆变器每个MPPT回路都是独立运行的，相互之间不干扰，可以是不同型号不同数量的组串，组串可以是不同的方向和倾斜角度，因此组串数量少，系统设计灵活性更大。

（2）减少直流侧熔丝故障：光伏系统最常见的故障就是直流侧故障，一个MPPT配置1~2路组串，即使某一路组件发生短路，总电流也不会超过15%，因此不需要配置熔断器。熔丝常见失效模式分为过电流熔断、老化熔断、过温熔断。过电流熔断是在过载、短路等超出额定的情况下发生的保护性熔断。老化熔断是指在长期的工作中，由于自身老化，载流能力下降，在没有过流的情况下发生的故障性熔断。熔丝的电流和温度有很大关系，熔丝如果在高温下工作，载流能力下降，发生的故障性熔断就是过温熔断。

（3）精确故障定位：逆变器独立侦测每一路输入的电压和电流，可实时采样组串电流、电压，及时发现线路故障、组件故障、遮挡等问题。通过组串横向比较、气象条件比较、历史数据比较等，提高检测准确性。

（4）匹配功率优化器更适合：目前在组件端消除失配影响的解决方案之一是使用功率优化器。光伏优化器可根据串联电路需要，将低电流转化为高电流，最后将各功率优化器的输出端串联并接入逆变器。多个组串接入优化器，按照并联电路电压一致的原理，当某一路组串受到阴影遮挡导致功率下降，优化器改变电压，这个回路的总电压会降低，也会影响同一个MPPT其他回路的电压下降，导致功率下降。

7.7.9 电缆设计错误对发电量的影响

1. 案例

有一个光伏扶贫电站，装机容量是110kW，使用2台30kW逆变器和1台50kW逆变器，采用全额上网的方式，通过并网柜接入变电站的低压端。并网后，安装方发现电站发电量偏低，联系到逆变器厂家。售后客服人员在现场检测，分别只开启一台逆变器，此时并网电压不高于440V，3台机器均能正常运行，没有出现待机重连的现象。这说明逆变器本身是没有问题的。

逆变器没有任何问题，发电量偏低的主要原因是当3台逆变器同时工作功率增加时，电网电压也会随之升高。当达到国家标准所规定的最高限值时，启动保护机制，逆变器停机或者限额运行，造成发电量偏低。

为什么光伏输出功率增加时，电网电压会升高？尽管不是逆变器的问题，但逆变器厂家售后服务工程师凭着长期的工作经验，从线路上一一检查，帮助客户找出了问题所在。经排查，组件、逆变器、开关设计选型都正常，问题出在逆变器到箱式变压器这一段电缆上，电缆截面积达不到要求，未改进的线路如图7-16所示。

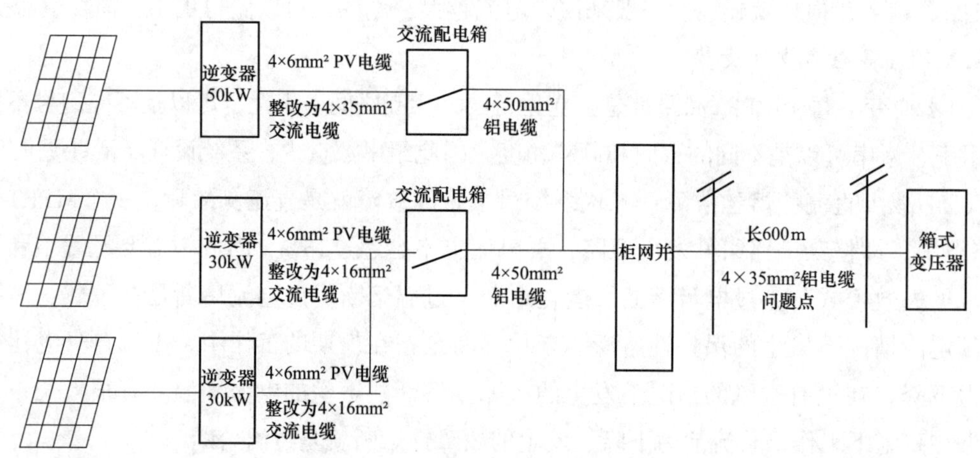

图7-16　不规范的110kW电缆设计图

逆变器交流侧线缆应该使用交流电缆，50kW逆变器原来的$4\times6mm^2$直流PV线缆应该换成$4\times35mm^2$铜线，两台30kW逆变器原来的$4\times6mm^2$直流PV线缆应该换成$4\times16mm^2$铜线。

2个交流配电箱到交流并网柜的距离分别为30m和110m，使用的线缆都是$4\times50mm^2$铝线，能达到要求。变压器至电表箱并网点距离大约600m，电线杆上使用$4\times35mm^2$铝线，线径过细，成为该电站发电量低现象的根本原因所在，逆变器交流侧线缆整改后问题继续存在。

在30℃时铝的电阻率$\rho=2.8\times10^{-8}$，则$35mm^2$铝线600m电阻为R=0.48Ω。$50mm^2$铝线100m电阻为R= 0.056Ω，加上其他电缆及开关的电阻，总值约 0.54Ω。

在农村地区各户距离较远，为了照顾远的地方，箱式变压器端电网电压一般都比较高，在420V左右。逆变器是一个电流源，为了向电网输送电流，逆变器的输出电压要比箱式变压器的电压高，逆变器的输出电压=电缆损耗电压+箱式变压器电压，电缆损耗电压=电流×电阻。

表7–5 不同功率下的电压损耗

光伏功率（kW）	电缆电流（A）	电缆损耗电压（V）	逆变器的输出电压（V）
20	28.9	15.4	435
40	57.7	31.2	451
60	86.6	46.8	467
80	115	62.1	482
110	158	85.3	505

从表7–5可以看到，随着功率的增加，如果电缆不整改，逆变器的输出电压也会随之增加，如果要符合国家标准，必须要逆变器的电压降到460V以内，电缆损耗电压只有40V。经计算，110kW交流输出电缆如果大于700m，电缆面积必须要用120mm^{2}才可以。

2. 电缆设计选型的原则

（1）电缆的耐压值要大于系统的最高电压。如380V输出的交流电缆，要选用450/750V的电缆。

（2）光伏方阵内部和方阵之间的连接，选取的电缆额定电流为计算所得电缆中最大连续电流的1.56倍。

（3）交流负载的连接，选取的电缆额定电流为计算所得电缆中最大连续电流的1.25倍。

（4）考虑温度对电缆的性能的影响。温度越高，电缆的载流量就越少，电缆要尽量安装在通风散热的地方。

（5）电压降不要超过2%。

附　录

附录A　分布式光伏发电项目手续办理流程

分布式光伏电站因装机容量小、投资规模小、并网等级低、就近消纳等特点，具有较大的应用市场。不同于大型光伏电站，其手续相对简单。政府对于分布式光伏电站的系统，未设立指标限制。但分布式光伏电站也分为多种类型，其手续在办理过程中也不尽相同。

1. 政策文件依据

2015年3月16日国家能源局发布《关于下达2015年光伏发电建设实施方案的通知》（国能新能〔2015〕73号），文件中对于装机规模及手续规定如下：对屋顶分布式光伏发电项目及全部自发自用的地面分布式光伏发电项目，不限制建设规模，各地区能源主管部门随时受理项目备案，电网企业及时办理并网手续，项目建成后即纳入补贴范围。鼓励各地区优先建设以35kV及以下电压等级（东北地区66kV及以下）接入电网、单个项目容量不超过2万kW且所发电量主要在并网点变电台区消纳的分布式光伏电站项目，电网企业对分布式光伏电站项目按简化程序办理电网接入手续。

另外国家电网公司出台的一个文件，可做参考。《国家电网公司关于印发分布式电源并网服务管理规则的通知》（国家电网营销〔2014〕174号）中，对分布式电源的定义为：

第一类：10kV及以下电压等级接入且单个并网点总装机容量不超过6MW的分布式电源。

第二类：35kV电压等级接入，年自发自用大于50%的分布式电源，或10kV电压等级接入且单个并网点总装机容量超过6MW，年自发自用电量大于50%的分布式电源。

2. 上网模式

2014年9月20日，国家能源局印发《关于进一步落实分布式光伏发电有关政策的通知》（国能新能〔2014〕406号），对分布式电源并网服务工作提出新的要求。

关于分布式光伏发电项目电量消纳模式：对于利用建筑屋顶及附属场地建成的分布式光伏发电项目，电量消纳模式可选择“全部自用”“自发自用剩余电量上网”“全额上网”。

对于利用建筑屋顶及附属场地建成的分布式光伏发电项目，发电量已选择为“全部自用”或“自发自用剩余电量上网”，当用户用电负荷显著减少（含消失）或供用电关系无法履行时，允许其电量消纳模式变更为“全额上网”。

“自发自用，余电上网”分布式光伏发电项目，实行全电量补贴政策，电价补贴标准为每千瓦时0.42元（含税），通过可再生能源发展基金予以支付，由电网企业转付；分布式光伏发电系统自用有余上网的电量，由电网企业按照当地燃煤机组标杆上网电价（含脱硫脱硝除尘，含税）收购。“全额上网”的分布式光伏发电项目，补助标准参照光伏电站相关政策规定执行。

3. 基本流程

分布式光伏电站手续基本流程如下：

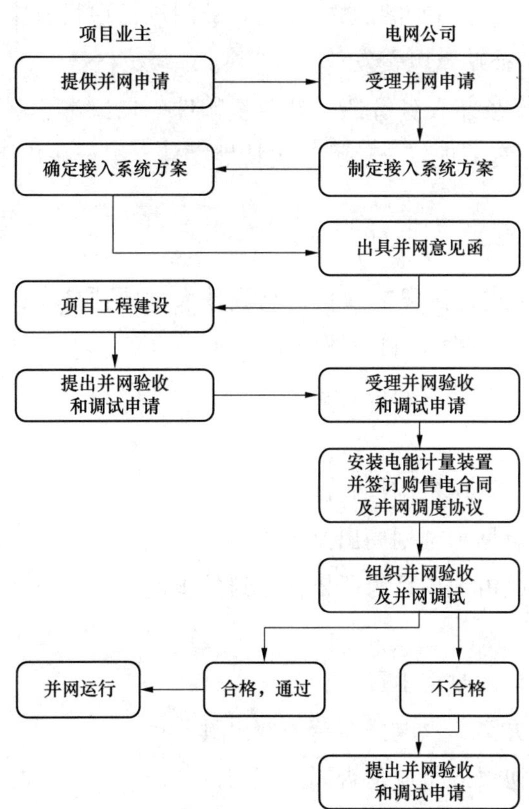

非自然人分布式光伏发电项目，取得所在地能源主管部门项目建设备案意见、电网企

业接入意见函，在申请并网验收调试时办理纳入分布式光伏发电补助目录的申请。若非自然人分布式光伏发电项目没有取得项目建设备案意见，不能申请纳入补助目录。自然人分布式光伏发电项目，由电网企业负责向能源主管部门申请项目备案，并代办申请纳入分布式光伏发电补助目录。

项目消纳模式变更手续：分布式光伏发电项目由“全部自用”或“自发自用剩余电量上网”变更为“全额上网”消纳模式，需向当地能源主管部门申请项目变更备案。获取项目变更备案意见后，由所在地电网企业按上述项目补助目录申请流程办理目录变更手续。上述流程为正常情况下的顺序，实际过程中顺序可能存在变化，如同步进行、手续补办、流程简化等。

4. 自然人投资

对于自然人利用自有宅基地及其住宅区域内建设的380/220V分布式光伏发电项目，不需要单独办理立项手续，只需要准备好支持性资料，到当地（市级）供电公司营销部（或办事大厅）提交并网申请表。供电公司受理后，根据当地能源主管部门项目备案管理办法，按月集中代自然人项目业主向当地能源主管部门进行项目备案，并于项目竣工验收后办理项目立户手续，负责补贴及电费发放。

支持性文件主要有：经办人身份证原件及复印件、户口本、房产证（购房合同或屋顶租赁合同）、项目实施方案等项目合法性、支持性文件，银行账户用于立户手续。

5. 法人投资

法人投资的小型分布式光伏发电项目，与其他大型屋顶分布式及地面分布式项目手续基本相同，先备案后施工。备案资料大体包括：

（1）项目立项的请示、县区初审意见；

（2）董事会决议；

（3）法人营业执照、组织机构代码证；

（4）规划部门选址意见（规划局出具）；

（5）土地证（非直接占地项目为所依托建筑的土地证）；

（6）资金证明；

（7）节能审查意见（发改委出具）；

（8）电力接入系统方案（供电公司营销部出具）；

（9）合同能源管理协议或企业是否同意证明；

（10）屋顶载荷证明（设计院复核证明）；

（11）项目申请报告（或可行性研究报告）；

（12）登记备案申请表。

项目竣工验收合格并签订售电合同后，法人单位需要提交工商营业执照、组织机构代码、银行开户证明用于立户手续的办理。

综上，分布式光伏发电项目的申报审批流程相比大型地面电站要简化了很多，国家对分布式光伏减少了指标限制，完全自发自用的分布式地面电站不受指标限制。鼓励对于一些废弃土地、荒山荒坡、农业大棚、滩涂、鱼塘、湖泊等建设就地消纳的分布式光伏电站。对各类自发自用为主的分布式光伏发电项目，在受到建设规模指标限制时，省级能源主管部门应及时调剂解决或向国家能源局申请追加规模指标。投资者可根据条件将一些符合要求的项目按照分布式建站标准进行申报备案。

附录 B　分布式光伏发电屋顶租赁及使用协议样本

本协议由以下双方于____年___月____日在____________签署：

甲方：

____

法定代表人或授权代表：____________

住所：______________________

乙方：

____

法定代表人或授权代表：____________

住所：______________________

鉴于：

甲方为一家依据中国法律成立并有效存续的有限责任公司/股份有限公司/其他__________________（甲方《营业执照》如附件一所示），拟租赁建筑物屋顶用于建设光伏电站。

乙方为一家依据中国法律成立并有效存续的有限责任公司/股份有限公司/其他__________________（乙方《营业执照》如附件二所示），拟出租其所拥有的建筑物屋顶供甲方建设光伏电站。

经甲乙双方友好协商，现就甲方租赁乙方建筑物屋顶建设分布式光伏电站事宜，双方达成以下协议，以兹共同遵守。

1. 定义与解释

1.1　定义

本协议中所用术语，除上下文另有要求外，定义如下：

光伏电站：指甲方拟建于____________，由甲方拥有/兴建/扩建，并将经营管理的一座计划总装机容量为____兆瓦（MW）的发电设施以及延伸至产权分界点的全部辅助设施。

协议屋顶：指乙方合法拥有的位于__________________的建筑物屋顶中面积为____平方米的屋顶，拟出租甲方使用。

并网接驳点：指光伏电站与电网的连接点。

工作日：指除法定节假日以外的公历日。如约定电费支付日不是工作日，则电费支付日顺延至下一工作日。

不可抗力：指不能预见、不能避免并不能克服的客观情况。包括：火山爆发、龙卷风、海啸、暴风雪、泥石流、山体滑坡、水灾、火灾、超设计标准的地震、台风、雷电、雾闪，以及核辐射、战争、瘟疫、骚乱等。

1.2 解释

本协议中的标题仅为阅读方便，不应以任何方式影响对本协议的解释。

本协议附件与正文具有同等的法律效力。

本协议对任何一方的合法承继者或受让人具有约束力。但当事人另有约定的除外。

除上下文另有要求外，本协议所指的年、月、日均为公历年、月、日。

本协议中的“包括”一词指：包括但不限于。

协议中的数字、期限等均包含本数。

本协议中引用的国标和行业技术规范如有更新，按照新颁布的执行。

2. 建筑物屋顶租赁及用途

乙方合法拥有位于________________的建筑物，该建筑物屋顶总面积为______平方米。乙方应在本协议签署之日向甲方提交下述第______项文件：

房屋所有权证复印件作为本协议附件三。

土地使用权证复印件作为本协议附件四。

其他：____________________________

乙方同意将上述建筑物屋顶中______平方米的屋顶出租给甲方（以下称“协议屋顶”），供甲方建设、安装、运营光伏电站。

协议屋顶由甲方或甲方聘请的第三方判断是否符合协议光伏电站建设、安装工程的条件。

3. 租赁期限

3.1 协议屋顶租赁期限为 二十（20） 年，自____年____月____日起至____年_____月____日止（以下称“租赁期限”，如法律法规规定的最长租赁期限延长的，本协议租赁期限应相应延长至法律法规规定的最长租赁期限）。其中，自____年____月____日起至____年____月____日止为免租期，甲方无须按照本协议第4.1款的约定支付租赁或实行优惠电价。

3.2 本协议生效后，乙方应于____年____月____日前将协议屋顶交付甲方使用。

3.3 自协议屋顶交付之日起，协议屋顶的使用权归乙方所有，其合法权益受国家法律保护。

3.4　在第3.1款所述租赁期限届满前三（3）个月之前，甲乙双方应签订与本协议所约定的条款和条件相同的、期限为租赁期限届满日起五（5）年（自____年____月____日起至____年____月____日止）的《分布式光伏发电屋顶租赁及使用协议》。

3.5　在第3.4款所述期限届满后，甲乙双方可就协议屋顶租赁及使用事宜另行协商。

4. 租金

4.1　甲方按照以下第____种的方式向乙方支付协议屋顶租金：

4.1.1　甲方按照____元/平方米/年的标准向乙方支付租用协议屋顶的租金，甲方需向乙方开具含____%增值税的租赁费用增值税发票，租赁费用按年支付（在协议光伏电站并网发电的当月支付首年租赁费用，后续支付以该日期为起始日）。

4.1.2　甲方将协议光伏电站所发电力以优惠电价____元/千瓦时的标准供乙方使用，同时向乙方收取光伏发电的电费并开具发票，甲方无须另行支付协议屋顶租赁费用。无论工业电价是否上涨，该电价在协议光伏电站的运行期内保持不变。乙方应在收到甲方支付电费通知后的七（7）个工作日内全额缴纳电费。

4.1.3　甲方将协议光伏电站所发电力以优惠电价____元/千瓦时的标准供乙方使用，同时向乙方收取光伏发电的电费并开具发票，甲方无须另行支付协议屋顶租赁费用。优惠电价为现供电部门供给乙方白天用电的平均电价____元/千瓦时下浮10%，如供电部门电价调整，双方将另行协商调整优惠电价，优惠比例始终按照供电部门平均电价下浮10%执行。乙方应在收到甲方支付电费通知后的七（7）个工作日内全额缴纳电费。

如甲方按照第4.1.2项或4.1.3项方式向乙方收取电费，双方将签署如附件五所示《电费结算协议》。

5. 协议光伏电站的基本情况

协议光伏电站的建设、安装、运营及审批等全部费用由甲方承担，建设完成后协议光伏电站及由甲方投资建设的配属设施所有权归甲方所有。

因协议光伏电站发电所获得的碳排放指标，按照以下第____种的方式进行分配：

（1）由甲方所有；

（2）由乙方所有；

（3）其他：____________________。

本协议项下的光伏电站项目所获的包括但不限于国家、省、市关于光伏项目补贴及其他补贴，补贴款皆为甲方享有。乙方应为甲方申请前述补贴提供配合与协助。

根据甲方设计（数据为暂定，以最终实际设计方案为准），协议光伏电站的具体情况如下：

（1）装机容量：____MW（____万千瓦）。

（2）晶硅电池板数量：约____块。

（3）逆变器数量：约____台。

6. 光伏电站的建设施工

光伏电站的施工方案应由甲方聘请的第三方提出，并经乙方确认。乙方应提供合理的空间供甲方及甲方聘请的第三方建设、安装光伏电站电气设备。

乙方应为光伏电站建设、施工提供以下便利条件：

（1）符合甲方建设电站实际要求的施工通道；

（2）甲方电站建设所需的并网接入点；

（3）建设电站期间临时用电、用水等能源，但相应费用应按乙方的计量标准计算并由甲方承担；

（4）建设电站期间存放电站所需关键设备、材料及工具的符合甲方要求的相关场所；

（5）电站建设所需的其他合理条件。

7. 光伏电站产权分界和运营维护

光伏电站的所有权归属于甲方，除法律法规或者本协议另有约定外，未经甲方书面同意，乙方不得拆解、移除。因乙方原因导致建成光伏电站及相应设备、设施故障、损坏的，乙方应予以赔偿。本条所述光伏电站包括：太阳能电池板、支架、逆变设备、输电线路、计量设备等接至**乙方指定**电力并网接驳点前的一切所需设备设施。

甲乙双方产权分界示意图如附件六所示。

甲乙双方对各自享有产权的设备设施承担维护、保养义务并承担相关费用，在供电设施上发生的事故引起的法律纠纷导致的法律责任，甲乙双方应根据相关法律法规及本协议的约定承担责任。

甲方负责电站的安全及运营维护管理，并承担相关费用。甲方的运营维护方案必须经乙方事先书面确认后方可实施。在电站的运营维护过程中，乙方应提供协助与配合。由于甲方电力系统故障等原因导致无法正常供电时，甲方应及时进行维修或采取必要措施确保电力的正常供应。

甲方对电站设备进行维护、检查等工作时应提前七（7）个工作日书面通知乙方，并在工作过程中遵守乙方的相关规定。因供电设备故障紧急抢修需临时停电时，甲方应及时通知乙方，乙方应予以配合。

8. 协议屋顶的维护和使用

乙方负责协议屋顶的正常维护和保养，乙方对协议屋顶进行维护需提前三（3）个工作日通知甲方并取得甲方的同意，但出现紧急情况或经甲方同意则可不受该约束。

未经甲方事先同意：

乙方的雇员或其聘请的任何第三方不得进入协议屋顶作业；

乙方不得将协议屋顶提供给其他任何第三方使用；

乙方不得对协议屋顶进行改造；

乙方不得从事其他可能影响协议屋顶安全的活动。

甲方按照光伏电站的寿命（一般为25年）对光伏电站进行维护和检修时，乙方应按照甲方的需求提供一切必要的便利。

在建设光伏电站施工之前，双方聘请的第三方应对协议屋顶现状及协议屋顶屋面防水状况进行勘查，同时甲、乙双方应对协议屋顶屋面现状拍照取证留存；勘查后发现协议屋顶屋面存在明显破损或漏水情况的，乙方应在**一（1）个月**内完成对破损和漏水的修补工作，费用由乙方承担，或**在五（5）个工作日内双方协商以其他方式解决**。

在租赁期限内，如协议屋顶发生破损或漏水等情况，影响光伏电站运营的，乙方应在接到甲方通知后**一（1）个月**内完成对破损和漏水的修补工作，费用由乙方承担，或**在五（5）个工作日内双方协商以其他方式解决**。

在租赁期限内，未经甲方同意，乙方不得对协议屋顶进行改造、拆迁或拆除。

如果确实需要对协议屋顶进行改造的，甲乙双方需共同就改造费用进行协商，但对协议屋顶的改造不得影响其用于安装光伏电站的功能，乙方应保证改造后协议屋顶仍能按照原有功能供甲方安装和运营光伏电站。

如因乙方原因导致需要拆除光伏电站的，乙方需给予甲方不少于一百八十（180）个自然日的时间进行拆除工作，并赔偿以上一年度甲方发电收益（扣除成本后）为计算依据，自拆除之日起至租赁期限届满之日止甲方所应获收益。同时，乙方应尽最大努力提供其他相同面积和条件的屋顶用于甲方重新安装光伏电站。

如因政府原因需对协议屋顶所在房屋进行拆迁，需要对光伏电站进行拆除的，拆迁方案应经过甲乙双方共同认定，协议屋顶光伏电站拆迁工作的具体实施由甲方负责与政府有关部门进行沟通；所有与光伏电站相关补贴、赔偿等权益归属甲方所有。

9. 双方的责任和义务

在本协议生效日，甲方的责任和义务如下：

租赁期限内，甲方应当按照约定的用途使用协议屋顶；

在进行光伏电站的安装及协议解除或终止后的拆除过程中，不得对协议屋顶及其附属设施造成损害。造成损害的，经双方共同对损害进行评估并确认后，由甲方承担有关维修费用。

光伏电站在日常运营、维护和检修时，甲方不得对乙方的正常经营造成不利影响。

甲方负责光伏电站和供电部门的接入协调事项。

甲方负责光伏电站和规划部门的立项、证照办理、国家政策支持及工程验收等相关事项。

在本协议生效日，乙方的责任和义务如下：

乙方应持续拥有协议屋顶的所有权，协议屋顶所涉及的房屋在本协议签署时不存在抵押或任何权利限制，且在本协议有效期内不设定任何抵押权。乙方签署本协议无须取得任何第三方的同意或批准，不违反任何对乙方有约束力的合同义务，其提供协议屋顶给甲方建设、安装及运营光伏电站不存在任何限制。

若乙方出售转让房屋涉及协议屋顶所有权的转让，乙方应提前通知甲方并应确保房屋的受让方同时受让本协议，并同意承担本协议下乙方承担的所有义务。

如甲方按照第4.1.2项或4.1.3项方式向乙方收取电费，乙方应按照附件三《电费结算协议》的约定缴纳电费。

乙方应全面配合甲方申请国家各级政府的政策支持和项目审批/备案。

10. 违约责任

任何由于一方违约而导致另一方遭受损失的，守约方有权要求违约方赔偿因其违约而遭受的任何直接损失。该等赔偿不应妨碍守约方行使其他的权利，包括但不限于根据本协议的规定终止本协议的权利。

如本协议租赁期限届满前三（3）个月之前，甲乙双方未能按照相同的条款和条件签署五（5）年期续租协议，乙方应按如下计算方式赔偿甲方的损失，即：上一年度甲方发电收益（扣除成本后）×五（5）年。

11. 争议解决与合同解除

甲乙双方如在执行本协议过程中发生争执，应首先通过友好协商解决，如双方不能达成一致意见时，任何一方均有权向协议屋顶所在地人民法院起诉。

乙方未按本协议履行本协议相关义务的，甲方有权单方解除或终止协议。

因甲方光伏电站投资大、回收期长，租赁期限内乙方不得单方解除本协议。如乙方单方解除本协议，乙方应以上一年度甲方发电收益（扣除成本后）为计算基础赔偿自解除之日起至租赁期限届满之日止甲方所应获收益。

如遇国家产业政策调整，或者发电、供电政策变化，致使甲方光伏电站项目终止的，甲方应及时通知乙方，自通知到达乙方之日起本协议自动解除。

12. 不可抗力

甲乙双方的任何一方由于不可抗的原因，应及时向对方通报不能履行或不能完全履行的理由，以减轻可能给对方造成的损失，在取得有关机构证明以后，在对方认可的情况下，允许延期履行、部分履行或者不履行本协议，并根据情况可部分或全部免予承担违约责任。

13. 保密

甲乙双方对以下信息均承担保密责任：

甲乙双方基于本协议签订及履行过程中，所知悉的对方的所有商业或技术的文件、资料、信息等商业秘密；

本协议条款内容。

14. 其他

本协议未尽事宜，由甲乙双方共同协商确定，作为本协议补充条款，与本协议具有同等效力。

本协议自双方于文首日期签署或盖章之日起生效。

本协议一式肆（4）份，由甲乙双方各持贰（2）份，各份具有相同的法律效力。

本协议附件包括：

附件一：甲方《营业执照》

附件二：乙方《营业执照》

附件三：房屋所有权证复印件

附件四：土地使用权证复印件

附件五：电费结算协议

附件六：产权分界示意图

（本页为《分布式光伏发电屋顶租赁及使用协议》签字页）

甲方:

____________________（公司盖章）

授权代表签字：

日期：

乙方:

____________________（公司盖章）

授权代表签字：

日期：

附录 C　分布式光伏发电项目并网服务知识问答

分布式电源是指在用户所在场地或附近建设安装，运行方式以用户侧自发自用为主、多余电量上网，且在配电网系统以平衡调节为特征的发电设施或有电力输出的能量综合梯级利用多联供设施。类型包括太阳能、天然气、生物质能、风能、地热能、海洋能、资源综合利用发电（含煤矿瓦斯发电）等。

分布式电源以10kV及以下电压等级接入，且单个并网点总装机容量不超过6MW或以35kV电压等级接入，年自发自用电量大于50%或10kV电压等级接入且单个并网点总装机容量超过6MW，年自发自用电量大于50%的分布式电源项目。

一、分布式光伏政策及流程

1. 客户可在什么地方通过什么方式申请分布式电源发电项目并网?

国家电网公司为分布式发电并网提供客户服务中心、95598服务热线、网上营业厅等多种咨询渠道，向项目业主提供并网办理流程说明、相关政策规定解释、并网工作进度查询等服务。申请分布式光伏并网可由当地电力公司客户服务中心咨询办理，也可联系国家电网公司服务热线进行咨询。

2. 进行分布式电源发电项目接入并网申请时需要什么资料?

分布式项目业主在准备好相应资料后向地市或县电网公司客户报务中心提交接入申请，客户服务中心协助项目业主填写接入申请表。接入申请受理后在电网公司承诺的时限内，客户服务中心将通知项目业主确认接入系统方案。

项目建成后业主向客户服务中心提出并网验收和调试申请，电网企业将完成电能计量装置安装、购售电合同及调度协议签订、并网验收及调试工作，之后项目即可并网发电。

单位项目申请需准备材料：

（1）填写分布式电源并网申请表。

（2）经办人身份证原件及复印件和法人委托书原件（或法人代表身份证原件及复印件）。

（3）企业法人营业执照、土地证、房产证等项目合法性支持性文件。

（4）政府主管部门规定需核准或备案项目要求提供的相关资料（如屋顶使用或使用协

议、能源管理合同等）。

（5）项目前期工作相关资料、单位电气接线图。

（6）投资方（或完全自行投资业主）、各用电方三证（组织机构代码证、税务登记证、营业执照登记证），补贴发放所需的开户银行、账号（建议提供增值税专用发票样张）等。

居民个人申请需准备材料：

（1）经办人身份证原件及复印件、户口本、房产证等项目合法性支持性文件。

（2）个人户口簿、土地证、房产证、宅基地证等项目合法性支持性文件。

（3）物业、业委会、居委会、农村地区村委会（任选其一）允许居民在屋顶安装光伏设备盖章的同意书或证明，出具同意安装的证明应确保提供材料的真实性。

（4）填写分布式光伏并网申请表。

（5）提供补贴发放所需的在本市工商银行、农业银行各支行开户的银行储蓄卡（不接受纸质存单及可透支的信用卡，同时提供开户支行名称，不接受工商银行、农业银行在外地的开户银行卡），必须做到光伏申请者姓名、开户银行姓名与身份证姓名三证保持一致。

3. 分布式光伏补贴政策如何？

依据国家发改委《关于发挥价格杠杆作用促进光伏产业健康发展的通知》（发改价格〔2013〕1638号），对于符合分布式光伏发电项目的项目单位或个人，国家实行发电量的补贴政策规定：每千瓦时0.42元（含17%增值税），补贴年限为连续20年。余电上网电量实行按照当地燃煤机组标杆上网电价由电网企业收购。

光伏项目除可享受国家规定的发电量补贴费用外，各省市还出台额外补贴政策，如上海市政府为鼓励光伏发展，实行对个人、学校的光伏项目按照发电量补贴每千瓦时0.42元，其他工、商业单位每千瓦时0.25元，补贴年限为连续5年。市政府的补贴从2015年1月开始的发电量或以后并网的以并网日期为基准连续5年。

上网电量补贴费用由电力公司收购支付。发电量补贴由国家及市政府两部分费用，由国家及市政府通过可再生能源专项资金支付，并通过电力公司依据发电量的计量结算转付给个人或单位项目投资商业主。

所有单位、个人的光伏项目需经政府部门的项目备案通过及政府明确补贴标准之后，电力公司才能进行结算转付。

电力公司将在分布式光伏发电项目所有的并网点及与公用电网的连接点均安装具有电能信息采集功能的电能计量装置，以分别记录接入分布式光伏发电项目的发电量和用电客户的上、下网电量。供电线路的电能计量作为上、下网电量的结算依据，发电量侧的电能计量作为补贴电量的结算依据。

4. 补贴费用结算周期是多少？

所有的补贴发放给个人申请者和单位项目的投资商单位。每个省市政策不同，上海市为单位项目每年结算二次（上、下半年各一次），个人项目每季度一次。

5. 补贴发放开具票据是什么原则？

各类补贴费用标准均为含税价（17%增值税）。为解决个人及非企业性、不经常发生应税行为（非一般纳税人）的单位无法开具增值税发票的问题，当前电力公司依照国家电网公司的原则要求，具体做法是：

对于个人光伏的上网电量、发电量补贴费用直接按照标准价格结算，电力公司根据补贴发放金额每年向税务局代开个人普通发票，交予用户。

对于非企业性、不经常发生应税行为（非一般纳税人）的单位，其上网电量、发电量补贴费用按照标准价格结算金额，将由用户自行到当地税务局（部门）开具3%的增值税专用发票后给予结算。其他纳税单位均按照标准价格结算金额开具17%增值税专用发票后给予结算。

6. 如何估算家庭分布式光伏发电系统的投资？

投资安装家用分布式光伏发电系统取决于安装容量和系统投资两个主要条件，其中光伏发电系统的硬件（包括光伏组件、并网逆变器、线材、安装支架、计量表、监控设备等）成本会随着市场供求关系的波动、光伏行业的技术进步和效率提升而有所变化，并且是与安装容量大小有关，一般是按系统的单瓦价格来计算，除了硬件购买之外还要加上系统的基础施工、系统安装、调试与并网过程中产生的少量费用。系统安装容量越大，成本构成中的一些基础费用越会被摊薄，使得单位投资成本有所下降。

根据光照条件、用户侧电价、补贴及系统成本的不同，6~10 年即可以收回成本，余下的15 年所产生的电量收入会成为利润。

二、设计安装验收篇

1. 光伏系统设计需要的资料

对于光伏系统设计而言，第一步也是非常关键的一步，就是分析项目安装使用地点的太阳能资源及相关气象资料。诸如当地太阳能辐射量、降水量、风速等气象数据，是设计系统的关键数据。目前可以免费查询到全球任何地点的气象数据的是NASA 美国太空总署气象数据库。光伏阵列安装倾角一般由安装地点的纬度决定，各地区稍有差异。

在建筑物屋顶安装光伏列阵，必须考虑建筑物屋顶的载荷，同时考虑气流在遇到建筑物后产生的紊流和速度变化对光伏阵列的安全性影响，只有充分考虑当地风况、地貌、地形及计划安装光伏阵列的建筑物在周边环境的相对位置，才能确保光伏阵列和周边生命财产的安全。

光伏电池组件在一定弱光下也是可以发电的，但是由于连续阴雨或者雾霾天气，太阳光辐射照度较低，光伏系统的工作电压如果达不到逆变器的启动电压，那么系统就不会工作。并网发电系统与配电网是并联运行的，光伏系统的发电量的确受影响。直接影响发电量的因素是辐照强度和日照时长及太阳能电池组件的工作温度，冬天难免辐照强度会弱，日照时长会短，发电量一般较夏天会少。

分布式光伏并网系统的监控装置分为大型光伏电站监控、离网光伏屋顶系统监控和户用屋顶光伏系统监控。光伏监控系统可以安装在室外，不占用室内空间，它以多种硬件产品及配套附件实现对光伏系统中各个环节的数据采集，数据传输到远程服务平台进行相关的数据存储与分析，最后以报表曲线图等形式向用户反馈系统运行情况。

2. 进行并网工程设计需要注意哪些事项?

并网工程设计按照电力公司答复的接入方案开展，项目业主委托的设计单位应具备政府主管部门颁发的相应设计资质，电力公司对设计单位资质进行审查。项目业主提交的设计资料有：

（1）设计单位资质证明材料；

（2）并网工程设计及说明书；

（3）用电负荷分布图；

（4）影响电能质量的用电设备清单；

（5）主要电气设备一览表；

（6）供电企业认为必需的其他资料。

注意：因项目业主自身原因需要变更设计的，项目业主应将变更后的设计文件再次送审，经电力公司审查通过后方可实施。

系统设计时需要客户要求提供的资料分为必选项和可选项部分，必选项部分包括项目安装地点、建筑周围环境、建筑建设年份、屋顶类型、屋顶载荷、接入电压等级和屋顶照片等；可选项部分包括平均每月用电量、屋顶板结构、CAD 图纸、屋顶表面情况、电表箱照片等，当然可选部分填写得越详细越有助于合理地进行优化设计，更好地提高发电量。

3. 光伏安装的过程是什么？

分布式光伏并网发电系统的安装过程：基础的建设，支架的安装，组件的安装，汇流箱、逆变器、配电柜等电气设备的安装，连接线路的安装，电网接入系统及计量装置的安装。

只要有阳光，光伏组件就会有电，所以有阳光的时候是无法切断电源的，而且由于串接电压和积累，相应的对地电压也会很高。因此安装过程中应严格遵守系统供应商提出的安装使用说明书，由专业安装人员完成，设备的接线部分均使用专业的接件进行安装，防护等级设为IP65，电气设备也均应有空气开关进行保护。

采用不同的玻璃材质和结构控制隔热和隔音，分布式系统设备户内型的噪声由用户和制造厂协议确定，满足广大用户的需求。与建筑结合的可设计隔音与隔热层，满足不同用户个性化需求。采用不同的电池片及排布方式来调整透光率，分布式与建筑结合时会留出采光区域，不会影响室内采光。

雷电主要分为两种危害——直接雷击和间接雷击。直击雷的防护：在高大的建筑上设立金属避雷入地导线，可将巨大的雷雨云层电荷释放掉。感应雷的防护：在光伏系统中加入防雷器，也就是在汇流箱、逆变器等电气设备中装加防雷模块，用以防护间接雷击。

4. 并网验收及调试申请时需要准备哪些资料？

10kV项目和380（220）V项目均包括：

（1）若已通过政府备案的提供备案文件；

（2）若委托第三方管理，提供项目管理方资料（工商营业执照、税务登记证、与用户签署的合作协议复印件）；

（3）主要电气设备一览表；

（4）主要设备技术参数和型式认证报告、电池阵列的相关技术参数和逆变器的检测认证报告。

10kV项目还需准备项目可行性研究报告。

5. 并网验收时应注意哪些事项？

电力公司在关口电能计量装置安装完成后将对分布式电源发电项目用户内部工程进行并网验收及调试。在并网验收前电力公司将提前与客户预约时间，告知并网验收项目和应配合的工作，组织相关人员开展并网验收工作。

并网验收时将按照国家电力行业标准规程和竣工资料对并网工程进行全面检验，出具并网验收意见，对验收合格的可转入并网运行。对验收不合格的提出解决方案以书面形式一次性通知项目业主，复验合格后方可并网运行。

6. 分布式电源发电项目并网工程涉及哪些费用、由谁出资？

（1）电力公司在并网申请受理、接入系统方案制定、合同和协议签订、并网验收和并网调试、关口计量、发电补贴表计安装、补贴电费结算与转付等的全过程服务中不收取任何费用。

由于分布式电源的接入，在保持原有供电线路供电电压不变条件下引起的公共电网改造部分由电力公司投资建设。接入用户内部电网的分布式电源发电项目接入工程由项目业主投资建设。

（2）凡是35kV、10kV用电客户的新装、增容业扩工程中包含分布式电源发电项目，核定用户定额收费工程供电容量时不抵扣分布式发电容量。用户均按照定额收费工程标准出资。待供电线路建设投运之后，才能接入分布式电源的并网。

7. 分布式电源发电的相关电量怎么计算？

电力公司按照国家规定的电价标准全额收购分布式电源的余电上网电量。符合国家及地方政府实行发电量补贴的光伏项目，根据安装的发电量补贴表计依据，实行由电力公司根据补贴标准转付补贴资金的下发。

电力公司将在分布式电源发电项目内部所连接的各并网点及并网的供电线路连接点均安装具有电能信息采集功能的计量装置，以分别准确计量分布式电源发电项目的发电量和用电客户的上、下网电量。

8. 为什么要安装双向计量电能表？

双向计量电能表就是能够计量用电和发电的电能表，功率和电能都是有方向的，从用电的角度看，耗电的算为正功率或正电能，发电的算为负功率或负电能。该电表可以通过显示屏分别读出正向电量和反向电量，并将电量数据存储起来。

安装双向电表的原因是光伏发出的电存在不能全部被用户消耗的情况，而余下的电能则需要输送给电网，电表需要计量一个数字，在光伏发电不能满足用户需求时又需要计量另一个数字。普通单块表不能达到这一要求，所以需要使用具有双向电表计量功能的智能电表。

三、运行维护篇

1. 如何处理分布式光伏发电系统的常见故障？

系统在质保期内出现问题时可先电话联系安装商或运营商将问题说明，安装商或运营商维护商会根据用户叙述内容进行解答，如无法排除故障，会派出专人到现场进行检修。

2. 分布式光伏发电系统的寿命有多长？

美国最早的光伏电站是1954年建成的。我国最早的太阳能电池板是1971年用在卫星上的，最早的光伏电站于1989年建成，距今也有30年了。不带蓄电池的光伏发电系统，设计寿命一般为20~25 年。

3. 如何降低光伏发电系统的维护成本？

建议选择的系统各部件和材料应是市面上口碑好、售后服务好的产品，合格的产品能降低故障的发生率。用户应严格遵守系统产品的使用手册，定期对系统进行检测和清洁维护。

4. 系统后期多久维护一次？怎样维护？

根据产品供应商的使用说明书，对需要定期检查的部件进行维护，及时清理遮挡的树木或杂物。系统主要的维护工作是擦拭组件，在雨水较大的地区一般不需要人工擦拭，非雨季节大概1个月清洁一次，降尘量较大的地区可以增加清洁的次数。降雪量大的地区要及时将厚重积雪去除，避免影响发电量和雪融后产生的不均匀。

为了避免在高温和强烈光照下擦拭组件对人身的电击伤害及可能对组件的破坏，建议在早晨或者下午较晚的时候进行组件清洁工作，建议清洁光伏组件玻璃表面时用柔软的刷子、干净温和的水，千万不要用清洁剂、洗衣粉等，以免对光伏组件造成损坏。清洁时使用的力度要小，以避免损坏玻璃表面，有镀膜玻璃的组件要注意避免损坏玻璃层。

优先选择清晨或傍晚光线弱系统未运行的时候对系统进行维护，维护前做好防护措施，戴绝缘手套，使用绝缘工具。

5. 如何发现光伏阵列中某一块光伏组件是否出现故障？

当用户发现在相同时间系统的发电量有所降低，或与邻近安装的相同发电系统相比有所降低，则系统可能存在异常，用户可通过汇流箱中监测数据的异常波动及时发现光伏阵列中某一组件是否出现故障，然后联系专业人员用钳型表、热像仪等专业化设备对系统进行诊断，最终确定系统中出现问题的组件。

6. 光伏组件上的房屋阴影、树叶甚至鸟粪的遮挡会对发电系统造成影响吗？

光伏组件上的房屋阴影、树叶甚至鸟粪的遮挡会对发电系统造成比较大的影响，一串中被遮挡的太阳能电池组件将被当作负载消耗其他有光照的太阳能电池组件所产生的能量，被遮挡的太阳能电池组件此时会发热，这就是“热斑效应”现象。这种现象严重的情况下会损坏太阳能组件，为了避免串联支路的热斑效应，需要在光伏组件上加装旁路二极管，为了防止串联回路的热斑效应则需要在每一路光伏组串上安装直流保险，即使没有热斑效应产生，太阳能电池被遮挡也会影响到发电量。

7. 为防止光伏组件遭重物撞击，能不能给光伏阵列加装铁丝防护网?

不建议安装铁丝防护网，因为沿光伏阵列加装铁丝防护网可能会给组件局部造成阴影，形成热斑效应，对整个光伏电站的发电效率造成影响。另外，由于合格的光伏组件均已通过冰球撞击试验，一般情况下的撞击不会影响组件的性能。

8. 烈日当空，易损器件坏了需立即更换吗?

不能够立即更换，如要更换建议在早晨或者下午较晚的时候进行，应及时联系电站运维人员，由专业人员前往更换。

9. 雷雨天气需要断开光伏发电系统吗?

分布式光伏发电系统都装有防雷装置，所以不用断开。为了安全保险，建议可以选择断开汇流箱的断路器开关，切断与光伏组件的电路连接，避免防雷模块无法去除的直击雷产生危害。运维人员应及时检测防雷模块的性能，以避免防雷模块失效产生的危害。

10. 雪后需要清理光伏发电系统吗？光伏组件冬天积雪消融结冰后如何处理？可以踩在组件上面进行清理工作吗?

雪后组件上如果堆积有厚重积雪是需要清理的，可以利用柔软物品将雪推下，注意不要划伤玻璃。组件是有一定承重的，但是不能踩在组件上面清扫，会造成组件隐蔽损坏，影响组件寿命。一般建议不要等积雪过厚再清理，以免组件过度结冰。

11. 分布式光伏发电系统能抵抗冰雹的危害吗?

光伏并网系统中的合格组件必须通过正面最大静载荷（风载荷、雪载荷）5400Pa，背面最大静载荷2400Pa 和直径25mm 的冰雹以23m/s 的速度撞击等严格的测试，因此一般的冰雹不会对光伏发电系统带来危害。

12. 如何处理太阳能电池的温升和通风问题?

光伏电池的输出功率会随着温度上升而降低，通风散热可以提高发电效率，最常用的办法为自然风通风。

13. 光伏发电系统对用户有电磁辐射危害吗？

光伏发电系统是根据光生伏打效应原理将太阳能转换为电能，无污染、无辐射，逆变器、配电柜等电子器件都通过EMC（电磁兼容性）测试，所以对人体没有危害。

14. 光伏发电系统有噪声危害吗？

光伏发电系统是将太阳能转换为电能，不会产生噪声影响。逆变器的噪声指标不高于65 dB，也不会有噪声危害。

15. 户用分布式光伏发电系统的消防应注意什么问题？

分布式发电系统附近禁止堆放易燃易爆物品，一旦发生火灾，所造成的人员及财产损失不可估量。除了基本的消防安全措施外，光伏系统具有自我检测和防火功能，可降低火灾发生可能性。此外还需要每隔最长40m就必须预留消防和维修通道，而且必须有方便操作的紧急直流系统断路开关。

16. 并网光伏发电系统出现故障后，用户应向谁报修？

光伏系统出现故障要第一时间将问题反馈给安装商，安装商会在最短时间内做出故障处理，建议选择大品牌、信誉好的安装商。同时专业的运维公司也可成立各地运维中心，出现故障由运维中心检修。

17. 分布式光伏并网系统出现质量问题后，供应商会走什么维修程序，大概需要多长时间？

分布式光伏并网系统出现质量问题后，现场维护人员需要判断问题点，反馈给供应商，供应商通常会先派工程师到现场确认质量问题并进行解决。若是由于关键设备引起的质量问题，供应商会联系设备厂家。设备厂家工程师一般一周内会到现场进行维修处理。

18. 业主怎样大致判断光伏系统的优劣？怀疑系统存在质量问题应该如何寻求解决？

首先对系统外观进行检查，如组件、阵列、汇流箱等，若发现问题可以采取相应措施及时解决。检查电站建设承包单位采用的系统部件是否具备质量认证证书。其次还要对系统的安全性进行现场测试，如接地线连续性、绝缘性，是否具有防雷装置等。最后需要对系统电气效率进行测试。如果发现问题，应该让电站建设单位及时解决。

19. 如何判断分布式光伏并网系统工作是否稳定，电能质量是否达到要求，系统故障状态下是否会对家用电器造成损坏?

分布式光伏并网系统一般都具有数据监控功能，可以通过对监控数据的分析判断系统是否稳定运行，如有条件也可以使用电能质量分析仪在电站并网点对电能质量进行测试，看是否符合国家标准要求。一般光伏系统故障情况下会有保护装置切断电源，因此不会对家用电器造成损坏。

20. 分布式光伏并网系统的发电量监控数据和电表的计量数据是一样的吗？误差有多大?

分布式光伏并网系统的发电量监控数据和电表的计量数据不一定是一样的，如在同一个并网点采用相同的电量计量设备，精度也完全相同，那么得出的数据应该是一样的。但光伏并网系统使用的监控设备往往是系统建设单位自己采用的设备，而电表计量设备往往是电力部门的设备，因此不同设备得到的数据可能会有一些差距。误差有多少要根据具体情况而定，而电费和补贴费用结算依据的是电力部门安装的计量设备。

21. 并网时如何监控上网电量?

目前并网光伏发电系统主要是通过在并网点安装经过当地电力部门认可的电能计量表来进行监控，另外当地的电力调试中心通常可以通过远程通信对各个并网光伏系统上网电量进行监控，业主也可以自行建设简化的信息系统，监控和优化上网电量。

22. 系统的发电量能够实现在线监测吗?

各电网企业配合本级能源主管部门并开展本级电网覆盖范围内分布式发电的计量、信息监测与统计。若是用户光伏系统安装有相应的监控系统可以对发电量实现在线监测，另外监测系统还可对关键设备参数、电能质量、环境参数等实现在线监测。

附录 D　分布式光伏发电项目并网验收和调试申请表

<table>
<tr><td>项目编号</td><td></td><td>申请日期</td><td>年　月　日</td></tr>
<tr><td>项目名称</td><td colspan="3"></td></tr>
<tr><td>项目地址</td><td colspan="3"></td></tr>
<tr><td>项目投资方</td><td colspan="3"></td></tr>
<tr><td>项目联系人</td><td></td><td>联系人电话</td><td></td></tr>
<tr><td>联系人地址</td><td colspan="3"></td></tr>
<tr><td rowspan="2">主体工程
完工时间</td><td rowspan="2"></td><td rowspan="2">业务性质</td><td>□新建</td></tr>
<tr><td>□扩建</td></tr>
<tr><td rowspan="2">本期装机规模</td><td rowspan="2">kW</td><td rowspan="2">并网电压</td><td>□10（6）kV</td></tr>
<tr><td>□380V</td></tr>
<tr><td rowspan="2">接入方式</td><td>□接入用户侧</td><td rowspan="2">并网点</td><td>□用户　（　个）</td></tr>
<tr><td>□接入公共电网</td><td>□公共电网（　个）</td></tr>
<tr><td>计划
验收时间</td><td></td><td>计划
投产时间</td><td></td></tr>
<tr><td>核准要求</td><td colspan="3">□省级　□地市级　□其他＿＿＿＿＿　□不需要核准</td></tr>
<tr><td colspan="4">并网点位置简单描述</td></tr>
<tr><td>并网点 1</td><td></td><td>并网点 2</td><td></td></tr>
<tr><td>并网点 3</td><td></td><td>并网点 4</td><td></td></tr>
<tr><td>并网点 5</td><td></td><td>并网点 6</td><td></td></tr>
<tr><td>并网点 7</td><td></td><td>并网点 8</td><td></td></tr>
<tr><td>并网点 9</td><td></td><td>并网点 10</td><td></td></tr>
<tr><td colspan="2">本表中的信息及提供的资料真实准确，谨此确认。
申请单位：（公章）
申请个人：（经办人签字）

年　月　日</td><td colspan="2">客户提供的资料已审核，并网申请已受理，谨此确认。
受理单位：（公章）

年　月　日</td></tr>
<tr><td>受理人</td><td></td><td>受理日期</td><td>年　月　日</td></tr>
<tr><td colspan="4">告知事项：
1. 本表 1 式 2 份，双方各执 1 份。
2. 具体验收时间将电话通知项目联系人。</td></tr>
</table>

附录E 各省（区、市）光伏电站最佳安装倾角及发电量速查表

序号	区域		地市	安装角度（°）	峰值日照时数（h/d）	每瓦首年发电量（kWh/W）	年有效利用小时数（h）
1	直辖市		北京	35	4.21	1.214	1213.95
2			上海	25	4.09	1.179	1179.35
3			天津	35	4.57	1.318	1317.76
4			重庆	8	2.38	0.686	686.27
5	东北地区	黑龙江省	哈尔滨	40	4.3	1.268	1239.91
6			齐齐哈尔	43	4.81	1.388	1386.96
7			牡丹江	40	4.51	1.301	1300.46
8			佳木斯	43	4.3	1.241	1239.91
9			鸡西	41	4.53	1.308	1306.23
10			鹤岗	43	4.41	1.272	1271.62
11			双鸭山	43	4.41	1.272	1271.62
12			黑河	46	4.9	1.415	1412.92
13			大庆	41	4.61	1.331	1329.29
14			大兴安岭	49	4.8	1.384	1384.08
15			伊春	45	4.73	1.364	1363.90
16			七台河	42	4.41	1.272	1271.62
17			绥化	42	4.52	1.304	1303.34
18		吉林省	长春	41	4.74	1.367	1366.78
19			延边	38	4.27	1.231	1231.25
20			白城	42	4.74	1.369	1366.78
21			松原	40	4.63	1.336	1335.06
22			吉林	41	4.68	1.351	1349.48
23			四平	40	4.66	1.344	1343.71
24			辽源	40	4.7	1.355	1355.25
25			通化	37	4.45	1.283	1283.16
26			白山	37	4.31	1.244	1242.79
27		辽宁省	沈阳	36	4.38	1.264	1262.97
28			朝阳	37	4.78	1.378	1378.31
29			阜新	38	4.64	1.338	1337.94

续表

序号	区域		地市	安装角度（°）	峰值日照时数（h/d）	每瓦首年发电量（kWh/W）	年有效利用小时数（h）
30	东北地区	辽宁省	铁岭	37	4.4	1.269	1268.74
31			抚顺	37	4.41	1.274	1271.62
32			本溪	36	4.4	1.271	1268.74
33			辽阳	36	4.41	1.272	1271.62
34			鞍山	35	4.37	1.262	1260.09
35			丹东	36	4.41	1.273	1271.62
36			大连	32	4.3	1.241	1239.91
37			营口	35	4.4	1.269	1268.74
38			盘锦	36	4.36	1.258	1257.21
39			锦州	37	4.7	1.358	1355.25
40			葫芦岛	36	4.66	1.344	1343.71
41	华北地区	河北省	石家庄	37	5.03	1.453	1450.40
42			保定	32	4.1	1.182	1182.24
43			承德	42	5.46	1.574	1574.39
44			唐山	36	4.64	1.338	1337.94
45			秦皇岛	38	5	1.442	1441.75
46			邯郸	36	4.93	1.422	1421.57
47			邢台	36	4.93	1.422	1421.57
48			张家口	38	4.77	1.375	1375.43
49			沧州	37	5.07	1.462	1461.93
50			廊坊	40	5.17	1.491	1490.77
51			衡水	36	5	1.442	1441.75
52		山西省	太原	33	4.65	1.341	1340.83
53			大同	36	5.11	1.474	1473.47
54			朔州	36	5.16	1.489	1487.89
55			阳泉	33	4.67	1.348	1346.59
56			长治	28	4.04	1.165	1164.93
57			晋城	29	4.28	1.234	1234.14
58			忻州	34	4.78	1.378	1378.31
59			晋中	33	4.65	1.342	1340.83
60			临汾	30	4.27	1.231	1231.25
61			运城	26	4.13	1.193	1190.89
62			吕梁	32	4.65	1.341	1340.83

续表

序号	区域		地市	安装角度（°）	峰值日照时数（h/d）	每瓦首年发电量（kWh/W）	年有效利用小时数（h）
63	华北地区	内蒙古自治区	呼和浩特	35	4.68	1.349	1349.48
64			包头	41	5.55	1.6	1600.34
65			乌海	39	5.51	1.589	1588.81
66			赤峰	41	5.35	1.543	1542.67
67			通辽	44	5.44	1.569	1568.62
68			呼伦贝尔	47	4.99	1.439	1438.87
69			兴安盟	46	5.2	1.499	1499.42
70			鄂尔多斯	40	5.55	1.6	1600.34
71			锡林郭勒	43	5.37	1.548	1548.44
72			阿拉善	36	5.35	1.543	1542.67
73			巴彦淖尔	41	5.48	1.58	1580.16
74			乌兰察布	40	5.49	1.574	1583.04
75	华中地区	河南省	郑州	29	4.23	1.22	1219.72
76			开封	32	4.54	1.309	1309.11
77			洛阳	31	4.56	1.315	1314.88
78			焦作	33	4.68	1.349	1349.48
79			平顶山	30	4.28	1.234	1234.14
80			鹤壁	33	4.73	1.364	1363.90
81			新乡	33	4.68	1.349	1349.48
82			安阳	30	4.32	1.246	1245.67
83			濮阳	33	4.68	1.349	1349.48
84			商丘	31	4.56	1.315	1314.88
85			许昌	30	4.4	1.269	1268.74
86			漯河	29	4.16	1.2	1199.54
87			信阳	27	4.13	1.191	1190.89
88			三门峡	31	4.56	1.315	1314.88
89			南阳	29	4.16	1.2	1199.54
90			周口	29	4.16	1.2	1199.54
91			驻马店	28	4.34	1.251	1251.44
92			济源	28	4.1	1.182	1182.24
93		湖南省	长沙	20	3.18	0.917	916.95
94			张家界	23	3.81	1.099	1098.61
95			常德	20	3.38	0.975	974.62

续表

序号	区域		地市	安装角度（°）	峰值日照时数（h/d）	每瓦首年发电量（kWh/W）	年有效利用小时数（h）
96	华中地区	湖南省	益阳	16	3.16	0.912	911.19
97			岳阳	16	3.22	0.931	928.49
98			株洲	19	3.46	0.998	997.69
99			湘潭	16	3.23	0.933	931.37
100			衡阳	18	3.39	0.978	977.51
101			郴州	18	3.46	0.998	997.69
102			永州	15	3.27	0.944	942.90
103			邵阳	15	3.25	0.937	937.14
104			怀化	15	2.96	0.853	853.52
105			娄底	16	3.19	0.921	919.84
106			湘西	15	2.83	0.817	816.03
107		湖北省	武汉	20	3.17	0.914	914.07
108			十堰	26	3.87	1.116	1115.91
109			襄樊	20	3.52	1.016	1014.99
110			荆门	20	3.16	0.913	911.19
111			孝感	20	3.51	1.012	1012.11
112			黄石	25	3.89	1.122	1121.68
113			咸宁	19	3.37	0.972	971.74
114			荆州	23	3.75	1.081	1081.31
115			宜昌	20	3.44	0.992	991.92
116			随州	22	3.59	1.036	1035.18
117			鄂州	21	3.66	1.057	1055.36
118			黄冈	21	3.68	1.063	1061.13
119			恩施	15	2.73	0.788	787.20
120			仙桃	17	3.29	0.949	948.67
121			天门	18	3.15	0.91	908.30
122			神农架	21	3.23	0.934	931.37
123			潜江	27	3.89	1.122	1121.68
124	西南地区	四川省	成都	16	2.76	0.798	795.85
125			广元	19	3.25	0.937	937.14
126			绵阳	17	2.82	0.813	813.15
127			德阳	17	2.79	0.805	804.50
128			南充	14	2.81	0.81	810.26

续表

序号	区域		地市	安装角度（°）	峰值日照时数（h/d）	每瓦首年发电量（kWh/W）	年有效利用小时数（h）
129	西南地区	四川省	广安	13	2.77	0.8	798.73
130			遂宁	11	2.8	0.808	807.38
131			内江	11	2.59	0.747	746.83
132			乐山	17	2.77	0.799	798.73
133			自贡	13	2.62	0.756	755.48
134			泸州	11	2.6	0.75	749.71
135			宜宾	12	2.67	0.771	769.89
136			攀枝花	27	5.01	1.445	1444.63
137			巴中	17	2.94	0.849	847.75
138			达州	14	2.82	0.814	813.15
139			资阳	15	2.73	0.789	787.20
140			眉山	16	2.72	0.786	784.31
141			雅安	16	2.92	0.842	841.98
142			甘孜	30	4.17	1.203	1202.42
143			凉山	25	4.39	1.266	1265.86
144			阿坝	35	5.28	1.523	1522.49
145		云南省	昆明	25	4.4	1.271	1268.74
146			曲靖	25	4.24	1.224	1222.60
147			玉溪	24	4.46	1.288	1286.04
148			丽江	29	5.18	1.494	1493.65
149			普洱	21	4.33	1.25	1248.56
150			临沧	25	4.63	1.335	1335.06
151			德宏	25	4.74	1.367	1366.78
152			怒江	27	4.68	1.35	1349.48
153			迪庆	28	5.01	1.446	1444.63
154			楚雄	25	4.49	1.296	1294.69
155			昭通	22	4.25	1.225	1225.49
156			大理	27	4.91	1.416	1415.80
157			红河	23	4.56	1.314	1314.88
158			保山	29	4.66	1.344	1343.71
159			文山	22	4.52	1.303	1303.34
160			西双版纳	20	4.47	1.291	1288.92

续表

序号	区域		地市	安装角度（°）	峰值日照时数（h/d）	每瓦首年发电量（kWh/W）	年有效利用小时数（h）
161	西南地区	贵州省	贵阳	15	2.95	0.852	850.63
162			六盘水	22	3.84	1.107	1107.26
163			遵义	13	2.79	0.805	804.50
164			安顺	13	3.05	0.879	879.47
165			毕节	21	3.76	1.086	1084.20
166			黔西南	20	3.85	1.111	1110.15
167			铜仁	15	2.9	0.836	836.22
168		西藏自治区	拉萨	28	6.4	1.845	1845.44
169			阿里	32	6.59	1.9	1900.23
170			昌都	32	5.18	1.494	1493.65
171			林芝	30	5.33	1.537	1536.91
172			日喀则	32	6.61	1.906	1905.99
173			山南	32	6.13	1.768	1767.59
174			那曲	35	5.84	1.648	1683.96
175	西北地区	新疆维吾尔自治区	乌鲁木齐	33	4.22	1.217	1216.84
176			昌吉	33	4.22	1.217	1216.84
177			克拉玛依	41	4.87	1.404	1404.26
178			吐鲁番	42	5.55	1.6	1600.34
179			哈密	40	5.33	1.537	1536.91
180			石河子	38	5.12	1.478	1476.35
181			伊犁	40	4.95	1.427	1427.33
182			巴音郭楞	41	5.42	1.563	1562.86
183			和田	35	5.59	1.612	1611.88
184			阿勒泰	44	5.17	1.494	1490.77
185			塔城	41	4.88	1.407	1407.15
186			阿克苏	40	5.35	1.543	1542.67
187			博尔塔拉	40	4.91	1.416	1415.80
188			克孜勒苏	40	4.92	1.419	1418.68
189			喀什	40	4.92	1.419	1418.68
190			图木舒克	37	5	1.442	1441.75
191			阿拉尔	38	4.92	1.419	1418.68
192			五家渠	36	4.65	1.341	1340.83

续表

序号	区域		地市	安装角度（°）	峰值日照时数（h/d）	每瓦首年发电量（kWh/W）	年有效利用小时数（h）
193	西北地区	陕西省	西安	26	3.57	1.029	1029.41
194			宝鸡	30	4.28	1.234	1234.14
195			咸阳	26	3.57	1.029	1029.41
196			渭南	31	4.45	1.283	1283.16
197			铜川	33	4.65	1.341	1340.83
198			延安	35	4.99	1.439	1438.87
199			榆林	38	5.4	1.557	1557.09
200			汉中	29	4.06	1.171	1170.70
201			安康	26	3.85	1.11	1110.15
202			商洛	26	3.57	1.029	1029.41
203		甘肃省	兰州	29	4.21	1.214	1213.95
204			酒泉	41	5.54	1.597	1597.46
205			嘉峪关	41	5.54	1.597	1597.46
206			张掖	42	5.59	1.612	1611.88
207			天水	32	4.51	1.3	1300.46
208			白银	38	5.31	1.531	1531.14
209			定西	38	5.2	1.499	1499.42
210			甘南	32	4.51	1.3	1300.46
211			金昌	39	5.6	1.615	1614.76
212			临夏	38	5.2	1.499	1499.42
213			陇南	28	4.51	1.3	1300.46
214			平凉	34	4.76	1.373	1372.55
215			庆阳	34	4.69	1.352	1352.36
216			武威	40	5.17	1.491	1490.77
217		宁夏回族自治区	银川	36	5.06	1.459	1459.05
218			石嘴山	39	5.54	1.597	1597.46
219			固原	34	4.76	1.373	1372.55
220			中卫	37	5.39	1.554	1554.21
221			吴忠	38	5.3	1.528	1528.26
222		青海省	西宁	34	4.7	1.355	1355.25
223			果洛	36	5.19	1.497	1496.54
224			海北	34	4.7	1.355	1355.25
225			海东	34	4.7	1.355	1355.25

续表

序号	区域		地市	安装角度（°）	峰值日照时数（h/d）	每瓦首年发电量（kWh/W）	年有效利用小时数（h）
226	西北地区	青海省	海南	38	5.88	1.695	1695.50
227			海西—格尔木	38	5.88	1.695	1695.50
228			海西—德令哈	41	5.65	1.629	1629.18
229			黄南	39	5.81	1.675	1675.31
230			玉树	34	5.37	1.548	1548.44
231	华南地区	广东省	广州	20	3.16	0.91	911.19
232			清远	19	3.43	0.989	989.04
233			韶关	18	3.67	1.06	1058.24
234			河源	18	3.66	1.056	1055.36
235			梅州	20	3.92	1.132	1130.33
236			潮州	19	4	1.156	1153.40
237			汕头	19	4.02	1.16	1159.17
238			揭阳	18	3.97	1.147	1144.75
239			汕尾	17	3.81	1.1	1098.61
240			惠州	18	3.74	1.079	1078.43
241			东莞	17	3.52	1.017	1014.99
242			深圳	17	3.78	1.089	1089.96
243			珠海	17	4	1.153	1153.40
244			中山	17	3.88	1.118	1118.80
245			江门	17	3.76	1.084	1084.20
246			佛山	18	3.43	0.99	989.04
247			肇庆	18	3.48	1.003	1003.46
248			云浮	17	3.53	1.018	1017.88
249			阳江	16	3.9	1.127	1124.57
250			茂名	16	3.84	1.108	1107.26
251			湛江	14	3.9	1.125	1124.57
252		广西壮族自治区	南宁	14	3.62	1.044	1043.83
253			桂林	17	3.35	0.967	965.97
254			百色	15	3.79	1.094	1092.85
255			玉林	16	3.74	1.079	1078.43
256			钦州	14	3.67	1.059	1058.24
257			北海	14	3.76	1.085	1084.20
258			梧州	16	3.63	1.046	1046.71

续表

序号	区域		地市	安装角度（° ）	峰值日照时数（h/d）	每瓦首年发电量（kWh/W）	年有效利用小时数（h）
259	华南地区	广西壮族自治区	柳州	16	3.46	0.998	997.69
260			河池	14	3.46	0.998	997.69
261			防城港	14	3.67	1.059	1058.24
262			贺州	17	3.54	1.02	1020.76
263			来宾	14	3.55	1.024	1023.64
264			崇左	14	3.74	1.078	1078.43
265			贵港	15	3.61	1.042	1040.94
266		海南省	海口	10	4.33	1.25	1248.56
267			三亚	15	4.75	1.371	1369.66
268			琼海	12	4.71	1.358	1358.13
269			白沙	15	4.76	1.374	1372.55
270			保亭	15	4.74	1.368	1366.78
271			昌江	13	4.55	1.314	1311.99
272			澄迈	13	4.55	1.313	1311.99
273			儋州	13	4.48	1.294	1291.81
274			定安	10	4.32	1.246	1245.67
275			东方	14	4.84	1.396	1395.61
276			乐东	16	4.77	1.376	1375.43
277			临高	12	4.51	1.302	1300.46
278			陵水	15	4.74	1.366	1366.78
279			琼中	13	4.72	1.362	1361.01
280			屯昌	13	4.68	1.351	1349.48
281			万宁	13	4.67	1.346	1346.59
282			文昌	10	4.28	1.233	1234.14
283			五指山	15	4.8	1.387	1384.08
284	华东地区	江苏省	南京	23	3.71	1.07	1069.78
285			徐州	25	3.95	1.139	1138.98
286			连云港	26	4.13	1.19	1190.89
287			盐城	25	3.98	1.147	1147.63
288			泰州	23	3.8	1.097	1095.73
289			镇江	23	3.68	1.062	1061.13
290			南通	23	3.92	1.13	1130.33
291			常州	23	3.73	1.076	1075.55

续表

序号	区域		地市	安装角度（°）	峰值日照时数（h/d）	每瓦首年发电量（kWh/W）	年有效利用小时数（h）
292	华东地区	江苏省	无锡	23	3.71	1.07	1069.78
293			苏州	22	3.68	1.062	1061.13
294			淮安	25	3.98	1.148	1147.63
295			宿迁	25	3.96	1.141	1141.87
296			扬州	22	3.69	1.065	1064.01
297		浙江省	杭州	20	3.42	0.988	986.16
298			绍兴	20	3.56	1.028	1026.53
299			宁波	20	3.67	1.057	1058.24
300			湖州	20	3.7	1.067	1066.90
301			嘉兴	20	3.66	1.057	1055.36
302			金华	20	3.63	1.047	1046.71
303			丽水	20	3.77	1.089	1087.08
304			温州	18	3.77	1.088	1087.08
305			台州	23	3.8	1.098	1095.73
306			舟山	20	3.76	1.085	1084.20
307			衢州	20	3.69	1.064	1064.01
308		福建省	福州	17	3.54	1.021	1020.76
309			莆田	16	3.59	1.035	1035.18
310			南平	18	4.17	1.204	1202.42
311			厦门	17	3.89	1.121	1121.68
312			泉州	17	3.92	1.131	1130.33
313			漳州	18	3.87	1.116	1115.91
314			三明	18	3.92	1.132	1130.33
315			龙岩	20	3.92	1.13	1130.33
316			宁德	18	3.62	1.045	1043.83
317		山东省	济南	32	4.27	1.231	1231.25
318			青岛	30	3.38	0.975	974.62
319			淄博	35	4.9	1.413	1412.92
320			东营	36	4.98	1.436	1435.98
321			潍坊	35	4.9	1.413	1412.92
322			烟台	35	4.94	1.424	1424.45
323			枣庄	32	4.11	1.349	1185.12
324			威海	33	4.94	1.424	1424.45

续表

序号	区域		地市	安装角度（° ）	峰值日照时数（h/d）	每瓦首年发电量（kWh/W）	年有效利用小时数（h）
325	华东地区	山东省	济宁	32	4.72	1.361	1361.01
326			泰安	36	4.93	1.422	1421.57
327			日照	33	4.7	1.355	1355.25
328			莱芜	34	4.88	1.407	1407.15
329			临沂	33	4.77	1.375	1375.43
330			德州	35	5	1.442	1441.75
331			聊城	36	4.93	1.422	1421.57
332			滨州	37	5.03	1.45	1450.40
333			菏泽	32	4.72	1.361	1361.01
334		江西省	南昌	16	3.59	1.036	1035.18
335			九江	20	3.56	1.026	1026.53
336			景德镇	20	3.63	1.047	1046.71
337			上饶	20	3.76	1.084	1084.20
338			鹰潭	17	3.68	1.062	1061.13
339			宜春	15	3.37	0.973	971.74
340			萍乡	15	3.33	0.962	960.21
341			赣州	16	3.67	1.059	1058.24
342			吉安	16	3.59	1.037	1035.18
343			抚州	16	3.64	1.049	1049.59
344			新余	15	3.55	1.025	1023.64
345		安徽省	合肥	27	3.69	1.064	1064.01
346			芜湖	26	4.03	1.162	1162.05
347			黄山	25	3.84	1.107	1107.26
348			安庆	25	3.91	1.127	1127.45
349			蚌埠	25	3.92	1.13	1130.33
350			亳州	23	3.86	1.115	1113.03
351			池州	22	3.64	1.048	1049.59
352			滁州	23	3.66	1.056	1055.36
353			阜阳	28	4.21	1.214	1213.95
354			淮北	30	4.49	1.295	1294.69
355			六安	23	3.69	1.065	1064.01
356			马鞍山	22	3.68	1.061	1061.13

续表

序号	区域		地市	安装角度（° ）	峰值日照时数（h/d）	每瓦首年发电量（kWh/W）	年有效利用小时数（h）
357	华东地区	安徽省	宿州	30	4.47	1.289	1288.92
358			铜陵	22	3.65	1.054	1052.48
359			宣城	23	3.65	1.052	1052.48
360			淮南	28	4.24	1.223	1222.60

注 本表未包含港、澳、台地区。

参考文献

［1］李钟实. 太阳能光伏发电系统设计施工与应用［M］. 北京：人民邮电出版社，2012.

［2］李英姿. 太阳能并网发电系统设计与应用［M］. 北京：机械工业出版社，2013.

［3］李晓杰. 电工基础常识入门［M］. 北京： 中国电力出版社，2008.

［4］国家能源局. NB/T 32004—2018 光伏并网逆变器技术规范［S］. 北京：中国电器工业协会，2018.

［5］国家电网公司.Q/GDW 1617—2015 光伏发电站接入电网技术规定［S］. 北京：国家电网公司，2015.

［6］国家电网公司. Q/GDW 11147—2013分布式电源接入配电网设计规范［S］. 北京：国家电网公司，2013.

［7］国家标准化管理委员会. GB/T 33342—2016 户用分布式光伏发电并网接口技术规范［S］. 北京：中国标准出版社，2016.

［8］邬伟扬，郭小强. 无变压器非隔离型光伏并网逆变器漏电流抑制技术［C］. 北京：中国电工技术学会电力电子学会学术年会，2012.

［9］刘继茂. 三相光伏并网逆变器可靠性研究［D］. 深圳：哈尔滨工业大学（深圳），2012.

［10］光伏专委会. 中国分布式光伏发电100问答［C］. 北京：中国可再生能源学会光伏专委会，2013.

［11］国家电网公司. 分布式光伏发电接入系统典型设计——接入系统分册［M］. 北京：中国电力出版社，2014.

［12］马柯. 逆变器效率提升方案研究［D］. 杭州：浙江大学，2010.